"十三五"普通高等教育本科部委级规划教材

 2017 江苏省高等学校重点教材（2017-2-071）

纺织材料大型仪器实验教程

潘志娟　主　编

祁　宁　副主编

 中国纺织出版社

内 容 提 要

本书是"十三五"普通高等教育本科部委级规划教材，也是 2017 江苏省高等学校重点教材。书中系统介绍了采用大型精密仪器设备以及现代测试手段测定纺织材料结构与性能的基础理论与实验方法，包括实验原理、样品制备、实验步骤等，并结合实例分析，阐述了实验结果的分析方法与注意事项。全书分为纺织材料形貌与结构、力学性能、表面与电学性能、色泽与光学性能、纺织材料功能以及纺织品生态性定量分析共五个部分，可作为本科教学、检验检测技术人员培训用教材，以及纺织、材料等相关科研工作者的参考书籍。

图书在版编目（CIP）数据

纺织材料大型仪器实验教程/潘志娟主编. --北京：中国纺织出版社，2018.9

"十三五"普通高等教育本科部委级规划教材　2017 江苏省高等学校重点教材

ISBN 978-7-5180-5366-7

Ⅰ. ①纺… Ⅱ. ①潘… Ⅲ. ①纺织仪表-高等学校-教材　Ⅳ. ①TS103.6

中国版本图书馆 CIP 数据核字（2018）第 205806 号

策划编辑：符　芬　责任编辑：朱利锋
责任校对：寇晨晨　责任印制：何　建

中国纺织出版社出版发行
地址：北京市朝阳区百子湾东里 A407 号楼　邮政编码：100124
销售电话：010—67004422　传真：010—87155801
http://www.c-textilep.com
E-mail:faxing@ c-textilep.com
中国纺织出版社天猫旗舰店
官方微博 http://weibo.com/2119887771
北京玺诚印务有限公司印刷　各地新华书店经销
2018 年 9 月第 1 版第 1 次印刷
开本：787×1092　1/16　印张：17.75
字数：316 千字　定价：88.00 元

前　言

本教材以纺织材料实验教学大纲为基础，坚持教学为主导，兼顾学科专业性与学生实用性原则，以培养基础扎实、知识全面、动手能力强的工科应用型人才为宗旨。本课程为纺织类专业实验基础课程，为培养纺织类工科人才提供必要的实验技能。教材在理论层面上提供仪器实验原理、相关仪器简介等基础知识。在实验层面上提供详细的操作技能，同时还涵盖了实例分析环节，这也是本书的特色之一。通过该课程的学习，可以使学生系统掌握最先进的纺织材料测试与分析技术。

随着科学技术的发展，出现了各种类型检测材料结构与性能的大型仪器与设备，这些仪器既有材料类通用设备，也有纺织材料专用设备。随着纺织先进测试理念、测试技术、测试手段的发展，越来越多的高端、大型仪器设备以及现代测试手段被应用于纺织材料的结构性能测试。但是，一方面各高校与科研机构的大型仪器设备对学生的开放度有待提高，学生实际操作使用大型仪器设备的机会不多；另一方面，目前尚无纺织材料大型仪器实验相关教材，现有教材主要介绍了常规基础实验与传统实验方法。为了更好地培养创新型纺织类人才，培养学生的科研素养与实践能力，提高学生分析和解决复杂科研实践问题的能力，依托于苏州大学现代丝绸检测中心纺织材料结构与性能研究设备配套比较齐全的优势，以及实验技术人员扎实的基础理论和丰富的实践经验，组织编写了本教材。

本教材由苏州大学的相关教师编写，主编潘志娟教授负责内容统筹设计与审核，副主编祁宁负责统稿和修改，参编者瞿静负责书稿的文字整理等。本实验教程共5章，35个实验，第一章由祁宁、瞿静、刘雨、魏兴负责编写；第二章由彭伟良、李媛媛、魏兴、瞿静、张欢嘉负责编写；第三章由侯学妮、史彩云负责编写；第四章由董雪、张丽丽负责编写；第五章由瞿静、张珏负责编写。

本实验教程详细介绍了国内外具有代表性的、最先进的大型纺织仪器及现代测试手段的原理、应用、制样方法、实验步骤等，主要依托国内外最新、最先进的测试设备介绍实验技术、实验操作与实验方案，并通过实际案例具体分析实验过程中需要注意的问题，以及理论与实践的具体应用。充分挖掘大型仪器的技术特点，展示设备的先进性、实用性与创新性，重点讲述大型仪器运用于纺织材料实验的优势与特点以及实际操作案例，使学生能够了解与掌握国内外最新的实验技术与测试方法，提高他们的动手能力。

本书编写过程中，得到了江苏省高校优势学科建设项目、江苏省品牌专业建设项目、"十三五"江苏省高等学校重点教材建设项目的资助。由于编者水平有限，本书难免存在不足之处，敬请各位读者提出宝贵意见。

编者
2018 年 6 月

教学内容及课时安排

章/课时	课时	课程内容
第一章 纺织材料 形貌与结 构实验 （14）	3	实验一　使用场发射扫描电子电镜分析纺织材料形貌
		实验二　使用扫描电镜配套电子能谱仪分析纤维元素组成
	2	实验三　使用原子力显微镜（AFM）分析纺织材料形貌
	1	实验四　使用红外光谱仪分析纤维成分
	2	实验五　使用显微拉曼光谱仪分析纤维分子结构
	1	实验六　使用圆二色光谱仪（CD）分析蛋白质溶液的二级结构
	2	实验七　使用氨基酸分析仪测定蛋白质含量
	2	实验八　使用 X 射线光电子能谱仪分析纤维元素组成
	1	实验九　使用热分析仪分析纤维结构与性质
第二章 纺织材料 力学、表 面、电学 性能实验 （10）	2	实验一　使用材料试验机测试织物力学性能
	1	实验二　使用生物材料力学系统测试纺织材料拉伸性能
	1	实验三　使用旋转流变仪测量聚合物切片熔体的黏度
	2	实验四　使用固体表面电位分析仪测试纺织材料表面电位
	1	实验五　使用纳米粒径电位仪测试染料的粒径与 Zeta 电位
	1	实验六　使用表面张力仪测试液体表面张力
	2	实验七　使用动态热机械分析仪评价纤维热机械性能
第三章 纺织材料 色泽、光 学性能测 试实验 （5）	1	实验一　使用日晒牢度仪测试纺织材料耐光色牢度
	1	实验二　使用分光测色仪测试纺织品颜色
	1	实验三　使用可变角光泽仪测试织物光泽性能
	1	实验四　使用紫外透射测试仪测试纺织品耐紫外光防护性能
	1	实验五　使用紫外老化加速实验箱测试织物抗紫外老化性能

章/课时	课时	课程内容
第四章 纺织材料 功能性测 试实验 （11）	1	实验一　使用视频接触角测量仪测试纺织品表面润湿性能
	2	实验二　使用精密瞬间热物性测试仪测试纺织面料热传递性能
	2	实验三　使用暖体假人在人工气候室中测试服装的热湿传递性能
	1	实验四　使用氧指数测试仪测试纺织品极限氧指数
	1	实验五　使用垂直燃烧测试仪测试纺织品阴燃、续燃时间和损毁长度
	1	实验六　使用燃烧试验机测试纺织品易点燃性能和火焰蔓延性能
	1	实验七　使用微型量热仪测试纺织品燃烧热释放性能
	2	实验八　使用烟密度箱测试纺织品燃烧产生烟性能
第五章 纺织材料 生态性定 量分析实 验 （8）	1	实验一　使用分光光度计检测纺织品甲醛含量
	2	实验二　使用液相色谱—质谱联用仪检测纺织品中致敏性分散染料的含量
	2	实验三　使用气相色谱质谱联用仪检测纺织品偶氮染料含量
	2	实验四　使用振荡法测量纺织品抗菌性能
	1	实验五　使用电感耦合等离子体发射光谱仪测试纺织品重金属含量

注　各院校可根据自身的教学特点和教学计划对课程时数进行调整。

目　录

第一章　纺织材料形貌与结构实验

实验一　使用场发射扫描电子电镜分析纺织材料形貌

一、实验原理

（一）场发射扫描基本原理及特点

场发射扫描电镜，是扫描电子显微镜的一种，分辨率高。分为冷场场发射扫描电子显微镜和热场场发射扫描电子显微镜。

当真空中的金属表面受到一定量的电子加速电场时，会有可观数量的电子发射出来，此过程叫作场发射，其原理是高电场使电子的电位障碍产生 Schottky 效应，使能障宽度变窄，高度变低，因此电子可直接"穿隧"通过此狭窄能障并离开阴极。场发射电子系从很尖锐的阴极尖端发射出来，因此可得到极细而又具高电流密度的电子束，其亮度可达热游离电子枪的数百倍，甚至千倍。冷场发射式最大的优点为电子束直径最小，亮度最高，因此影像解析度最优；能量散布最小，故能改善在低电压操作的效果。为避免针尖被外来气体吸附而降低场发射电流以及由此带来的发射电流不稳定现象，冷场发射式电子枪必须在较高的真空度下操作。即便如此，也还需要定时短暂加热针尖至 2500K（此过程叫作 flashing），以去除所吸附的气体原子。它的另一缺点是发射的总电流最小。热场发射式电子枪是在 1800K 温度下操作，避免了大部分的气体分子吸附在针尖表面，所以免除了针尖 flashing 的需要。热式场发射能维持较佳的发射电流稳定度，并能在较低的真空度下操作。虽然亮度与冷式相类似，但其电子能量散布却比冷式大 3~5 倍，影像解析度较差，故不常使用。

（二）扫描电镜工作原理

扫描电镜所需的加速电压比透射电镜要低得多，一般在 1~30kV，实验时可根据被分析样品的性质适当选择，对于导电类样品最常用的加速电压在 10~20kV。而纺织材料，由于表面不导电，需要对样品处理后（如镀金）再拍摄，通常使用的加速电压在 5kV 以下。扫描电镜的电子光学系统与透射电镜有所不同，其作用仅是为了提供扫描电子束，作为使样品产生各种物理信号的激发源。扫描电镜最常使用的是二次电子信号和背散射电子信号，如图 1-1-1 所示，前者用于显示表面形貌衬度，后者用于显示原子序数衬度。

二、样品准备

以前，纺织样品通常为纤维或织物，现涉及的范围已经非常广，但主要是一些非导电的有机类样品，如纳米级静电纺纤维、含有纳米颗粒的改性溶液、丝素蛋白生物材料等。针对这些样品，在制样过程中也需要一些实际的技巧。

（一）纺织类样品制样常用工具

1. 样品台　不同 SEM 样品台有所区别，常用的为铝制后带孔圆片形物件。根据样品需

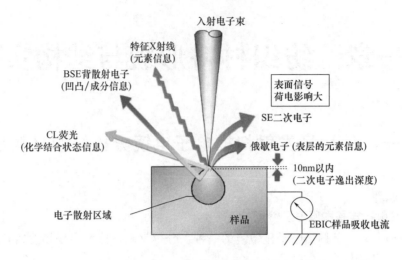

图 1-1-1　入射电子在样品中激发出的各种信号

要，也有专门的断面样品台、斜面样品台、分区样品台等。各种式样的样品台，只要满足样品舱的需要都可以使用。也有一些特殊的 SEM 厂家需要使用样品杯，在杯中再放入样品台。

2. 导电胶　导电胶主要有碳导电胶带、铝箔导电胶带、导电银胶等。常用的导电胶是碳胶带。

3. 切片器　纺织上常用哈氏切片器，主要用于观察纤维的断面。使用树脂把纤维包埋在一起并固定在切片器中，凝固后，使用锋利的刀片做切片然后再粘贴到样品台上。这种方法在光学显微镜时代比较通用，在电镜上也可以用，不过使用专用的断面样品台可以直接把断面放置到样品台中。对于纺织生物样品，主要使用超薄切片器，或者使用液氮冷冻以后再切片。

4. 离子溅射仪　俗称喷金仪。当然也不局限于黄金，也有溅射铂金、碳、银等其他金属导电层。为了增强样品的导电性，一般使用离子溅射仪对样品进行镀膜处理。离子溅射仪常用参数有两个，电流与时间。电流常用 10mA，过高容易损伤样品。时间根据样品的导电情况进行选择。常用的纺织样品喷金即可，对于某些具有 10nm 甚至更小细节的样品，则要谨慎喷金，可以选择颗粒更细的铂金。

5. 背底片　需要拍摄清晰干净背景的 SEM 照片时，可以使用硅片、导电玻璃片、铝箔等作为背底片粘贴在样品台上。

（二）纺织类样品制样通用原则

1. 单纤维类样品　首先把导电胶带贴到样品台上，而后直接把纤维粘贴到导电胶上，或者把纤维两端粘上导电胶 [图 1-1-2（a）、图 1-1-2（b）]。粘贴过程中一定要保证粘贴牢固，避免样品在样品舱内飘动或被电子枪镜头吸附。在低真空模式、减轻电荷模式下可以不喷金直接观看，也可以喷金 30s 再拍摄，获得更好效果。

2. 纤维束/纱线类样品　由于纤维束/纱线类样品导电性差，导电胶难以接触到所有的纤维，一般需要喷金 60s 再拍摄。在制样过程中，需保持纱线松散，尽可能让每根纤维能够喷到金。如果只是为了观察其中的纤维，建议直接从纱线中拆下单根纤维制样。

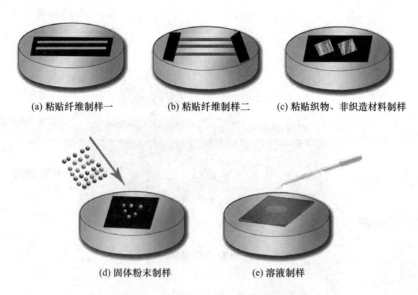

(a) 粘贴纤维制样一   (b) 粘贴纤维制样二   (c) 粘贴织物、非织造材料制样

(d) 固体粉末制样   (e) 溶液制样

图 1-1-2　各类试样粘贴在样品台上图示

3. 织物类样品　织物类样品一般使用视频显微镜观察形貌。如果确实需要使用 SEM 观察，可将导电胶带贴到样品台上，剪很小一块样贴在导电胶上，然后喷金。同样如果是为了观察织物中纤维的改性情况，可从织物中拆下单根纤维制样。

4. 静电纺丝样品　静电纺丝样品多为微/纳米级纤维组成的膜状材料。如果观察纤维与纤维的关系，可以直接剪下一块纤维膜粘贴在导电胶上，再粘贴到样品台上［图 1-1-2(c)］，但不宜过厚，越厚的纤维膜需要喷金越多。如果只是观察与分析其中单根纤维的结构，则使用导电胶粘贴纤维膜上的一部分纤维即可，然后再粘贴到样品台上。如果量少可以不喷金，量多需要喷金。

5. 粉末、块状固体样品　普通较小粉末样品，可以使用牙签挑一点撒在贴有导电胶的样品台上［图 1-1-2(d)］。使用洗耳球或者压缩空气吹落多余未粘牢的样品。有纳米细节或者分散不好的样品可以使用不溶解、不反应的液体超声分散，而后直接滴在样品台上，或者硅片上，再粘到样品台上，然后喷金。对于较大块状物体，无特别需要，建议将其粉碎后作为一般小粉末样品处理。

6. 溶液样品　溶液样品直接滴在样品台上，或者滴到硅片、导电玻璃上，再粘到样品台上［图 1-1-2(e)］。保证溶液干透后再喷金。

三、实验仪器简介

本实验使用仪器为日本日立 S-4800 型冷场发射扫描电镜，主要组成部分如图 1-1-3 所示。该电镜拥有先进的 ExB 式探测器，并配有电子束减速功能，提高了图像质量。配备了二次电子与背散射电子检测器，尤其是将低加速电压下的图像质量提高到了新的水平（1kV 下 1.4nm）；同时具有 5 轴全自动马达台，移动样品极其方便，提高了工作效率。放大倍数：20 万~80 万倍；分辨率：在 15kV 下为 1nm。

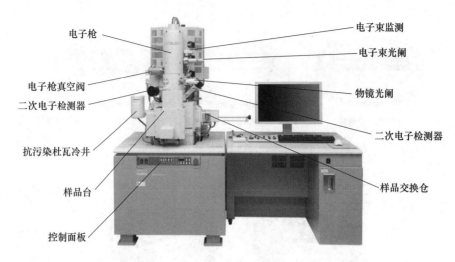

图 1-1-3 S-4800 扫描电镜的主要组成

四、实验操作步骤

（一）开机

打开"Display"开关，计算机自动开机进入 S-4800 用户界面（图 1-1-4），PC-SEM 程序自运行，点击"确认"进入软件界面。

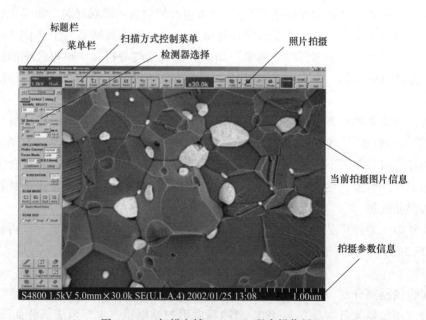

图 1-1-4 扫描电镜 PC-SEM 程序操作界面

（二）装样品

将样品贴在样品台上，样品台装在样品座上，根据标尺调整高度及确认样品位置后旋紧。

按下"AIR"键，当 AIR 灯变绿时拉开样品交换室，水平向前推出交换杆，把样品座插在交换杆上，逆时针旋转交换杆（即按照杆上的标示转至 LOCK）锁定样品座后，将交换杆水平向后拉回原处。

关闭交换室，按下"EVAC"键，当 EVAC 绿灯亮时，按"OPEN"键至绿灯亮，样品室阀门自动打开。

水平插入交换杆，直至样品座被卡紧为止，顺时针旋转交换杆（即按照杆上的标示转至UNLOCK）后水平向后拉回原处，点"CLOSE"键至绿灯亮，样品室阀门自动关闭。

（三）图像观察

1. 选择合适的加速电压　点击屏幕左上方的高压控制窗口，弹出 HV Control 对话窗（图 1-1-5）。选择合适的观察电压和电流，点击"ON"，弹出提示样品高度的对话框，点击确定出现 HV ON 提示条，待图像出现后，关闭 HV Control 对话窗。高压开启过程中可以随时改变加速电压与电流，设置好后点击"SET"（可以尝试使用 3kV、5kV、10kV、15kV 等加速电压观察样品）。

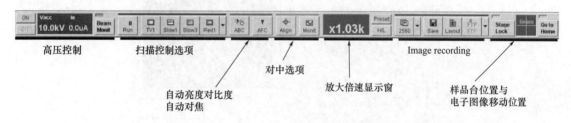

图 1-1-5　PC-SEM 程序操作界面快捷菜单

2. 选择合适的扫描模式　在低倍、TV 模式下，使用操作台与轨迹球找到所要观察的样品，点击"H/L"按钮切换到高倍模式，通过调节样品位置，找到所要观察的视场。

3. 聚焦、消像散　使用轨迹球选好视场后，使用操作台（图 1-1-6）放大或缩小到合适的倍数，使用对焦旋钮旋转调节 [先粗调（COARSE）、后细调（FINE）]，使图像达到最佳状态。

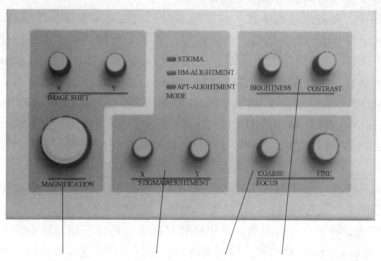

图 1-1-6　扫描电镜操作控制台

若对焦过程中图像有拉长现象（或扭曲、变形），则需进行消象散。调节 STIGMA/A-LIGNMENT X 使图像在水平方向的拉长消失，再调节 STIGMAT/ALIGNMENT Y 使图像在垂直方向的拉长消失。

4. 对中调整　改变加速电压和电流，使用操作台进行对焦或者消除象散操作时图像比平常较暗，或在高倍聚焦发生漂移时（左右或上下移动），需要进行对中调整（图1-1-7），方法如下。

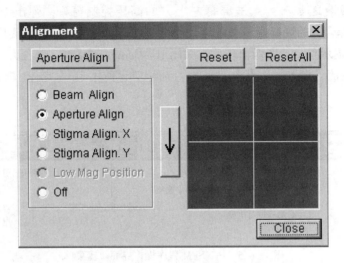

图 1-1-7　对中（Alignment）对话框

选取样品上一个具有明显特征的位置放在视场中心。点击"Align"键，出现 Alignment 窗口。对中主要分电子束对中（Beam Align）、光阑对中（Aperture Align）、象散对中（Stigma Align. X、Stigma Align. Y）等。

（1）电子束对中。在 Beam 选项，视场中出现圆形光斑，使用操作台调节 STIGMA/A-LIGNMENT X 与 Y 旋钮将圆形光斑调至视场中央。

（2）光阑对中。在对焦过程中发生的图像移动，使用光阑对中。选择 Aperture Align 选项，将图像放大至细节清晰的高倍数（高质量照片常常使用10万倍，如果拍摄倍数较低，也可以在低倍率下调整），若图像发生晃动，使用操作台调节 STIGMA/ALIGNMENT X 与 Y 旋钮，使图像在水平方向与垂直方向的晃动消失。

（3）象散对中。当在消除象散过程中发生图像移动，使用象散对中。选择 Stigma Align. X 或 Stigma Align. Y 选项，若图像发生晃动（不规则），调节 STIGMAT/ALIGNMENT X 使图像在水平方向的晃动消失，再调节 STIGMAT/ALIGNMENT Y 使图像在垂直方向的晃动消失。

5. 图像采集及保存　用自动亮度对比度 A. B. C. 键或 BRIGHTNESS/CONTRAST 旋钮自动或手动调节图像的对比度和亮度，扫描速度变为慢扫（SLOW）或减轻电荷扫描（CSS），点击抓拍按钮（可选分辨率）进行采集。采集后暂时存放在窗口下侧，选中要保存的图像，点击"Save"，弹出 Image Save 对话框，输入文件名，选好存储位置保存即可。

（四）取样品

（1）打开高压控制窗口，点击"OFF"关掉高压。点击"HOME"样品台自动归位至中心（等到绿灯亮，说明完成），同时确认 $Z=8\text{mm}$，$T=0°$。

（2）按下"OPEN"键，绿灯亮时，样品室阀门自动打开，插入交换杆将样品座卡在杆上，旋转交换杆至 LOCK 锁定样品座后，将杆水平向后拉回原处，按"CLOSE"键，绿灯亮时阀门自动关闭。

（3）按下"AIR"键，待绿灯亮时，拉开交换室，水平向前推出交换杆，旋转杆至"UNLOCK"，把样品座从杆上取下后，将杆水平向后拉回原处。

（4）关闭样品交换室，点"EVAC"键抽真空，完成整个过程。

五、实例分析

此处主要选择单根蚕丝（茧丝）、树脂微球为拍摄对象，系统讨论不同参数下的图片效果，如图 1-1-8、图 1-1-9 所示。其中图 1-1-8 中（a）、（b）与图 1-1-9 中（a）～（f）为同一根蚕丝样品；图 1-1-8 中（c）、（d）为树脂微球；图 1-1-9 中（g）、（h）、（i）也为蚕丝，但制样方法不同。

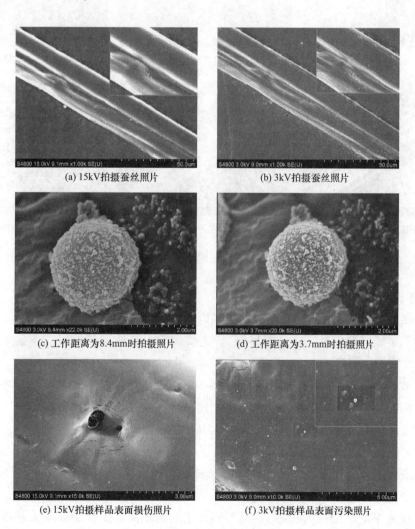

(a) 15kV拍摄蚕丝照片   (b) 3kV拍摄蚕丝照片

(c) 工作距离为8.4mm时拍摄照片   (d) 工作距离为3.7mm时拍摄照片

(e) 15kV拍摄样品表面损伤照片   (f) 3kV拍摄样品表面污染照片

图 1-1-8 不同参数条件下拍摄各种照片（喷金）

 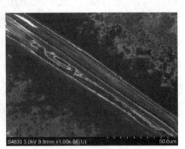

(a) 15kV，上探头拍摄照片 (慢扫描)　　(b) 15kV，下探头拍摄照片 (慢扫描)　　(c) 3kV，上探头拍摄照片 (慢扫描)

 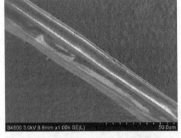 

(d) 3kV，下探头拍摄照片 (慢扫描)　(e) 3kV，下探头拍摄照片 (减轻电荷模式)　(f) 3kV，下探头拍摄照片 (积分)

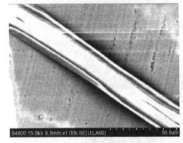  

(g) 15kV，背散射探头为主拍摄照片 (慢扫描)　(h) 3kV，背散射探头为主拍摄照片 (慢扫描)　(i) 3kV，下探头拍摄照片 (慢扫描)

图 1-1-9　不同参数下拍摄照片（蚕丝，不喷金）

（一）拍摄参数的调整

拍摄过程中，最终成像的质量取决于很多因素，如分辨率、信噪比、景深、感兴趣的细节（如表面细节或内部信息、成分差异等），需要实验人员通过调整仪器参数来获得。对于 SEM，经常改变的参数如下。

1. 加速电压 V_{acc}　SEM 常用加速电压在 $0\sim30kV$。一般加速电压越高则分辨率越高、信号强度越高、荷电越大、对样品损伤越大。高加速电压通常穿透样品比较深，电压低则穿透样品较浅。对于纺织类非导电样品，并不需要太高的加速电压，某种程度上来讲，在保证分辨率的情况下，电压越小越适合观察非导电类样品。15kV 下和 3kV 下拍摄基本无异，不过 3kV 拍摄的照片表面细节更加明显 [图 1-1-8(a)、图 1-1-8(b)]，而且在高电压下拍高倍也很容易损伤样品 [图 1-1-8(e)]。

2. 工作距离 WD　工作距离是指样品与物镜之间的距离。工作距离越大景深越大，视野越好，表面信息越少。工作距离越小景深越小，但表面信息越丰富。如图 1-1-8(c) 和

（d），是放大 2 万倍的树脂微球，在 *WD* 为 8.4mm 的时候景深较大，图片层次清晰，成像立体感好。而 *WD* 为 3.7mm 的时候景深较小，球体表面上部分较清晰、细节丰富，下部分则较模糊。

3. 上下探头的选择　上探头主要偏重于表面形貌，而下探头偏重于立体效果。如图 1-1-9（a）和（c）是上探头拍摄的照片，图 1-1-9（b）和（d）~（f）是下探头拍摄的照片。

4. SE 信号与 BSE 信号的选择　不同探头探测的信号不同，SE 信号主要反映样品表面的信息。BSE 信号主要反映样品成分信息，而纺织类样品常偏重于形貌分析，因此一般不常用，特别对于喷过金的样品，使用 BSE 信号已经不易区分成分。BSE 对于减轻荷电也有一定的作用。

5. 发射电流 Ie 及探针电流模式（Probe Current）　发射电流 Ie 越大，信号强度越高，对于不同类型的电镜，该参数不一致，有些电镜 Ie 不能更改。探针电流模式（Probe Current）：有高强度和普通两种模式，高强度模式可以接收所有信号，而普通模式只是接收部分信号。

6. 对焦、对中、消象散　对焦（Focus）、对中（Alignment）、消象散（Stigmation）这几个参数的调整是 SEM 拍摄过程的重中之重，对焦是每个样品、每个倍数都需要调整的。拍摄样品时需要放大到所需倍数的 2 倍或以上进行对焦，然后再缩小到所需倍数进行拍摄（例如，需要拍摄 10000 倍，则放大到 20000 倍或者更高倍数下对焦）。对中调整主要有三种：电子束对中、光阑对中、象散对中。这些调整一般是在切换加速电压、切换光阑、改变工作距离等工作状态后进行操作。正常调好之后可以拍摄一段时间，只是根据要求进行微调。除了电子束对中外，对中操作都是配合对焦与消象散一起进行。在对焦和消象散过程中出现图像移动分别调整光阑对中和象散对中。在对焦过程中，图像发生变形则进行消象散操作。

（二）减轻纺织样品荷电的方法

对于导电性能不好的样品，如半导体材料、绝缘体薄膜，在电子束的作用下，其表面会产生一定的负电荷积累，这就是 SEM 拍摄过程中常产生的荷电效应。荷电效应会大幅度影响拍照效果，如图 1-1-9 中的（a）、（d）、（g）、（h）所示。

1. 常用方法（制样过程中）

（1）增加喷镀（镀金）时间消除荷电现象。在样品表面镀导电层（喷金）是消除荷电最有效的手段，可以大幅度提高成像质量。对比图 1-1-8 与图 1-1-9，图像的质量差异较大，图 1-1-8 中的图片不管是在图像清晰度、细节、噪点等都能够保持较高水平。在无法镀导电层的时候，也可以通过调整上述的一些参数来改善图片质量。

（2）使用导电效果更好的铝箔胶带或者导电银胶。

2. 拍摄过程中方法

（1）使用积分模式或减轻荷电模式拍照。如图 1-1-9 所示，对比（d）、（e）、（f），分别使用慢扫描模式、减轻电荷模式、积分模式拍摄图片。积分模式拍摄图片基本没有荷电，减轻电荷模式其次，慢扫描则纤维部分荷电严重。

（2）降低加速电压、电流或使用减速模式。如图 1-1-9 所示，对比（a）、（c），明显 3kV 下拍摄图片荷电更少。

（3）使用下探头，或者使用 BSE 探头。如图 1-1-9 所示，对比（a）、（b）、（g），同为 15kV，分别使用上探头、下探头、背散射探头。（b）、（g）的荷电要比（a）轻，（b）的荷电最少。

实验二　使用扫描电镜配套电子能谱仪分析纤维元素组成

一、实验原理

能谱仪（EDS，Energy Dispersive Spectrometer 或 EDX，Energy Dispersive X-ray Spectroscopy）是用来进行材料微区成分元素种类与含量分析，配合扫描电子显微镜与透射电子显微镜的使用，属于微区分析的一种。20 世纪 70 年代，随着锂漂移硅检测器 Si（Li）的出现，发展成了能谱仪，而最早的硅偏移探测器（SDD）的概念是 1983 年 Gatti 和 Rehak 根据侧向耗尽的原理提出的。

每一种元素均有 X 射线特征波长，特征波长的大小则取决于能级跃迁过程中释放出的特征能量 ΔE，能谱仪就是利用不同元素 X 射线光子特征能量不同这一特点来进行成分分析的。使用扫描电镜的高能电子束入射到样品上，样品原子的非弹性散射，会激发出特征 X 射线与俄歇电子，X 射线辐射是一种量子或光子组成的粒子流。特征 X 射线能量 E 或波长 λ 与样品原子序数 Z 存在函数关系：

$$E = A \times (Z - C)^2$$

式中，A 与 C 是与 X 射线谱线系有关的常数，表明特征 X 射线与相应元素相对应。能谱仪正是利用这一理论进行元素分析。

（一）常用能谱仪探测器的工作原理

1. 锂漂移硅探测器　锂漂移硅探测器，简称 Si（Li），是能谱仪的关键部位，由超薄窗口、锂漂移硅晶体、场效应管、液氮罐组成。当 X 射线光子进入检测器后，在 Si（Li）晶体内激发出一定数目的电子空穴对。产生一个空穴对的最低平均能量 ε 是一定的（在低温下平均为 3.8eV），而由一个 X 射线光子造成的空穴对的数目为 $N = \Delta E / \varepsilon$，因此，入射 X 射线光子的能量越高，$N$ 就越大。利用加在晶体两端的偏压收集电子空穴对，经过前置放大器转换成电流脉冲，电流脉冲的高度取决于 N 的大小。电流脉冲经过主放大器转换成电压脉冲进入多道脉冲高度分析器，脉冲高度分析器按高度把脉冲分类计数，从而得到 X 射线按能量大小分布的图谱。

2. SDD 硅漂移探测器　锂漂移硅探测器的 X 射线能量耗散区，也称本征区，硅晶体必须长期保持在液氮低温中才能正常工作，给使用造成不便。而硅漂移探测器可以在室温下工作，具有非常低的死时间，采集速度更快。SDD 探测器核心是高纯 N 型硅片，有前级放大器的场效应管（FET），外部围绕环形阳极，在阳极周围刻有许多 p 型材料组成的同心浅环，构成漂移电极。当 X 射线入射到晶体管内形成电子空穴对后，梯度电场迫使信号电子向阳极漂移，在阳极形成电荷信号，直接反馈送到 FET，实现电荷脉冲放大，并输出电压脉冲信号后送入放大器处理，完成 X 射线的采集。

二、样品准备

（1）按照场发射扫描电镜方法制样（参见第一章实验一中样品准备）。

（2）需要分析元素成分的样品尽量不做喷金处理，或者少做喷金处理，以免影响样品本身元素。

（3）使用能谱专用限位尺调整样品（图1-2-1），保证样品被激发出的特征X射线反射角度适合于能谱探头。

图1-2-1　样品台限位器

三、实验仪器简介

本实验所使用能谱仪（EDS）是英国牛津SwiftED3000型能谱仪（图1-2-2），内置于台式扫描电镜中。该实验仪器并不能独立使用，必须依托台式扫描电镜共同使用。该台式扫描电镜为日立TM3030型，具有小巧的紧凑式一体化机身。

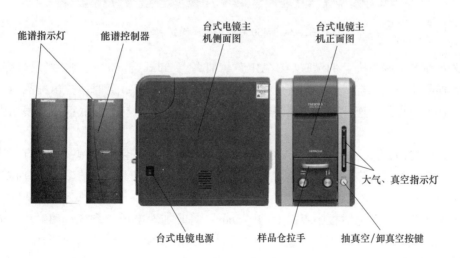

图1-2-2　TM3030扫描电镜以及能谱仪示意图

台式扫描电镜使用钨丝灯，可以提供5kV、15kV、EDS三种加速电压模式。配置两轴全自动样品台，可放入直径≤70mm，厚度≤50mm的样品台。采用小型无油隔膜真空泵，3min

内可以完成抽真空。内部配备高灵敏度半导体背散射电子检测器，以及 4 分割背散射探测器，可采集来自四个不同方向的图像信息，分辨率优于 17nm，最大可以拍摄 3 万倍的电镜图片，图片分辨率为 1280×960 pixels。

该能谱仪配置了最新的 SDD 硅漂移探测器，探测面积为 30mm^2，使用半导体电制冷，可在 1~2min 内完成冷却。可探测元素为 $B_5 \sim U_{92}$。

四、实验操作步骤

（一）扫描电镜操作步骤

1. 打开电源与应用程序 打开主机侧面的电源按钮，打开计算机应用程序：TM3030，界面如图 1-2-3 所示。应用程序上主要操作功能见图 1-2-4。

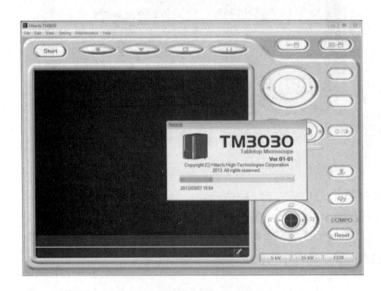

图 1-2-3　TM3030 应用程序操作启动界面

2. 装载样品 按主机上的"EVAC/AIR"（抽真空/卸载空气）按键，指示灯变成黄色，并闪烁。样品舱内充入空气，等到黄色指示灯不再闪烁且变成黄色时，拉出样品舱门，将样品台旋转连接至样品台连杆上，使用限位器测量高度后，装入样品舱底座中，使用内六角螺丝固定。

关上样品舱门，按主机上的"EVAC/AIR"（抽真空/卸真空）按键，指示灯变成蓝色并闪烁，样品舱开始抽真空，等到蓝色指示灯常亮不闪烁，且应用软件上不再有抽真空提示，抽真空完成。

3. 拍摄图片 点击电镜程序界面上的"Start"打开加速电压，系统自动对焦，电镜图像显示区域出现图像，使用者根据需要，选择合适的区域，使用合适的加速电压、放大倍数、图像模式拍摄图片。

（1）样品移动。该台式电镜使用全自动样品台（X 轴，Y 轴），使用鼠标双击需要观察的位置，该位置自动移动到样品台的中间。也可以点击程序栏上的"Stage"按钮，调出样品移动按钮后，点击按钮则样品移动（图 1-2-5）。

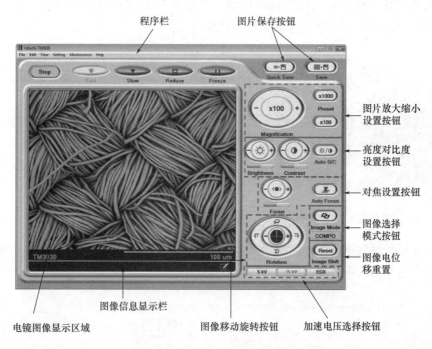

图 1-2-4 TM3030 应用程序各按钮的功能

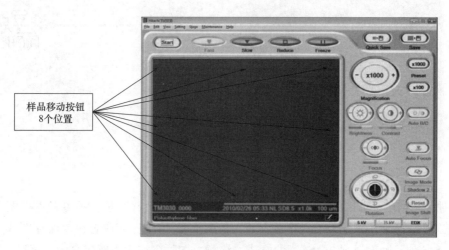

图 1-2-5 样品台移动控制按键

使用图 1-2-4 中的"Rotation"按钮,可以方便地把当前样品图片变换一定角度。这种变换是电子束移动的结果。

(2) 放大/缩小图像区域。点击图中"+"或"-"按钮,放大或缩小图像,可以选择合适的放大倍数。也可以使用预设倍数"Preset"按钮,直接把图像切换到相应倍数。也可以使用菜单栏中的 VIEW 命令,点击"Magnification"选项,选择合适的放大倍数。

(3) 图像模式选择。使用"Image Mode"按钮切换图片模式,一共有三种模式供选择:COMPO(合成)、shadow(阴影)以及 TOPO(顶部)模式。一般使用 COMPO 合成模式。

（4）精细对焦。选择合适的待观察区域，并把该位置移动到图片中间，点击"Reduce button"按钮（图 1-2-6），进入样品精细对焦窗口。

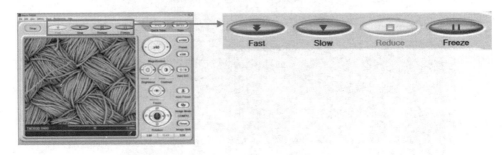

图 1-2-6　精细对焦窗口

把鼠标光标移动到图像显示区域（图 1-2-7），光标变成如图的对焦模式，按住鼠标左键，向左或向右拖动鼠标，图像可以被精细对焦。

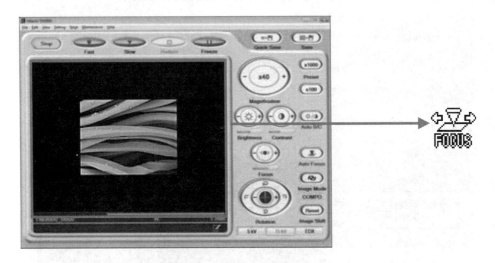

图 1-2-7　图片对焦状态

（5）拍摄并保存图片。根据以上步骤，选择合适的倍数并对焦，拍摄者觉得图像显示清晰，明暗对比合适后，点击"Save"或"Quick Save"，拍摄保存或者快速保存图片。图片可以保存为 *.jpg、*.bmp 或 *.tif 三种格式。注意，图片名称中不能包含中文字符。

（6）图片的简单处理。点击菜单栏上的"Edit"命令，选择 Date Entry/Measurement Window 模式，调出图片测量与处理窗口（图 1-2-8），可以在这个窗口中测量图片中纤维长度，在图片上编辑文字以及调整图片亮度与对比度。

4. 取出样品　点击程序界面的"STOP"按钮，关闭加速电压。按主机上的"EVAC/AIR"（抽真空/卸真空）按键，指示灯变成黄色并闪烁。样品舱内充入空气，等到黄色指示灯不再闪烁且变成黄色时，拉出样品舱门，将样品台拿出。

（二）能谱操作步骤

1. 装入样品　按照 TM3030 台式扫描电镜操作方法，装入样品，调整到清晰图片状态。

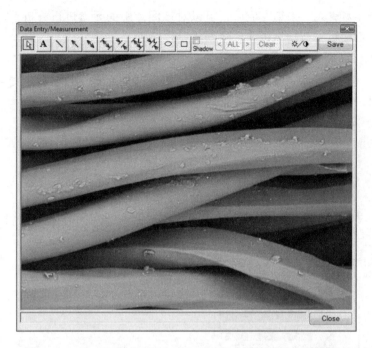

图 1-2-8　Date Entry/Measurement Window 图片测量与处理窗口

2. 采集图像　打开 SwiftED 操作程序（图 1-2-9）。点击图像采集图标，点击开始按钮把当前扫描电镜中的图像采集到能谱界面中，可以选择 256×192、512×384 和 1024×768 分辨率的图像。

图 1-2-9　SwiftED 操作程序主界面

3. 选择元素分析模式 采集完成后，可以对该图片中的元素进行分析，操作界面有谱线模式、点、选择框模式、面扫描模式、线扫描模式。

（1）点、选择框模式。点击程序上按钮，进入点、选择框模式（图1-2-10）。在图片上选定一个目标点，或者目标区域。系统将自动采集选区的元素，并在图1-2-10右方显示图谱，在右下方显示被检测出的元素与含量（估算）。

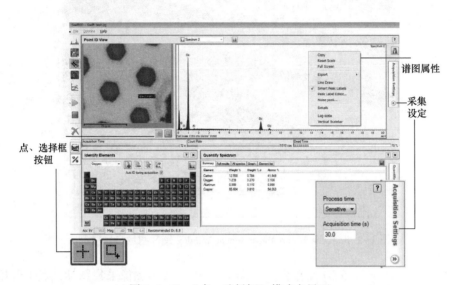

图1-2-10 "点、选择框"模式主界面

①采集时间设定。点击"Acquisiton Setting"，选择合适的采集时间，常用为30s。点击"开始采集数据"，时间结束自动停止，元素谱峰会在右侧窗口显示出来。

②自动元素匹配。如果选择了"Auto ID during acquisition"，元素会自动在谱线上标注出来。如果有疑问，可以手动选择相应的元素。元素含量会自动在"Quantify Spectrum"中显示出来。

③数据保存。在"File"中选择"Export to Word"，可以保存谱线、图片、元素的质量分数等参数的报告。

（2）"面扫描"模式。点击程序上按钮，进入"面扫描"模式（图1-2-11）。

①参数设置。进行面扫描中的"map resolution"图片分辨率设置，可以选择128×96、256×192或512×384；与"map acquisition time"采集时间进行设置，一般选择"continuous"连续采集模式；以及"number of frames"每秒帧数设置，推荐30以上；"process time"采集速度选择"Fast"。

②面扫描采集。点击"开始"图标，开始面扫描预采集元素，在右下角界面中显示出该图像区域内的元素谱峰。

③选择面扫描元素。根据谱峰识别情况，点击"add elements"加入要显示的面扫描元素。在左下角的界面中可以自行加减元素。

④面扫描图像设置。在面扫描区域内显示面扫描图像，可在输入框中输入百分比，调整显示图片的缩放比例，或使用向上向下箭头选择相对应的值。在每一幅元素图中右击鼠标，可以显示各种选项，如图像导出工具，全屏图像显示，颜色设置等。

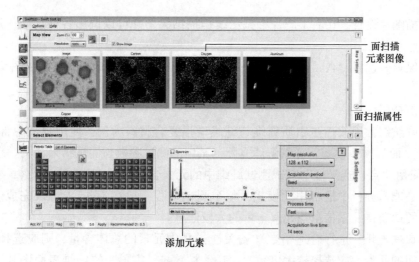

面扫描
元素图像

面扫描属性

添加元素

图 1-2-11　"面扫描"模式主界面

⑤数据保存。选择"File"中的"Export to Word"可以方便地导出面扫描图片报告。

（3）"线扫描"模式。点击程序上按钮，进入"线扫描"模式（图 1-2-12）。

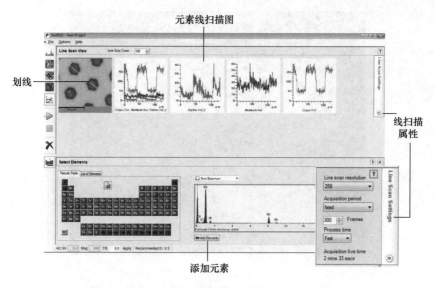

元素线扫描图

划线

线扫描
属性

添加元素

图 1-2-12　"线扫描"模式主界面

①参数设置。进行"line scan resolution"设置，如 128，256 或 512；"acquisition period"采集时间设置，一般选择"continuous"；"number of frames"通常选择 300 以上；"process time"选择"Fast"。

②线扫描采集。在左上角需要分析的图片上画一条扫描线，左击并按住鼠标在图片中拖动即可定义一条扫描线。点击"开始线扫描预采集元素"，在右下角界面中显示出该图像区域内的元素谱峰。

③选择线扫描元素。根据谱峰识别情况，点击"add elements"加入要显示的面扫描元素。在左下角的界面中可以自行加减元素。

④线扫描图片设置。在右上图片中显示线扫描结果，并可以调出各种选项，调整亮度对比度以及颜色等。

⑤数据保存。选择"File"中的"Export to Word"可以方便地导出线扫描图片报告。

五、实例分析

本文选取纺织常用改性蛋白质纤维与纤维增强复合材料为例，使用测试中常用的"点、选择框"与"面扫描"模式，详细解读实际测试中的测试参数与测试结果含义。

(一) 使用"点、选择框"模式测试纤维中的元素含量

该模式是能谱分析中最常用的模式，整个测试过程一般在 1min 内可以完成。在该模式下，可以方便地获得元素信息与元素含量的大概信息。

1. 采集区域选择　选择合适倍数（若关注样品中元素的总体含量，则应选择较小倍数；关注纤维表面的元素，应选择较大倍数）。实例中测试采集了一幅纤维表面图片，放大倍数为 600 倍，采集时间为 60s。

选择需要分析的区域（图 1-2-13）。如图中显示的绿色方框中，表示待分析的位置。一般选择相对干净无杂质的区域。

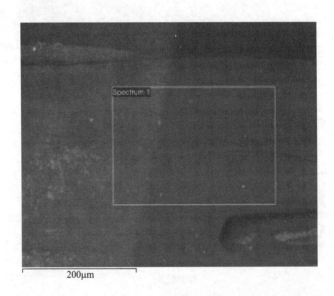

图 1-2-13　改性蛋白质纤维形貌图（方框中为能谱扫描区域）

2. 谱峰分析　点击"开始采集"，在谱线图中出现相应的自动匹配的元素以及谱峰（图 1-2-14）。图中检测出的元素分别为 C、O、Na、Mg、Al、S、Ca，说明所选绿色区域内含有这些元素。

图中，Ca 有两个峰，这两个峰分别为：Kα1 3.692keV，Lα1 20.341keV。

当电子束照射样品时，从微观来看，原子的最内层电子首先被激发出去，之后为了维护系统稳定性，外层电子就会跃迁至内层，由于两层电子的能量不同，跃迁过程中就会释放出额外能量，该额外能量就是特征 X 射线，也是能谱仪需要捕捉的信号。因为不同原子的核外电子层能量不同，跃迁后释放的能量也不同，据此就可以判断该样品的元素种类以及含量。

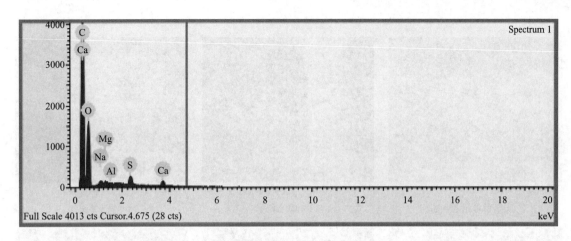

图1-2-14 改性蛋白质纤维的能谱图

原子是由原子核及核外电子构成，其中核外电子可以从内到外分为K层、L层、M层、N层……当K层电子激发出后，L层电子跃迁到K层，此时就释放出K_αX射线，而当M层电子跃迁到K层时，K_βX射线释放，此时不论K_α亦或K_β均被称为K线系。而当M层电子跃迁到L层时，L_α被释放，N层跃迁到L层，L_β被释放，此均被称为L线系。简单来讲，就是电子跃迁到K层就叫K线系，跃迁到L层就叫L线系，只不过根据相邻层还是间隔层来命名。

3. 元素含量解读 软件根据谱峰自动计算出元素含量、含量偏差以及原子比，这些定量信息只作为参考，不作为准确数据。

（二）使用"面扫描"模式表征复合材料元素分布情况

"面扫描"模式是能谱测试中的一种高级模式，可以把测试元素的富集情况在图像上显示出来，可以方便测试者直观地观察所测样品。该模式常用于多元素复合材料的观察，可以通过图像形象地描绘出样品的实际元素分布与含量。

本实例需要测试的是一块纤维增强复合电路板材料，主要有四层，每一层由不同的元素构成。

1. 采集参数的选择 在使用"面扫描"模式前，需要采集一幅待测图片［图1-2-15（a）］，再使用谱线模式了解该样品的元素组成，最后选择所需要的元素图片。图片分辨率选择"256×192pixels"；采集时间选择"连续"，直到"面扫描"图片达到测试者要求后手动停止。

2. "面扫描"图像分析 通过"面扫描"模式，图片一幅幅叠加，最终获得图1-2-15中（b）~（f）的各元素分布图，图中的白色点反映相应元素的富集情况，点所在的位置表明样品中元素所对应的位置，点越多元素含量越高。图1-2-15（b）中表征了样品中碳含量的情况，图中密集白色区表明了该区域碳元素很多，原因是该区域内为导电碳胶。图1-2-15（a）中可见部分纤维复合材料的断面，该纤维是二氧化硅纤维，因此，图1-2-15（c）、图1-2-15（d）中白色点富集区域中即形象地反映了二氧化硅纤维中氧和硅的含量情况。如图1-2-15（a）的电镜图片以及图1-2-15（e）和图1-2-15（f）的元素图，根据背散射信号成像原理，原子序数越高的元素在图片上表现越亮，电镜图与铁、铜元素图所反映的位置也基本一致，表明了该样品可能受到了金属离子污染。

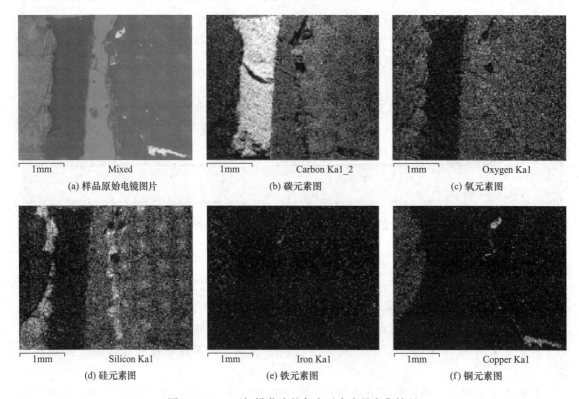

图 1-2-15 面扫描获取的各个元素含量富集情况

实验三 使用原子力显微镜（AFM）分析纺织材料形貌

一、实验原理

1665 年，光学显微镜首次出现，推动了科学技术的发展，但光的衍射效应限制了光学显微镜的分辨率。随后扫描隧道显微镜的发明提高了所观察物体的分辨率，但因其工作依靠隧道电流，只能用来观察导电材料。为了解决这一问题，科学家在扫描隧道显微镜的基础上发明了原子力显微镜（AFM）。AFM 通过装有针尖的弹性微悬臂的振动检测样品的表面形貌。当针尖通过样品表面时，针尖与样品面的相互作用力会引起微悬臂的形变。照射在悬臂背面的激光束通过反射镜反射到对位置敏感的光电探测器中，悬臂会随样品表面形貌的起伏而发生弯曲，同时探测器上激光的位置会发生相应移动。最终检测器通过测量针尖的位移量，并将这些信息输入计算机，经过处理即可还原样品表面的形貌像。当前 AFM 的主要扫描模式为接触模式（Contact mode）、非接触模式（Noncontact mode）、轻敲模式（Tapping mode）和自动扫描模式（ScanAsyst mode）。

二、样品准备

根据样品种类的不同，各种显微镜对其前处理过程有不同的要求。比如对生物样品进行测定时，电子显微镜必须对样品进行固定、脱水、包埋、切片、染色等一系列处理；激光共聚焦显微镜拍摄前须对样品进行特殊的荧光染色；扫描隧道显微镜要求物质具有表面导电性，否则要进行镀金处理。而利用 AFM 观察样品时无须导电、低温真空等条件，只需对样品进行简单固定处理便可直接观察，但是其成像载体、基底的处理等对成像质量有很大的影响。

（一）成像载体

AFM 的成像载体有很多种，如云母片、玻璃片、石墨、二氧化硅、生物膜等。在空气中观察时，云母片是应用最广泛的基底。云母片、玻璃及氧化硅在中性条件下带负电，所以中性条件下带正电的样品可以通过简单吸附进行固定。

（二）基底处理

若是云母片作为基底，一般是用胶带纸将干净的云母表面剥离，洗耳球吹净云母表面由于剥离而可能产生的碎片，得到干净、平坦且不导电的云母片。若是硅片作为基底，一般先用有机溶剂将硅片浸泡，处理干净。

（三）样品制备

对于溶液类样品，先将分散好的溶液类样品直接滴加到云母上，吸附一定时间后，用滤纸吸干、自然晾干或氮气吹干的方法去掉多余的水分，就可进行观察。对于纺织材料中的纤维类样品，需将表面处理达到测试要求的样品裁剪至边长不超过 15mm，直接用双面胶黏附在云母或者硅片基底上，再将云母或者硅片粘贴在仪器配套的尺寸合适的金属样品托上进行观察（注意：样品尺寸不能超出载物台大小，粘贴必须平整，避免一端高一端低，且样品的纵向落差不应超过仪器扫描管的 Z 轴限定值）。液体环境下观察时需要将样品放在专用的液体池中。

（四）样品放置

将提供的磁性样品盘固定于样品台上适当的位置或将粘好样品的样品托吸附在磁性样品盘上（图 1-3-1）。

图 1-3-1 样品盘及样品制备

三、实验仪器简介

本实验使用仪器为 Bruker MultiMode 8 原子力显微镜（图 1-3-2）。该仪器采用 NanoScope V 控制器，具有先进的数字架构、高数据带宽、低噪声数据采集和良好的数据处理能力，使其具有领先的高分辨率和高性能。同时，MultiMode 8 原子力显微镜拥有独特的 ScanAsyst 模

图 1-3-2　MultiMode 8 原子力显微镜主要部件

式，采用其先进的自动图像优化技术，避免了复杂的参数调节步骤，图像获得更加简便。

四、实验操作步骤

(一) 空气中样品测试

1. 开机　先打开计算机和显示器，再打开 AFM 控制器。

2. 启动软件　双击桌面 Nanoscope 8.15 图标，进入仪器操作界面。选择扫描模式（ScanAsyst、Tapping、Contact 等），然后点击"Load"，进入该模式的界面（图 1-3-3）。

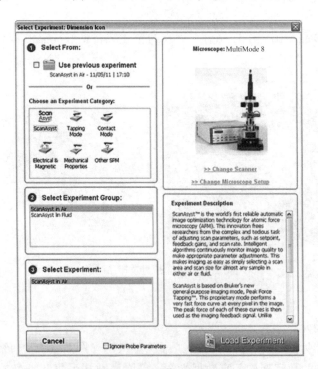

图 1-3-3　AFM 联机界面

3. 装样　将固定在铁片上的样品放入带有磁性的样品台上，使其吸住铁片和样品。注意调节样品台高度，通常应使样品的上表面不明显高于探针头上的支点顶部，以防止装探针夹时探针直接压到样品上而损坏探针。

4. 安装探针

（1）选择合适的探针和探针夹。对于空气中的 ScanAsyst 模式，一般选用 ScanAsyst in air 探针；对于空气中的 Tapping 模式，一般选择 RTESP 探针；对于空气中的 Contact 模式，一般选择 DNP 或 SNL 探针。如果在液体中操作，ScanAsyst 模式选用 ScanAsyst in fluid 探针，而无论 Tapping 还是 Contact 模式，都选择 DNP 或 SNL 探针。需要注意的是，实际使用的探针种类应根据测量需求恰当选择，也可以使用其他合适的探针来代替推荐的探针进行成像。

（2）安装探针。在空气中测试时，将探针安装在 tip holder 上。安装时，把 holder 翻转放在桌面上，轻轻下压，使里面凹槽内的金属片微微上翘，随后装入探针，并松手使金属片压紧探针（图1-3-4）。

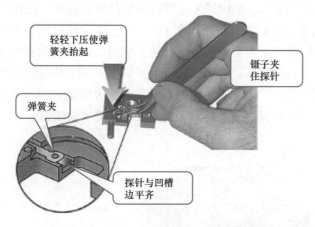

图1-3-4　空气测试条件下安装探针示意图

（3）安装探针夹。将探针夹对准扫描头底部的三个触点轻轻插入，避免撞到下方样品，并拧紧位于扫描头卡槽右侧中部的螺丝，将探针夹固定住。需要注意的是，操作时务必注意控制探针和样品台之间的距离。如果探针和样品台距离过近，请执行 "Motor" 菜单下的 "Withdraw" 命令多次，向上移动 Z 轴，使探针和样品台保持安全距离。

5. 调节激光　扫描头上部右侧有两个激光调节旋钮，并有两个箭头标明了顺时针旋转激光调节旋钮时激光光斑位置的移动方向，保证将激光打在悬臂前端。

（1）矩形悬臂探针的调节激光（图1-3-5）。取一张白纸置于扫描管正下方，红色的激光光斑将反映在白纸上。若看不到激光光斑，逆时针旋转右后方的激光调节旋钮，直到看到激光光斑。在通常情况下，逆时针旋转右后方的激光调节旋钮可以将激光光斑调出，但若激光光斑远远偏离正常位置，可能无论如何旋转右后方的激光调节旋钮也无法看到激光光斑。此时请目测激光点打在探针夹上的位置，使用两个调节旋钮将激光光斑调节到正常位置。

顺时针旋转右后方的激光调节旋钮，直到激光光斑消失。这时，激光应该打在探针基底的左侧边缘上。逆时针旋转右后方的激光调节旋钮，直到激光光斑刚好出现（位置1）。

顺时针或逆时针旋转左前方的激光调节旋钮，直到激光光斑突然变暗，继续旋转旋钮则

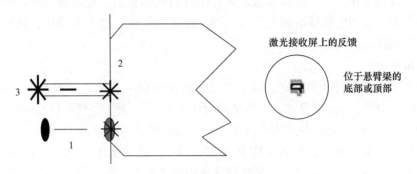

图 1-3-5　矩形悬臂探针的调节激光

又变亮。调回光斑突然变暗的位置，此时激光应该打在悬臂的后端（位置 2）。

逆时针旋转右后方的激光调节旋钮，直到看到激光光斑。顺时针旋转右后方的激光调节旋钮，直到激光光斑刚好消失，此时激光应该打在悬臂的最前端（位置 3）。

（2）三角形悬臂梁探针的调节激光（图 1-3-6）。取一张白纸置于扫描管正下方，红色的激光光斑将反映在白纸上。若看不到激光光斑，逆时针旋转右后方的激光调节旋钮，直到看到激光光斑。在通常情况下，逆时针旋转右后方的激光调节旋钮可以将激光光斑调出，但若激光光斑远远偏离正常位置，可能无论如何旋转右后方的激光调节旋钮也无法看到激光光斑。此时请目测激光点打在探针夹上的位置，使用两个调节旋钮将激光光斑调节到正常位置。

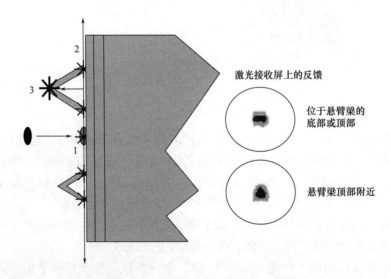

图 1-3-6　三角形悬臂探针的调节激光

顺时针旋转右后方的激光调节旋钮，直到激光光斑消失。这时，激光应该打在探针基底的左侧边缘上。逆时针旋转右后方的激光调节旋钮，直到激光光斑刚好出现（位置 1）。

顺时针或逆时针旋转左前方的激光调节旋钮，直到看到激光光斑被遮挡两次。调回两次相继遮挡位置的中心位置，此时激光应该打在三角悬臂的镂空处。匀速旋转旋钮，可以根据两次遮挡出现的间隔来判断悬臂的大小（位置 2）。

逆时针旋转右后方的激光调节旋钮，直到看到激光光斑被挡住后又再次出现。顺时针旋转右后方的激光调节旋钮，直到激光光斑刚好消失，此时激光应该打在悬臂的最前端（位置3）。

6. 调整检测器位置 扫描头左侧有两个检测器位置调节旋钮，旋转这两个旋钮调节 Vert. Defl. 和 Hori. Defl. 到合适的值。对于 ScanAsyst 模式，将 Vert. Defl. 和 Hori. Defl. 调节到0；对于 Tapping 模式，将 Vert. Defl. 和 Hori. Defl. 调节到0；对于 Contact 模式，将 Hori. Defl. 调节到0，Vert. Defl. 调节到 -2V。正确调节完毕后，对于无金属反射镀层的探针（如用于 Tapping 模式的 RTESP 探针），SUM 值应在 1.5~2.5V；对于有金属反射镀层的探针（如用于 ScanAsyst 模式的 ScanAsyst in air、Contact 模式的 DNP 或 SNL 探针），SUM 值应在 5V 以上（图 1-3-7）。

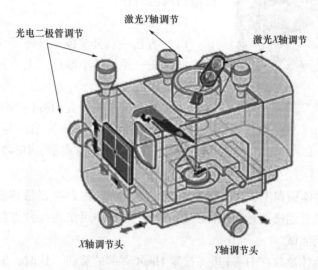

图 1-3-7 检测器调节示意图

7. 进针 执行 Motor 菜单下的 Engage 命令，或点击 Engage 图标。如果需要更换扫描位置，先执行 Motor 菜单下的 Withdraw 命令或点击 Withdraw 图标，使探针远离样品表面，用轨迹球找到待扫描的位置后，再执行 Engage 命令进针。

8. 扫描图片 仪器完成自动进针后，即开始扫描图片。在 ScanAsyst 模式下，仪器会全程自动实时优化参数；在 Tapping 及 Contact 模式下，需要根据图像情况实时手动调整 Setpoint、Integral Gain 和 Proportional Gain，优化图像质量。

9. 存图 执行 Capture 菜单下 Capture Filename 命令给需要保存的图像命名。调整好扫描参数后，执行 Capture 菜单下的 Capture 命令保存图像。

10. 退针 将 Scan Size、X Offset、Y Offset 和 Scan Angle 均设置为0。多次执行 Motor 菜单下的 Withdraw 命令或者点击 Withdraw 图标。该命令可以多次执行。待探针远离样品表面后，取下样品。

11. 关机 依次关闭软件、控制器及计算机和显示器。注意严格按照顺序关闭仪器。

（二）液态样品测试

液态样品测试中，装针、装样方式与空气样品测试有区别，其他步骤相同。

1. 安装探针

(1) 探针选择。推荐使用 V 型氮化硅悬臂梁的探针，如 NP、SNL 等。实际使用的探针种类应根据测量需求恰当选择，也可以使用其他合适的探针来代替推荐的探针进行成像。

(2) 液体池。液相操作下，探针安装在液体池内。液体池底部有一凹槽，用于放置探针；凹槽处有一镀金的不锈钢丝夹，与顶面的小弹簧相连，用于固定探针。

图 1-3-8　液体样品池装针

(3) 安装探针。一手拿稳液体池，用手指通过从底部轻轻按压弹簧将钢丝夹顶起（图 1-3-8）。用力不要太大而将弹簧完全压缩，不要将探针夹置于桌面等硬物上压按。用镊子轻轻将探针装入槽内，松开顶起的钢丝夹使探针固定。确认探针位置放正，侧部及底部分别与凹槽的两边平齐。

2. 装样品

(1) 方法一：开放体系（不使用 O 圈）。将样品固定在样品托（不锈钢小圆片）上，并将样品托放入样品台上通过磁性吸稳。

通过电动机开关升高 Head，使得 Head 底部平面基本与样品表面持平。液体池结构与普通探针夹有所不同，因此在放上液体池之前，Head 要升得比在空气中测试时更高。

探针所在的液体池面向上，用注射器在探针位置处滴加 1~2 滴液体，再将液体池探针面转为向下，这时可以看到液滴悬于探针所在位置。该操作可防止探针直接接触样品表面的液体时产生气泡而影响测试。

将悬着液滴的液体池放在 Head 里，拧紧 Head 背部的旋钮。这时，原来已经调好的 SUM 值由于液体环境引起的光路偏折，会明显减小。这时只需调节 Head 背后的反光镜，将 SUM 值重新调为正常值。然后调整左侧旋钮，将 Vert 和 Horz 值调为 0。

(2) 方法二：封闭体系（使用 O 圈）。将 O 圈装入液体池下部的凹槽上，将样品固定在样品托（不锈钢小圆片）上，并将样品托放入样品台上通过磁性吸稳。

通过电动机开关升高 Head，使得 Head 底部平面基本与样品表面持平。液体池结构与普通探针夹有所不同，因此，在放上液体池之前，Head 要升得比空气中实验时更高。

将液体池放在 Head 里，拧紧 Head 背部的螺母。确保 O 圈稳定地扣在样品上，而没有覆盖任何样品的边缘。

用 Base 上的 Up/Down 开关降低 Head，使 O 圈能与样品之间形成一个封闭空间。

用注射器向液体池的管口注液。注液以后激光的 SUM 值会明显减小。这时调节 Head 背后的反光镜，将 SUM 值重新调为正常值。然后调整左侧螺母，将 Vert 和 Horz 值调为 0。

(三)　离线图像处理

1. Flatten　对于高度图来说，由于扫描管 Z 电压的漂移，样品本身的倾斜，以及扫描管 Bow 等原因，扫描获得的原始高度数据实际上偏离了样品的实际形貌。所以必须对这种情况进行纠正。Flatten 采用 X 方向逐条处理扫描线的方式对图像进行纠正。

（1）打开相应的图像文件。

（2）点击"Flatten"按钮。

（3）选择相应的 Flatten Order。

0th：去除 Z 方向的漂移，将 Z 中心调整到零点附近。

1st：纠正样品和探针之间的倾斜。

2nd：纠正扫描管造成的大范围扫描的曲面。

3rd：更复杂的曲面纠正可能会造成图像假象，请不要轻易使用。

高阶的 Flatten 包含了低阶的 Flatten，例如：阶处理时就包含了 1 阶和 0 阶 Flatten。

（4）Mask。如有必要可在图像上选择相应 Mask（按住鼠标左键拖拽），这是为了避免非基线位置干扰基线的确定。如图像上有大坑或者十分突出的地方需要用 Mask。

（5）完成。点击"Execute"完成 Flatten。

2. Plane Fit　对于构成比较简单的图，如玻璃片上的细胞等，也可以采用 Plane Fit 对图像 X、Y 方向同时进行纠正。Plane Fit 的作用跟 Flatten 类似，但拟合使用的多项式更复杂。Plane Fit 的基本步骤如下。

（1）打开相应的图像文件。

（2）点击"Plant Fit"按钮。

（3）选择相应的 Plane Fit Order。

（4）在图像上选择相应的区域定义 Plane Fit 的区域（按住鼠标左键拖拽，处理时认为该区域是一个平面，然后进行纠正）。

（5）点击"Execute"完成 Plane Fit。

只有高度图才需要进行 Flatten 或 Plane Fit 处理。其他的性质图，直接保存原始数据，除非只想看表面上某性质的相对差别。

3. 3D 图像

（1）点击 3D 图像分析按钮。

（2）在图像上按住鼠标左键拖拽图像，获得理想的浏览 3D 视角。

（3）点击"Export"，设置相应的路径保存即可。

4. 截面分析　点击截面分析按钮。在右边 Section 数据上拖拽两条垂直虚线选择分析的位置，在下面可以得到相应的结果。

5. 粗糙度分析　点击粗糙度分析按钮，从结果中读出对应的粗糙度。Image Rq 和 Image Ra 即为整幅图片的粗糙度数据。如果在图像中选择相应的区域（按住鼠标左键拖拽），也可以读出相应区域内的值。其中，Rq 表示均方根粗糙度，Ra 表示平均粗糙度。

6. Depth 分析　点击"Depth"分析按钮，按住鼠标左键拖拽选取分析的区域，读取 Peak to Peak Distance 值即可。

五、实例分析

（一）纤维与纱线表面形貌的观测

利用 AFM 可以对纺织品的微观形貌进行分析，且不需要对样品做复杂前处理，有利于对样品真实微观形貌的保护。本实例分析主要以静电纺丝纤维膜为拍摄对象，讨论不同参数下的图片效果（图1-3-9）。图1-3-9（a）显示了静电纺纤维膜，当认为样品表面清晰度欠佳时，为了使增益与样品表面的状态相符，一般的调节方法是在 Contact 模式中增大 Deflection Setpoint，或在 Tapping 模式下减小 Amplitude Setpoint，直到两条扫描线基本反映同样的形貌特征，图像清晰度会有所增加 [图1-3-9（b）]。随着扫描范围的增大，扫描速率必须相应降低。对于大范围的、起伏较大的表面，扫描速率调为 0.7~2 Hz 较为合适。大的扫描速率会减少漂移现象，但一般只用于扫描小范围的、很平的表面 [图1-3-9（c）]。当扫描速率、Setpoint 等都合适的状态下，图像清晰度明显提高，微观形貌更加清楚 [图1-3-9（d）]。

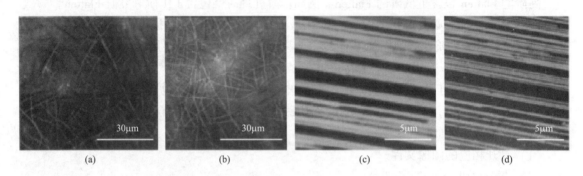

图1-3-9　不同扫描条件下的静电纺纤维膜表面形貌图

（二）纤维与织物物理性能的检测

利用 AFM 研究纤维与织物的表面粗糙度、模量等相关物理性能，能够帮助研究人员从微观角度了解纤维与织物的物理性能，进而有助于对宏观性能的调控。图1-3-10 测量了纳米丝素纤维膜的表面形貌及整个图片粗糙度（Image Rq 和 Image Ra），同时测量了所选区域的粗糙度（Rq 为多选区域的均方根粗糙度，Ra 表示平均粗糙度）。

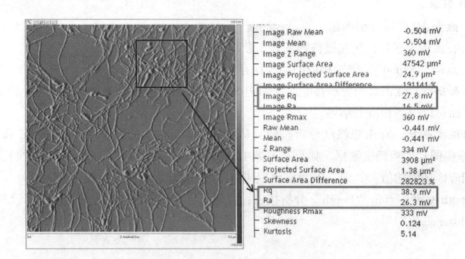

图1-3-10　纳米丝素纤维膜表面粗糙度测量

（三）医用纺织材料组装与降解机理研究

近年来，随着科技发展，纺织材料日益丰富，应用范围不断扩大，人们对医用纺织品的需求也持续增加，对生物医用纺织品的机理研究日渐深入。将 0.003% 的家蚕丝素溶液置于 60℃ 进行浓缩 ［图 1-3-11（a）］，浓缩过程中的形貌变化如图 1-3-11 所示，随着丝蛋白浓度增加，丝蛋白单分子纤维逐渐转变成尺寸不同的纳米颗粒，进而形成相应的纳米纤维。当浓度增加到 0.009% 时，溶液中出现大量直径在 45nm 和 79nm 左右的颗粒 ［图 1-3-11（b）］。继续浓缩至 0.03%，溶液中颗粒减少，同时出现了纳米纤维 ［图 1-3-11（c）］。对丝素溶液结构转变的研究，有助于从微观领域研究模拟蚕丝吐丝过程。

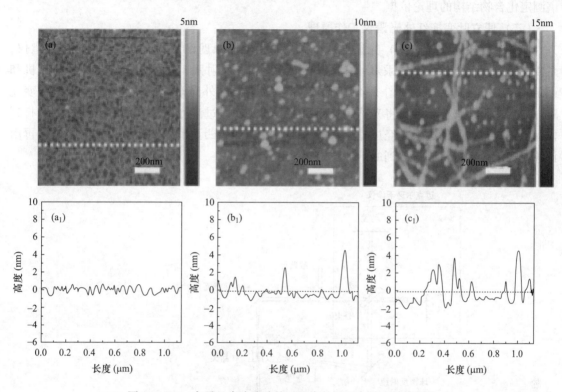

图 1-3-11 家蚕丝素溶液浓缩过程中的丝蛋白纳米结构变化

实验四 使用红外光谱仪分析纤维成分

一、实验原理

（一）红外光谱基本原理

分子是在不断地运动的，分子运动服从量子力学规律。分子运动的能量由平动能、转动能、振动能和电子能四部分组成。分子的平移运动可以连续变化，不是量子化的，没有能级变化，不产生光谱。分子的转动、振动和电子运动都是量子化的，转动和振动出现红外光谱，电子跃迁出现发射光谱。

红外光依据波长范围分为近红外、中红外和远红外三个波区，其中中红外区（2.5～25μm；4000～400cm⁻¹）能很好地反映分子内部所进行的各种物理过程以及分子结构方面的特征，对解决分子结构和化学组成中的各种问题最为有效，因而中红外区是红外光谱中应用最广的区域，一般所说的红外光谱大都是指这一范围。当一束具有连续波长的红外射线照射物质时，该物质的分子将吸收特定波长的红外射线的能量，分子振动或转动引起偶极矩的净变化，使振—转能级从基态跃迁到激发态，相应于这些区域的透射光强减弱，记录百分透过率 $T\%$ 对波数或波长的曲线，即得到红外光谱。化学键振—转动所吸收的红外光的波长取决于化学键动力常数和连接在两端的原子的折合质量，也就是取决于结构特征。这就是红外光谱测定化合物结构的理论依据。

（二）傅立叶变换红外光谱仪工作原理

傅里叶变换红外（FTIR）光谱仪是根据光的相干性原理设计的，是一种干涉型光谱仪，主要由光源（硅碳棒、高压汞灯）、干涉仪、激光管、反射镜、样品架、检测器、计算机和记录系统组成，其示意图如图 1-4-1 所示。光源发射出红外光谱，通过主球面反射镜改变光路方向到达干涉仪，干涉仪将光路信号调制成干涉光，通过激光管和样品室球面反射镜打到样品上，透过样品的透射光经过样品室平面反射镜和椭圆凹面反射镜后被检测器检测，再由计算机和记录系统将测量得到的干涉图转换成红外光谱图。

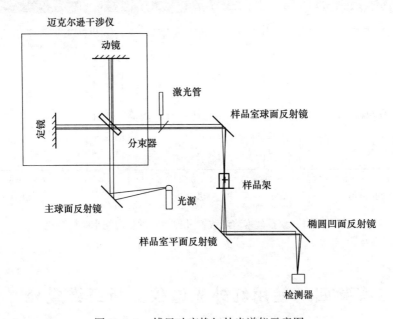

图 1-4-1　傅里叶变换红外光谱仪示意图

二、样品准备

（一）固体样品的制备和测试

固体材料进行常规红外透射光谱测试时，制样方法有三种：压片法（溴化钾压片法和氯化钾压片法）、糊状法（石蜡油研磨法和氟油研磨法）和薄膜法（溶液制膜法和热压制膜法）。

1. 压片法　压片法常用的稀释剂有溴化钾和氯化钾。由于溴化钾的折射率和大多数有机物的折射率大致相同，所以通常选用溴化钾作为样品压片的稀释剂。具体操作方法如下：

1mg 左右样品和 150mg 左右 KBr 研磨，按照图 1-4-2(a) 中 1~5 的顺序安装，先将模座 1 放置于水平桌面上，然后将模套 2 叠放在模座 1 上，冲头 3 放置于模套 2 的中心圆孔，再将样品的 KBr 粉末均匀地装填于冲头 3，将压套 5 旋转放置于模套 2 的中心圆孔中，压平粉末，将填好的整套模具放置于压片机上；加压 10~20MPa，并保持 15s 左右，松开放油阀，将模具取下并倒置，取下模座反放，手旋压杆即可脱模，参考图 1-4-2(b)。

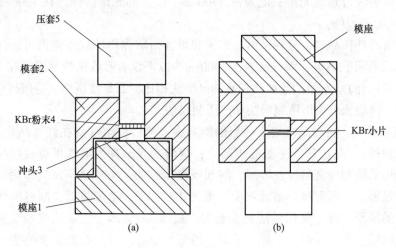

图 1-4-2　溴化钾压片过程示意图

样品和溴化钾混合物要求研磨到颗粒尺寸小于 2.5μm 以下。颗粒尺寸如果在 2.5~25μm，就会引起中红外光散射。光散射使光谱基线倾斜。为了确保一次压片测试成功，粉末样品最好使用天平称量。质量为 1mg 的粉末样品，如果不用天平称量，很难估计准确，因为非结晶状粉末样品很轻，而结晶粒状样品却很重。对于某些含强极性基团的样品，如含羧基化合物，尤其是脂肪酸类化合物、含氰根化合物、碳酸盐、硫酸盐、硝酸盐、磷酸盐、硅酸盐等，用量只需 0.5mg 左右，因为这些样品都有非常强的吸收峰。测得的红外光谱最强吸收峰的吸光度在 0.5~1.4 比较合适。

溴化钾作为稀释剂对绝大多数化合物是适用的，但是对于分子式中含有 HCl 的化合物，溴化钾作为稀释剂就不适用了。因为 KBr 和样品分子中的 HCl 会发生阴离子交换，可能使测得的谱带发生很大的变化。对于分子式中含有 HCl 的化合物，例如，二甲基金刚烷胺盐酸盐（$C_{12}H_{21}N \cdot HCl$），应该采用氯化钾压片法。

2. 糊状法　糊状法是在玛瑙研钵中将待测样品和糊剂一起研磨，将样品微细颗粒均匀地分散在糊剂中测定光谱。最常用的糊剂有石蜡油（液体石蜡）和氟油。用石蜡油或氟油与样品一起研磨的方法又叫作石蜡油研磨法或氟油研磨法。

（1）石蜡油研磨法。石蜡油研磨法的制样方法：将几毫克样品放在玛瑙研钵中，滴加半滴石蜡油研磨。石蜡油加得越少越好。研磨好后，用硬塑料片将样品刮下，涂在两片溴化钾晶片之间，不要加垫片。

该方法可以非常有效地避免溴化钾压片法存在的两个致命缺点，既不会发生离子交换，又不会吸附空气中的水汽。使用石蜡油研磨法还有另外两个优点：样品和石蜡油一起研磨时，石蜡油在样品表面形成薄膜，保护样品使之与空气隔绝；石蜡油研磨不会使谱带变形，也不会使峰位发生位移。但该方法也存在两个缺点：石蜡油是饱和碳氢化合物，是混合物，C 原子的个数约十几个，由于是碳氢混合物，在样品光谱中会出现碳氢吸收峰，在 3000 ~ 2850cm^{-1}、1460cm^{-1}、1375cm^{-1}、720cm^{-1} 处的碳氢吸收峰会干扰样品的吸收峰；样品用量较溴化钾压片法用量多，至少需要几毫克样品。

（2）氟油研磨法。氟油研磨法的优点和石蜡油研磨法基本相同，制样方法也一样。所不同的是，氟油研磨法得到的光谱只能观测 1300cm^{-1} 以上的光谱区间，在 1300cm^{-1} 以下会出现非常强的 C—F 吸收峰。

糊状法制备红外样品时，分别采用石蜡油和氟油研磨测得的红外光谱可以互补。氟油在 1300cm^{-1} 以上没有吸收谱带，而石蜡油在 1300cm^{-1} 以下没有吸收谱带（除了在 720cm^{-1} 出现一个弱的吸收峰以外）。石蜡油研磨法和氟油研磨法相比，石蜡油研磨法应用得更多些。

3. 薄膜法 薄膜法分为溶液制膜法和热压制膜法。

（1）溶液制膜法。将样品溶解于适当的溶剂中，然后将溶液滴在红外晶片（如溴化钾、氯化钠、氟化钡等）、载玻片或平整的铝箔上，待溶剂完全挥发后即可得到样品的薄膜。溶液制膜法所选用的溶剂应是易挥发溶剂。溶剂极性比较弱，与样品不发生作用。样品在溶剂中的溶解度要足够大，所配制的溶液浓度一般为 1% ~ 3%。浓度过低，制得的薄膜太薄；浓度过高，制得的薄膜太厚。常用的溶剂主要有：1, 2-二氯苯、二氯乙烷、二氯乙烯、二甲基亚砜、四氢呋喃、热 DMSO、甲醇、甲苯、丙酮、CCl$_4$、水。需要注意的是，滴在载玻片上制得的薄膜必须剥离才能测定，因为载玻片在 2500cm^{-1} 以下不透红外光。滴在铝箔上制得的薄膜如果剥离不下来，可以用 40℃，3mol/L 的 NaOH 溶液将铝箔溶解掉，薄膜就漂在液面上，取出晾干即可用于测试。

（2）热压制膜法。将压模板放在电热板上加热，待样品融化或变软时，将压模板取下，趁热用压片机施加 20MPa 的压力即可压制出薄膜。热压制膜法可以将较厚的聚合物薄膜热压成更薄的薄膜，也可以从粒状、块状或板材聚合物上取下少许样品热压成薄膜。

（二）液体样品的制备和测试

有机溶液样品和水溶液样品的红外光谱测试需要借助液体池窗片材料。纯有机液体样品的测试采用液膜法，在两块窗片之间夹着一层薄薄的液膜。在窗片之间不需要加垫片。测试纯有机液体样品最好选用溴化钾晶片。溴化钾晶片一定要平整，液膜中不能有气泡。对于糊糊状的黏稠样品，取少量样品置于一片溴化钾晶片中间，用另一片晶片压紧。对于黏度小、流动性好的液体样品，将一小滴液体样品滴在一片溴化钾晶片中间，再放上另一块溴化钾晶片。最大吸收峰的吸光度不要超过 1.4。对于容易挥发的液体样品，在溴化钾晶片上滴一大滴样品，马上盖上另一块晶片，并尽快测试光谱。样品光谱采集结束后，仔细观察晶片之间液膜是否仍然充满，如未充满，应重新制样。

（三）超薄样品的测试

如果在可透红外光的晶体材料（如溴化钾、氯化钠、单晶硅片等）表面覆盖着单分子层或多分子层样品（厚度纳米级），样品分子中存在直链烷基，烷基碳原子数在 10 个原子以上，样品分子是竖立在晶体表面上的。对于这样的样品可以采用透射红外光谱法测试。测试时，光谱分辨率选用 16cm^{-1}，而且红外光学台必须用干燥空气或干燥氮气吹扫，再采用光谱差减技术，将水汽的吸收峰扣除掉，就能得到样品的光谱。

三、实验仪器简介

本实验使用的仪器为美国 Thermo Fisher 公司的智能傅里叶红外光谱仪（图 1-4-3）和 HY-12 型红外压片机及配套压模。

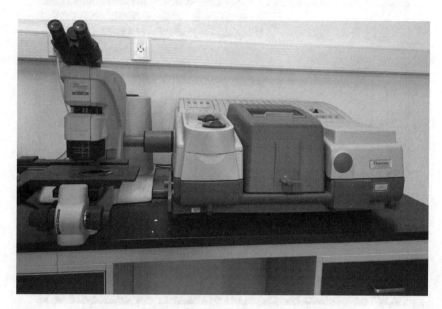

图 1-4-3 Nicolet 5700 智能型傅里叶变换红外光谱仪

1. 该仪器的技术参数

（1）干涉仪。数字化干涉仪，动态调整达 130000 次/秒。

（2）信噪比。50000∶1（峰—峰值，1min 扫描）；峰—峰噪声优于 8.68×10^{-6} Abs（1min 扫描）；RMS 噪声优于 1.95×10^{-6} Abs（1min 扫描）；ASTM 线性优于 0.07%T。

（3）光谱范围。$7800\sim50\text{cm}^{-1}$。

（4）分辨率。优于 0.09cm^{-1}；波数精度：0.4cm^{-1}。

2. 该仪器的主要特点

（1）只需要三个分束器即可覆盖从紫外到远红外的区段。

（2）采用数字化干涉仪，可连续动态调整，稳定性极高。

（3）可实现 LC/FTIR、TGA/FTIR、GC/FTIR 等技术联用。

（4）Nexus 8700 提供 105 次/秒快速扫描及优于 10ns 的时间分辨光谱。

（5）智能附件即插即用，自动识别，仪器参数自动调整。

（6）光学台一体化设计，主部件对针定位，无需调整。

四、实验操作步骤

（一）开机

开机前必须仔细检查实验室电源、温度和湿度等环境条件，要保证电压稳定，温度在 15~25℃，湿度≤60%。

先打开仪器外置电源，稳定 30min，使仪器能量达到最佳状态，然后开启计算机，打开桌面上的 OMNIC 操作软件，检查仪器稳定性。图 1-4-4 为软件操作界面，常用的测试图标已放置于上方菜单栏中。

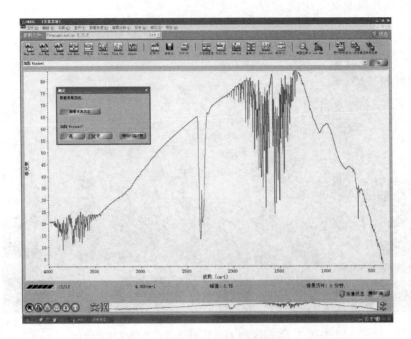

图 1-4-4　OMNIC 软件操作界面

（二）扫描、输出谱图

红外透射光谱测试主要步骤如下。

（1）点击菜单栏上"参数设置"按钮（左起第一个快捷按钮），打开设置页面。输入采集次数，一般为 12 次，若后期要对透射光谱进行拟合等深层次解析，建议采集次数选择 32次；输入分辨率，一般为 $4cm^{-1}$，若后期要对透射光谱进行拟合等深层次解析，建议分辨率选择 $1cm^{-1}$；选择扫描范围，$4000 \sim 400cm^{-1}$。

（2）参数设置完成后关闭设置窗口。点击菜单栏上"采集背景"按钮（左起第二个快捷按钮），采集完背景谱图后加入窗口，图 1-4-4 中的谱图就是背景谱图。

（3）用镊子将制好的 KBr 薄片轻轻放在锁氏样品架内，轻轻插入样品池并关闭天窗。

（4）点击菜单栏上"采集样品"按钮（左起第三个快捷按钮），测试开始前会弹出图谱名称的对话框，输入相应的图谱名称即可，测试完成后得到红外光谱图，加入窗口。

如果有多个样品，此时可取出样品架，将新样品放入样品池，继续点击"采集样品"按钮，得到的红外谱图加入窗口，后期可对多个谱图同时进行处理和保存。图 1-4-5 为测试多个样品得到的谱图在同一窗口中。

需要注意的是，样品数量较多时，建议每测试 5~6 个样品就采集一次背景谱图，以减少环境条件变化对红外谱图的影响。如果对测试条件要求更高，也可每次采集样品前采集一次背景谱图。

红外全反射光谱测试主要步骤如下：首先将透射附件更换成全反射测试附件（ATR），插入附件后软件会自动检测附件安装情况和测试条件（图 1-4-6）。同样先设置参数，采集次

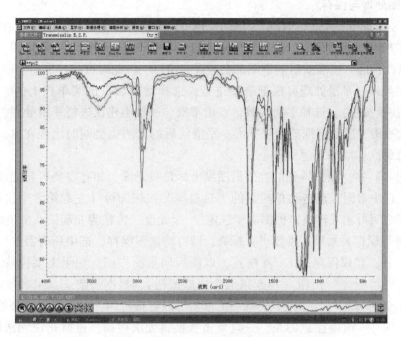

图 1-4-5 多个样品的红外谱图在同一个窗口中

数一般为 32 次，分辨率一般选择 $1cm^{-1}$，扫描范围 $4000\sim675cm^{-1}$。然后采集背景谱图并加入窗口中。将需要测试的样品固定到样品台上，注意：要将测试面朝下放置，点击菜单栏上"采集样品"按钮，得到的谱图加入窗口。

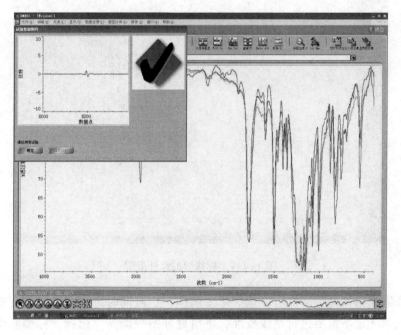

图 1-4-6 更换附件后自动检测完成的界面

（三）谱图处理与保存

红外透射光谱的处理可以选择单个谱图，也可同时选择多个谱图，选中的谱图显示红色。

（1）基线校准。选中谱图，点击菜单栏中的"基线校准"按钮（左起第四个快捷按钮），对谱图进行基线校准，校准前后的谱图都会呈现在窗口中，此时可将校准前的谱图隐藏。

（2）平滑处理。平滑处理可根据需要进行，选择谱图后点击菜单栏上的"平滑"按钮（左起第五个快捷按钮），选择平滑次数，点击平滑。一般不建议进行平滑处理，或者尽量选择次数较少的平滑，以免将细节信息抹去。平滑前后的谱图也会同时出现在窗口上，可将平滑前的谱图隐藏。

（3）透过率转换。测试得到的红外谱图纵坐标是吸光度，如有需要可转换成纵坐标为透过率的谱图。选中谱图，点击菜单栏上的"透过率"按钮即可（左起第六个快捷按钮）。吸光度和透过率之间可相互转换，根据需要选定，"吸光度"按钮为左起第八个快捷按钮。

（4）标峰与保存。如果不需要进行标峰，即可将谱图保存，选中所有需要保存的谱图点击"保存"按钮，建议保存成 Excel 格式，以便后期重新作图。如果需要标峰，选中谱图，点击菜单栏上的"标峰"按钮（左起第七个快捷按钮），根据需要选择灵敏度和标峰区域。图 1-4-7 为经过标峰的红外谱图。标峰后的谱图可以直接打印，也可以点击替换按钮来替换原谱图后加以保存。值得注意的是，一旦点击替换将无法撤销，也就是说无法回到原谱图，因此建议先将原谱图保存后再进行标峰替换操作。

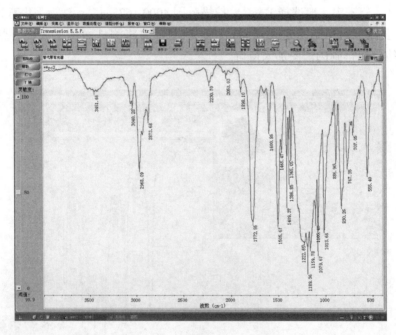

图 1-4-7　标峰后的红外谱图

红外全反射光谱的处理同样可以选择单个谱图，也可同时选择多个谱图，选中的谱图显示红色。全反射光谱不需要进行基线校准，平滑处理则根据需要选择。标峰和保存的操作与透射光谱相同，不再赘述。

(四) 关机

先关闭 OMNIC 软件，再关闭计算机，最后关闭仪器电源。

五、实例分析

选择某一未知纤维为测试对象。

1. 制样 将未知纤维用剪刀剪成细小的粉末状颗粒，并用 80 目的筛子筛选，能通过筛子的微粒用于红外测试。取 1mg 样品粉末与 150mg 干燥的溴化钾晶体混合后研磨，装填于压片模具中施加约 15MPa 的压力，等待 15s 后取出溴化钾压片并放置于红外灯下烘烤，待测试。

2. 测试 打开仪器外置电源，稳定 30min 后打开计算机，然后打开计算机桌面上的 OMNIC 软件。设置参数：分辨率选择 $4cm^{-1}$，次数选择 12 次，量程范围 $4000\sim400cm^{-1}$。首先采集背景，并将背景谱图添加到窗口中。然后将烘干的溴化钾压片放到样品架上，并将样品架轻轻插入样品池，关好天窗，点击"采集样品"，将得到的谱图添加到窗口。测试完成后，取出样品架，关好天窗。

3. 数据处理 选中谱图进行基线校准，并转化成透射谱图，将谱图保存为 Excel 格式，在 Origin 75 中重新绘制谱图，并标注特征峰位置。

4. 关机 关闭软件、计算机，最后关闭仪器电源。

测得的未知纤维的红外光谱图如图 1-4-8 所示。从图上可以看出，该样品在 $2943cm^{-1}$ 处有强的吸收峰，是 CH_2 的反对称伸缩振动；在 $2247cm^{-1}$ 处有很强的吸收峰，是 $-C\equiv N$ 的伸缩振动。在纺织化学纤维中，腈纶（聚丙烯腈纤维）含有 $-C\equiv N$ 基团，因此，该处的谱峰是识别腈纶的最好标志。此外，从红外谱图上进一步分析可知，在 $1455cm^{-1}$ 处的吸收峰是 CH_2 的变角振动；在 $1243cm^{-1}$ 处的吸收峰是 CH_2 的面外摇摆振动；在 $1075cm^{-1}$ 处的吸收峰是 C—C 伸缩振动。腈纶中的主要基团为 CH_2 和 $-C\equiv N$，并含有 C—C 键，因此可以判断出该纤维即为腈纶。

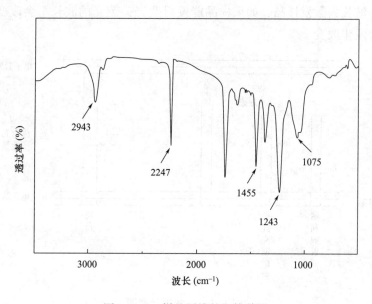

图 1-4-8 样品纤维的红外谱图

单种纤维的红外谱图在纺织行业标准 FZ/T 01057.8—2012《纺织纤维鉴别实验方法 第 8 部分：红外光谱法》中均有谱图可供对比参考，能够比较简便地判断出纤维类别。但对于混合纤维，则需要借助显微镜观察法、燃烧法、染色法、红外光谱法等多种手段进行判别。

实验五　使用显微拉曼光谱仪分析纤维分子结构

一、实验原理

（一）拉曼光谱基本原理

具有一定波长的光照射到气体、液体或透明晶体的样品上，大部分按原来的方向透射而过，小部分按照不同的角度散射开来，这种现象称为光的散射。散射是光子与物质分子相互碰撞的结果，由于碰撞方式不同，光子和分子之间会有多种散射形式。

若光子和分子之间在碰撞时发生能量交换，不仅使光子改变了其运动方向，也改变了其能量，使散射光频率与入射光频率不同，这种散射称为非弹性散射，也叫拉曼散射，强度很弱，大约只有入射光的百万分之一。

许多物质经光照后会产生荧光，荧光和拉曼散射是有区别的。从图 1-5-1 的能级示意图上来看，处于基态的电子经光照后跃迁到激发态，然后从激发态落到最低激发态，再进一步回落到基态，这个过程所释放出来的能量就叫作荧光。拉曼散射则不同，它是电子基态受激跃迁到一个虚态（并不是实际的电子激发态），然后回落到电子基态，整个过程所释放出来的能量叫作拉曼散射。拉曼散射包括斯托克斯散射和反斯托克斯散射。散射光频率小于入射光频率的散射被称为斯托克斯散射；而散射光频率大于入射光频率的散射则被称为反斯托克斯散射。拉曼散射中大部分研究的是斯托克斯散射，即激发波长比发射波长短。由于荧光之间的能级差是固定的，在实际测试过程中，可通过改变激发波长来确定是拉曼散射还是荧光。不管用哪个激发波长去激发样品，如果样品能发射荧光，荧光的波长不会改变；但如果是拉曼散射，波长会发生改变。

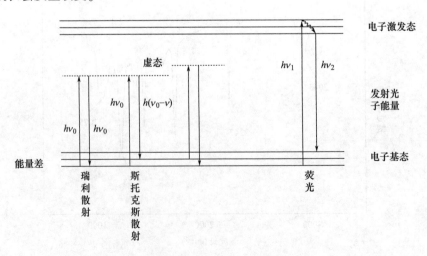

图 1-5-1　能级示意图

拉曼光谱表征的是物质的本质特征，也就是表征化学键之间的结构，所以不同物质之间即使只有很微小的差别，拉曼的谱峰都会有非常明显的变化。以同素异构体为例，虽然元素相同，但结构不同，拉曼谱峰就明显不同。对于普通的物质，如果受到挤压，它的拉曼谱峰会发生位移，这是由于物质本身的结构受到应力作用而产生变化。拉曼光谱的谱峰中有半宽高这个参数，不同物质具有不同的结构，所测得的拉曼谱峰的半宽高有的偏窄有的偏宽，这个宽窄表征的是物质的结晶度，半宽高越窄，结晶度越高。此外，拉曼光谱中还包含一个重要的信息——谱峰强度。某一样品若包含几种不同的物质，则可通过谱峰强度对其进行定量分析。拉曼光谱还可以对样品进行成像分析，在样品的某个区域内做成像，用不同的颜色来表示不同的物质，反映物质的分布情况。

（二）显微拉曼光谱仪工作原理

图 1-5-2 给出了显微拉曼光谱仪的整体构造。激光器发射出激光线，但其本身不是很纯，激光线中含有一些杂线，因此需要加设一个干涉滤光片来过滤杂线，起到纯化激光线的作用。纯化后的激光线经过功率衰减片，其作用是调节激光强度至合适的功率，以免太强功率的激光把样品烧坏，影响测试。衰减后的激光经过两个反射器，激光光路发生改变，打到瑞利滤光片上。普通滤光片是让光路缓慢上升，而瑞利滤光片可以让光路以非常陡的坡度上升。瑞利滤光片不会让激光透过去，而是将其反射出来打到样品上。样品放置于显微镜下方，通过显微镜对焦，可以确定所需测试的样品位置。激光打到样品上，样品发出拉曼信号，瑞利滤光片会让拉曼信号通过，再经过一个反射器改变拉曼信号方向，使其通过共聚焦针孔。共聚焦针孔的大小决定了样品上收集信号的区域。狭缝的作用是抑制杂散光，拉曼信号通过狭缝后到达光栅上进行分光。最后拉曼谱图呈现在 CCD（Charge-coupled Device，电荷耦合元件）上。

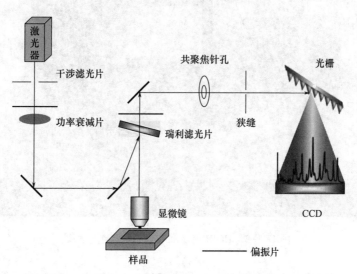

图 1-5-2　显微拉曼光谱仪工作原理图

二、样品准备

显微拉曼光谱仪对样品的形状、状态没有特殊要求，因此制样比较简单。由于玻璃不会吸收拉曼散射光，因此可以将试样放置在各种玻璃制成的样品池中进行拉曼光谱测试。

1. 固体 固体样品，不管是粉末状、片状、纤维状，或者其他不规则形状，都可直接用双面胶固定在载玻片上。特别说明一点，粉末状样品考虑到颗粒间空气的信号可能会呈现在样品中，建议压片后固定到载玻片上，这样也能防止粉末污染物镜镜头和其他样品。

2. 液体 液体样品的制备相对复杂一点。对于有毒、易挥发的液体，为了保护物镜镜头，最好封装在毛细管或者比色皿中；其他的液体可以滴到金属表面，也可以放置于石英比色皿、96 孔板或液体样品池。

3. 气体 气体样品最好能压缩后封装在密闭的样品池中，因为气体分子太疏松，不易被激光打到，产生的拉曼信号也相对较弱，检测起来较为困难。

三、实验仪器简介

本实验使用的仪器为日本 HORIBA 的显微拉曼光谱仪，如图 1-5-3 所示。该仪器主要由激光器、干涉滤光片、功率衰减片、反射器、显微镜、样品台、瑞利滤光片、共聚焦针孔、狭缝、光栅和 CCD 组成。

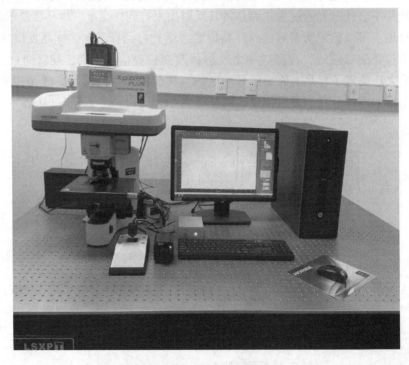

图 1-5-3　HORIBA XploRA 显微拉曼光谱仪

本台拉曼光谱仪配备了 3 个激光器，分别是 532nm、638nm、785nm。激光器和干涉滤光片是配套的，每个激光器都有它固定的干涉滤光片。显微镜配备了 3 个物镜，分别是 10 倍的物镜、50 倍的长焦和 100 倍的物镜。共焦针孔和狭缝均设定了 3 个可选值，共焦针孔大小分别为 100μm、300μm 和 500μm；狭缝大小分别可选 50μm、100μm 和 200μm。本仪器还有 4 个光栅可选，分别为 600gr/mm、1200gr/mm、1800gr/mm 和 2400gr/mm。

四、实验操作步骤

(一) 光谱校准

由于拉曼光谱仪的光路十分精细，也很容易受到环境温湿度、测试操作等的影响，每天首次测试前必须先对光栅进行校准。硅片的拉曼谱峰只有一个，并且谱峰强度很高，因此选为校准光栅的标准品。

1. 制样 将硅片用双面胶粘到载玻片上，放置于样品台上，并用样品夹固定。

2. 对焦 双击打开计算机桌面上的软件 LabSptc6，选择 Viewing 模式，此时软件上显示显微镜下的样品图片（图1-5-4）。选择10倍的物镜，粗略对焦；切换到50倍场焦，并对焦至图像清晰。显微镜下的图像可在右侧 Display 选项卡中按需设置图像的显示属性。确定好测定位置后点击软件右上方红色的"Stop"按钮，切换到 Raman 测试模式。Viewing 模式和 Raman 模式的相互切换在仪器上会有相应指示。

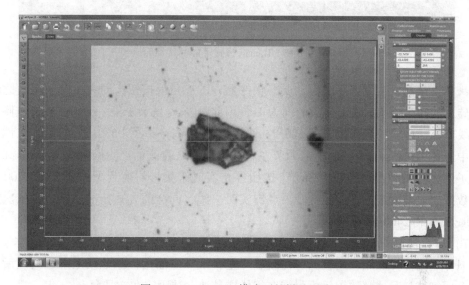

图1-5-4 Viewing 模式下的样品图片

3. 参数设置 Raman 模式下进行参数设置，设置界面见图1-5-5。在右侧的选项卡中选择 Acquisition，该选项卡下主要设定文件名称、光谱采集模式、采集时间、采集次数等。采集模式有单窗口模式（Spectro）和谱段模式（Range）两种，单窗口模式中输入谱峰的位置，呈现出来的谱图是以输入的谱峰为中心位置的；谱段模式则是输入谱峰起始位置和终止位置，可以输入多个谱段，最后都会呈现在谱图上，谱段模式的总范围是 $50\sim4000cm^{-1}$。硅片只在 $520.7cm^{-1}$ 的位置出现很强的谱峰，因此选择单窗口模式，直接在 Spectro 后的文本框中输入 520.7。采集时间分两种，单次采集时间 Acq. time (s) 和实时采集时间 RTD time (s)，其中实时采集只对单窗口模式有效。光栅校准选用实时采集，因此在 RTD time (s) 文本框中输入1。采集次数 Accumulation 文本框中输入1；物镜 Objective 的选择根据实际使用的物镜来选择，此处对应选择"×50LWD"；选择功率衰减 Filter，硅片通常选择25%；激光器 Laser 选用532nm；共焦针孔 Hole 选择 100μm；狭缝 Slit 选择 100μm。光栅 Grating，一共有4个，600gr/mm、1200gr/mm、1800gr/mm 和 2400gr/mm，每一个都要进行校准，先选定 600gr/mm。

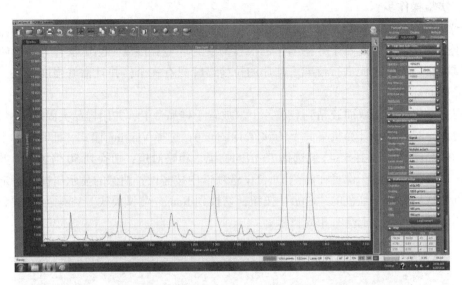

图 1-5-5　Raman 模式下的测试界面

4. 校准　全部参数设定好之后，点击软件上方的三角形按钮，即为实时采集。此时页面上显示硅片的拉曼谱图，实时采集时间为 1s，因此每隔 1s 就会采集一次。在软件左侧一列中选择单线光标，硅峰的理论位置在 520.7cm^{-1}，将单线光标移动到 520.7。然后在软件右上方选项卡中选择"Maintenance"，然后调节左右按钮移动峰的位置，使得单线位置在峰的中间，即完成了该光栅的校准。点击"Stop"按钮停止实时采集，切换到下一个光栅 1200gr/mm。其他参数按照之前设定的不需改变，再点击实时采集，同样的方式校准光栅。再依次校准光栅 1800gr/mm 和 2400gr/mm 即可。

（二）样品测试

1. 制样　固体样品用双面胶固定在载玻片上；液体样品用样品池或毛细管封装后固定在载玻片上；气体样品建议浓缩后再封装在气体样品池，并固定在样品台上。

2. 对焦　双击打开计算机桌面上的软件 LabSptc6，选择 Viewing 模式，此时软件上显示显微镜下的样品图片。固体样品对焦步骤如下：选择 10 倍的物镜，粗略对焦；切换到 50 倍场焦，并对焦至图像清晰，在软件右上方点击红色的"Stop"按钮，切换到 Raman 测试模式。Viewing 模式和 Raman 模式的相互切换在仪器上会有相应指示。液体样品和气体样品在显微镜下难以聚焦，需采用激光聚焦。打开激光器，激光打到样品上，旋转调焦旋钮至样品上的激光光斑最小，此时即为对焦清晰，关闭激光器，切换到 Raman 测试模式。

3. 参数设置　设置过程与硅片校准光栅时参数的设置过程相似，只需稍作改变。例如，样品的测试模式较多选择谱段模式，可以在 Range 文本框中输入起始和终止位置，并选中后方的正方形图标，显示绿色即表示选中谱段模式。在 Acq. time（s）文本框中输入采集时间，采集时间越长，信号越强，但要保证激光不会打坏样品，因此每次测试结束后应返回到 Viewing 模式下观察样品是否受损。采集次数根据实际情况作出改变，次数越多，信号越强，但采集时间相应增加。功率衰减的选择，在未知的情况下从小到大选择，在保证激光不打坏样品的情况下可选择较高功率，信号相应较强。激光器根据需要选择 532nm、638nm 或 785nm；

共焦针孔常选择 100μm；狭缝常选择 100μm；光栅常选择 1200gr/mm。这些参数都可根据样品的实际情况作出调整。

4. 测试 设定好参数后点击软件上方的圆形按钮，即为单次采集按钮，采集完成后页面上呈现拉曼谱图。一般情况下需要进行多次调试才能确定最佳测试条件，确定好最佳测试条件后点击单次采集，得到的谱图可进行下一步的数据处理和保存。

(三) 数据处理

测试得到的样品的拉曼谱图通常需要做一定的处理。这里主要介绍扣背底和标峰位两种常用的谱图处理方式。扣背底包括背底拟合法和手动添加背底线法。

1. 扣背底方式

(1) 背底拟合法步骤。打开一条测试谱图（图 1-5-6），点击软件右侧 "Processing" 选项卡，选择基线校准 Baseline correction。基线校准中需要设定一些参数，背底线类型 Type 包括 Line（线性，适合背底较平的谱图）和 Poly（多项式，适合背底是曲线的谱图），根据谱图背底的实际情况选择，多项式较为常用；阶次 Degree，可以直接输入阶次数，也可以拖动滑条改变阶次；拟合最大点数 Max points，同样可以直接输入点数，也可以拖动滑条改变点数；噪声点数 Noise points，当谱线噪声较大时选用较多的噪声点数，运用此项时必须先激活Correct noise，点击该选项前的正方形图标，显示绿色即已激活。点击 "Fit" 进行拟合，可以尝试选择不同的参数再点击 "Fit"，多次重复后找到合适的背底线，图 1-5-6 中箭头标注的曲线即为拟合的背底线。点击 "Sub" 扣除背底，获得基线平整的谱图。

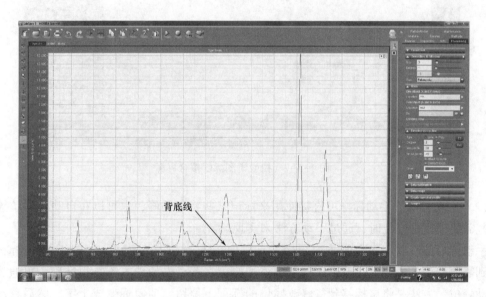

图 1-5-6 拉曼谱图扣背底界面

(2) 手动添加背底线。可以直接选用来获得背底线，也可在背底拟合效果不佳时手动添加背底点来优化背底线。

手动添加背底线步骤：在左侧一列图标工具栏中单击 "Add/remove baseline points" 图标添加背底线。手动添加背底线时背底线的形状会受到 Baseline correction 下参数的影响，如果不希望受到这些干扰，可以选择 "Line"，并将 Degree 设为 0。在使用手动方法时，一般会勾选"Attach to curve"选项，如果不勾选该选项，则鼠标点击哪里，点就会出现在哪里；而勾选该选项时，添加的点会自动挪到谱线上。如果添加的点不合适，可点击"Remove baseline"清除背底线；如果只想取消其中某个点，可以把鼠标放到该点上，在弹出的窗口中选中"Remove"移除该点，或选择"Remove all"移除所有点。添加完毕后，点击"Sub"扣除背底。

2. 标峰位方式 标峰位包括自动标峰位及手动标峰位，两种方法可任选其一或综合使用。

（1）自动标峰位步骤。打开一条需要标峰位的光谱（图1-5-7），点击软件右侧"Analysis"选项卡，选择标峰Peaks，点击寻找Find，谱图上会出现峰值的标注，改变其中一些参数可以调节所需要标注的峰值。Ampl（%）：强度阈值，在文本框中输入数值0~100，则小于最大强度的（0~100）%的峰将不会被标出。Size（pix）：间隔阈值，若文本框中输入数值10，则当两个峰之间的间隔小于10个像素时，该峰将不会被标出。这两个参数均可直接在文本框里输入数值，也可拖动滑条改变强度阈值和间隔阈值，调整所要标的峰位，完成标峰。图1-5-7中箭头标注的曲线是标峰拟合后的曲线。

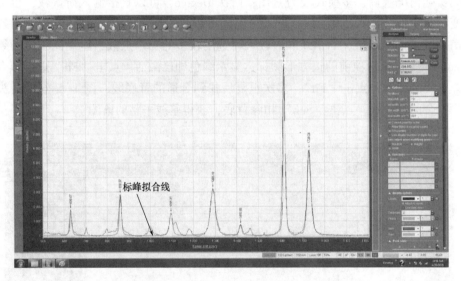

图1-5-7 拉曼谱图标峰拟合界面

（2）手动标峰。手动标峰可直接使用来标记某些特定的峰，也可以在自动标峰位无法获得一些需要标记的峰位时，通过手动方法来实现。

手动标峰位步骤：在左侧一列图标工具栏中单击"Add/remove/edit peaks"图标，将鼠标移到需要标记的峰位上，点击鼠标左键添加峰位。若点击的地方不是很准确，可通过微调来移动峰位，方法是将鼠标移到待修改峰位的标记上停留，使鼠标变成十字，然后移动鼠标使峰位标记在正确的位置。如果想要去除某个标记的峰位，则将鼠标移到该标记上，点击右键，选择"Remove"即可；如果要取消所有标记，则选择"Remove All"。

（四）数据保存

处理完的谱图保存，可以点击软件上方的保存按钮，其中有两种保存方式。一种是Save to group file，就是将所有测试的谱图都打包保存到一个文件中；另外一种是单个谱图保存，在右侧选中一个谱图点击保存即可。保存的格式选择.txt，后期可用其他画图软件画出谱图。

五、实例分析

选择某一由未知纤维组成的织物为测试对象。

将织物剪至合适的尺寸并用双面胶固定在载玻片上，放置于载物台上。物镜放大倍数先选择 10 倍进行粗略对焦，再选择 50 倍的场焦进行精确对焦，选择合适的测试点。

测量范围先选定 500～2500cm⁻¹，在调试阶段测量范围不宜选择过宽，否则谱图无法一次呈现在 CCD 上，需要 2 次才能完整呈现谱图，会导致测试时间加倍。可在确定好采集时间、采集次数、激光功率、光栅刻线数、共焦针孔、狭缝等参数后再增加测量范围。输入采集时间 1s，采集次数 1 次，激光功率选择 1%，光栅刻线数选择 1200gr/mm，共焦针孔 100μm，狭缝 100μm，点击单次检测。

根据谱图情况调整各参数以确定最佳测试参数。最后测试条件确定为：测量范围 200～2200cm⁻¹（2200cm⁻¹ 之后的谱段未出现明显特征峰）、采集时间 2s、采集次数 20 次（采集次数多，最后得到的 20 次叠加的谱图效果更好）、激光功率 25%、光栅刻线数 1200gr/mm、共焦针孔 100μm、狭缝 100μm。点击单次采集，得到最终的拉曼谱图。

数据处理与保存：选择测试得到的拉曼谱图，点击软件右侧 Processing（处理）选项卡，选择基线校准 Baseline correction，背底线类型选择 Poly（多项式），阶次 Degree 输入 2，点击 Fit 进行拟合，适当增减拟合点数以得到较好的谱图质量，然后点击 Sub 扣除背底，获得基线平整的谱图，将谱图保存为 txt 格式的文件。

重新绘制拉曼谱图：将保存好的 txt 文件打开，复制数据到软件 Origin 75 中，重新绘制谱图，并标注特征峰位置。

测得的织物的拉曼光谱图如图 1-5-8 所示。从谱图上可以看出，该织物在 1617cm⁻¹ 有很强的谱峰，该处主要是苯环的振动峰（1610cm⁻¹ 附近），由此可以判断出组成织物的纤维中

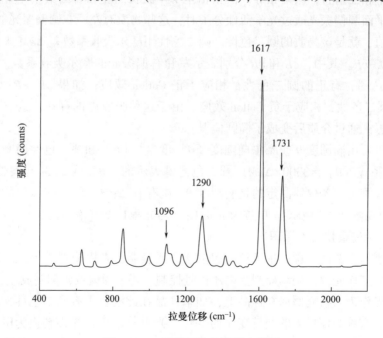

图 1-5-8　样品织物的拉曼光谱图

含有苯环。在常规的化学纤维中，聚酯纤维含有苯环。此外，该织物在 1290cm^{-1} 和 1731cm^{-1} 处也存在明显的特征峰。酯基中 C═O 双键的伸缩振动在 1680~1780cm^{-1} 处，与羰基相连的 C—O 键的伸缩振动峰，脂肪族出现在 1160~1240cm^{-1} 处，芳香族出现在 1270~1290cm^{-1} 处，由此可以判断，该织物在 1731cm^{-1} 处的峰是酯基中 C═O 双键的伸缩振动峰，在 1290cm^{-1} 处的峰是芳香族物质中与羰基相连的 C—O 键的伸缩振动峰。由此基本可以判断该织物中所含的化学纤维是聚酯纤维。聚酯纤维中还存在 C—C 键，C—C 键的伸缩振动峰主要出现在 1040~1160cm^{-1} 处。从拉曼谱图中也可以看到在 1096cm^{-1} 处有特征峰。综上所述，可以判断组成该织物的纤维是聚酯纤维。

对于单一种类的纤维或由单一纤维组成的织物，通过拉曼光谱可以比较快速和准确地判断出来，但对于混合纤维或混纺织物，则需要借助显微镜观察法、燃烧法、染色法、拉曼光谱法等多种手段进行判别。

实验六　使用圆二色光谱仪（CD）分析蛋白质溶液的二级结构

一、实验原理

（一）圆二色性

手性物质对左右圆偏振光的吸收程度不同，出射时电场矢量的振幅不同。通过样品后，再次合成的偏振光就不是圆偏振光，而是椭圆偏振光。圆二色性是研究分子立体结构和构象的有力手段。在一些物质的分子中，没有任意次旋转反映轴，不能与镜像相互重叠，具有光学活性。电矢量相互垂直，振幅相等，位相相差 1/4 波长的左和右圆偏振光重叠而成的是平面圆偏振光。平面圆偏振光通过光学活性分子时，这些物质对左、右圆偏振光的吸收不相同，产生的吸收差值，就是该物质的圆二色性。圆二色性用摩尔吸收系数差 $\Delta \varepsilon M$ 来度量，且有关系式：$\Delta \varepsilon M = \varepsilon L - \varepsilon R$。其中，$\varepsilon L$ 和 εR 分别表示左和右偏振光的摩尔吸收系数。如果 $\varepsilon L - \varepsilon R > 0$，则 $\Delta \varepsilon M$ 为"＋"，有正的圆二色性，相应于正 Cotton 效应；如果 $\varepsilon L - \varepsilon R < 0$，则 $\Delta \varepsilon M$ 为"－"，有负的圆二色性，相应于负 Cotton 效应。由于这种吸收差的存在，造成了矢量的振幅差，因此圆偏振光通过介质后变成了椭圆偏振光。

圆二色性也可用椭圆度 θ 或摩尔椭圆度 $[\theta]$ 度量。$[\theta]$ 和圆二色性用摩尔吸收系数差 $\Delta \varepsilon M$ 之间的关系式 $[\theta] = 3300 \times \Delta \varepsilon M$。圆二色光谱表示的 $[\theta]$ 或 $\Delta \varepsilon M$ 与波长之间的关系，可用圆二色谱仪测定。若仪器测定的是椭圆度 θ，则存在 $\Delta \varepsilon M = \theta / (33c \cdot l)$ 的换算关系。其中，c 表示物质在溶液中的浓度，单位为 mol/L；l 为光程长度（液池的长），单位为 cm。

（二）圆二色光谱仪工作原理

圆二色光谱仪主要由光源、单色仪、起偏器、调制器、光探测器等单元组成。圆二色光谱仪一般采用氙灯作光源，调制器则受电压信号控制，将平面偏振光调制成左、右圆偏振光。调制器输出的光作为入射光照射在样品上，如果样品在此波长下有圆二色性，那么透射光的光强也随着左、右旋圆偏振光的交替变化而变化。光电倍增管把光强转换为电流，也将变化的光强信号转换为交流信号。这个交流信号的强度就反映了样品在这个波长下的圆二色性的数值大小，用 θ 表示，圆二色数值的单位是椭圆度。改变波长 λ，测量不同波长处样品的 θ，就得到样品的圆二色光谱。同时，测试时要通入氮气赶走管路中的水蒸气和光源产生的臭氧，防止臭氧腐蚀反射镜（图1-6-1）。

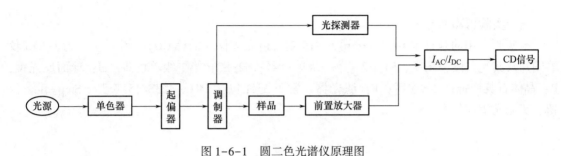

图1-6-1 圆二色光谱仪原理图

二、样品准备

（一）溶液类样品

把样品加入分散性较好，并在测试波长范围内没有紫外吸收的溶剂中，加入一定光程的比色皿中，固定后置于样品舱中等待测试。其中，需要注意溶剂和样品浓度两方面。

1. 溶剂的选择 在测试样品时，首先要排除溶剂的紫外吸收对测试的影响，溶剂的最大吸收波长要小于物质的最大吸收波长。测试时一般选用高纯水和光谱纯的醇类溶剂。

2. 确定溶液浓度的影响 一般吸收峰遵循朗伯·比尔定律：$A = \varepsilon \times l \times c$，其中 ε 为与波长有关的吸光系数，l 为光程，c 为样品浓度。圆二色光谱测量的是两种圆偏正光吸收的差值（$\Delta\varepsilon = \varepsilon l - \varepsilon d$）（$\varepsilon l$ 为左圆偏正吸收系数，εd 为右圆偏正吸收系数）。虽然朗伯·比尔定律表明 CD 信号与浓度成正比，但并不是浓度越高，CD 信号越好。因为 $\Delta\varepsilon$ 值非常小，浓度增加后可测光的强度则减少，此时吸光度的微小变化则被噪声掩盖，而且噪声值随光强而变，光强越小噪声越大，出现逆浓度效应。所以样品在测量 CD 以前一般先测量下 UV/VIS 吸收光谱，当样品的 UV/VIS 吸收值在 0.5~1.0 时，会得到比较好的 CD 数据。当样品的 UV/VIS 吸收值大于 2.0 时，将很难得到较好的 CD 信号。在波长确定的情况下，理想的浓度对应吸光度应在 0.8 左右。

（二）固体粉末类样品

1. 溶剂分散法 把样品加入分散性较好，并在测试波长范围内没有紫外吸收的溶剂中，充分超声分散后，放入测试槽，加入搅拌子，在搅拌分散状态下测试。

2. 压片法 样品与惰性介质（KBr 或 KCl）按一定的比例混合压片，放入测试槽即可测试。

3. 石蜡油混合法 样品与适量的石蜡油混合研磨，均匀涂在石英片上。

4. 成膜法 将样品溶液滴加或旋涂在石英片上，待溶剂挥发成固体薄膜后检测。在固体样品的测试中，除单晶固体测试法外，其他几种方法都需要找到合适的样品与介质混合的比例。当比例太小时，CD 信号有可能太弱；但比例过大时，吸收波长会红移并会出现逆浓度效应，使 CD 信号失真。

（三）凝胶类样品

有些高分子材料为凝胶状，对于刚性较强的样品只要涂在片状比色槽里，即可测试。对于柔性高分子或超分子组装体样品可以加入比色皿中，把比色皿放入仪器，加热到60℃，当样品融为溶液状态时，再调节到室温待样品自组装成较均一的凝胶状后进行测试。

三、实验仪器简介

本实验采用的是日本JASCO公司J-815圆二色光谱仪（简称CD）。图1-6-2为J-815仪器图片及其光路图，图中，S1-S2：第一级单色器；S2-S3：第二级单色器；M：球面反光镜；P：晶体石英棱镜；L：透镜；F：滤光器。常见配件包括PTC-423S/15变温、Stop-flow停留、荧光光谱配件等。

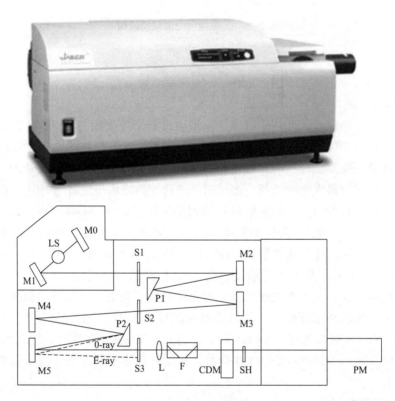

图1-6-2 J-815圆二色光谱仪及光路图

该仪器具有高的扫描速度、广泛的波长领域，可以同时多通道测定。仪器有高亮度的点光源，色温接近6000K。同时具有显色指数>95的高显色性，能够使仪器在整个寿命期内维持光色特性；仪器具有热重启能力，且启动后即能达到接近最大光输出；电弧光斑小、易聚光。

四、实验操作步骤

（一）开机

打开N₂，等待N₂打开5min后，打开主机电源，确认听见光栅移动的声音后依次打开水循环、电源开关和计算机主机。

（二）联机

双击桌面"Spectra Manager"图标，进入操作界面。双击 J-815 目录下"Spectra Manager"，等待联机完成（图 1-6-3）。

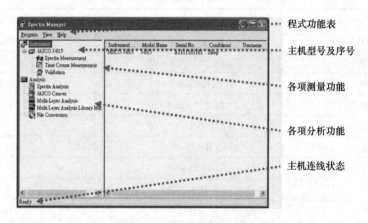

图 1-6-3　J-815 联机界面图

（三）参数设置

点击"Specta Measure"，进入 General 界面，点击"Parameter Settings"，设置通道数、起始及结束波长、扫描方式、扫描速度、灵敏度、光谱带宽并选择控制器（图 1-6-4）。

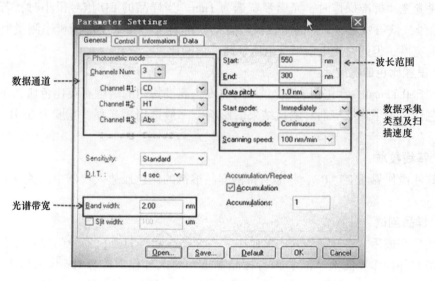

图 1-6-4　J-815 圆二色光谱仪参数设置

1. 通道选择　J-815 可以设置三个通道，包括 CD 信号、HV 信号、Abs 信号。

2. 波长测量范围选择　J-815 可测量的波长范围为 163~900nm。一般先测量待测样品的紫外吸收光谱，圆二色光谱的波长检测范围一般可在有紫外吸收波段两端再各加 50~100nm。

3. 数据采集时间间隔　在全谱扫描时，数据采集时间间隔通常选择 0.2nm；若扫描模式设置为 [step]，数据采集时间间隔通常设置为 1nm。

4. 扫描速度 扫描速度一般随响应时间改变而改变。通常，测量时将扫描速度设置在 $20 \sim 100$ nm/min，响应时间在 $0.25 \sim 2$ s。表 1-6-1 列举了常见扫描速度与响应时间的对应关系。

表 1-6-1 常见扫描速度与响应对应表

扫描速度（nm/min）	相应时间（s）	最高限（s）
10000	$1.0 \times 10^{-3} \sim 2.0 \times 10^{-3}$	3.2×10^{-2}
5000	$2.0 \times 10^{-3} \sim 4.0 \times 10^{-3}$	6.4×10^{-2}
2000	$4.0 \times 10^{-3} \sim 8.0 \times 10^{-3}$	0.25
1000	$3.2 \times 10^{-2} \sim 12.5 \times 10^{-2}$	0.5
500	$0.64 \times 10^{-1} \sim 2.5 \times 10^{-1}$	1.0
200	$0.125 \sim 0.5$	2.0
100	$0.25 \sim 1.0$	4.0
50	$0.5 \sim 2.0$	8.0
20	$1.0 \sim 2.0$	16.0
10	$2.0 \sim 4.0$	16.0
5	$2.0 \sim 8.0$	16.0
2	$4.0 \sim 16.0$	16.0
1	$8.0 \sim 16.0$	16.0

5. 光谱带宽 标准操作时，光谱带宽选为 1nm。当样品的 CD 信号很小时，若想保持测试的 CD 信号，就需要足够的样品浓度及较宽的狭缝宽度。若采用高分辨率测量时则需要用较窄的狭缝宽度，但此时光电倍增管电压较高，信噪比差。

（四）设置比色皿宽度

点击"Cell Length"，填写石英比色皿的宽度。高度均匀的熔融石英比色皿，不会带来附加的圆二色性。为了降低溶剂对测试结果的影响，一般选用短光程、宽度为 $0.01 \sim 1$ cm 的石英比色皿。

（五）基线校准

点击软件操作界面上"B"，将装有待测样品溶剂的比色皿放入仪器中，关好舱门，进行基线测试。

（六）样品测试

基线校准完成后，将样品装入比色皿中，表面擦干后，打开机器舱门放入比色皿，盖上舱门。点击软件操作界面上"S"，进行样品测试。测试过程中，若 HV 信号值大于 600 mV 时，立即点击"Stop"，暂停此次测试。取出样品，重新调节样品浓度及容量，重复上述步骤。测试完毕后，立即取出样品，关好舱门，勿关氮气（图 1-6-5）。

（七）数据传输

点击"Measure"，进入 Data 界面，在 Send to Analysis 目录下选择"Send Data to Spectra Analysis"，完成测试后将数据自动发送到 Spectra Analysis 目录，进行数据分析处理（图 1-6-6）。

（八）数据处理

单击"Open"，打开刚刚测试完毕的图谱，进行谱图分析。依次单击"Processing"

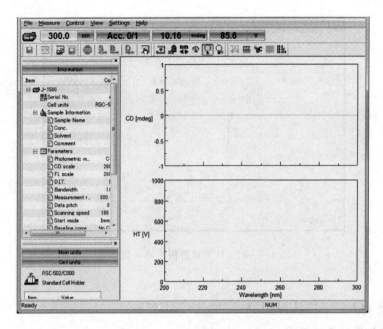

图 1-6-5 CD 测试主界面

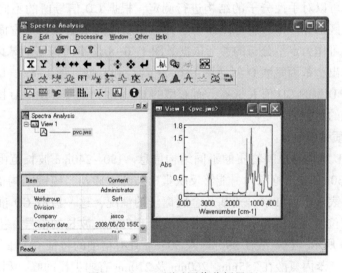

图 1-6-6 CD 测试图像分析界面

"Smoothing"进行曲线平滑。依次单击"Processing""Peak Processing""Peak Find",进行主峰寻找（图 1-6-7）。

（九）数据保存

右击 J-815 目录下的该文件，Save As 保存原始文件及.txt 文本。格式化后的 U 盘进行数据拷贝。

（十）关机

依次关闭软件、水循环、电源开关及 J-815 主机电源。通氮气 5min 后再关闭氮气。

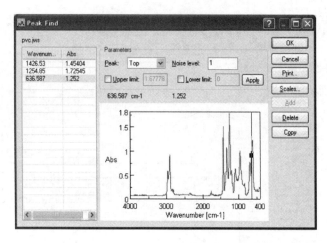

图 1-6-7　CD 图像分析主峰寻找界面

五、实例分析

(一) 研究物质的手性情况

圆二色光谱是与化合物的光学活性相关的光谱，可以提供许多分子的结构信息。一方面，利用圆二色光谱仪可以对手性分子的结构进行测定，根据 CD 信号值的不同可以判断手性物质为左旋或右旋，区别异构体，也可以作为定性鉴定物质的依据；另一方面，样品的吸光度则与浓度成正比，可作为定量分析的参考依据。图 1-6-8 是不同构型的苯丙氨酸的 CD 光谱图。从图中可以看出，苯丙氨酸 D 型 [图 1-6-8(a)] 和 L 型 [图 1-6-8(b)] 的 CD 光谱图有显著区别，其中 D 型的 CD 值大于零，而 L 型的 CD 值小于零。利用 CD 图谱，可以快速简便地辨别苯丙氨酸的构型。

(二) 鉴别物质种类

不同波长的 CD 谱能够反映物质的不同结构信息。190～240nm 波长范围内，主要反映肽链的结构；240～330nm 波长范围内，能够反映蛋白质芳香族及二硫键结构信息；330～750nm 波长范围内，主要表现出血红素、辅基及金属离子的情况，这一波段 CD 谱常用于研究金属离子的氧化态、配位体以及链—链相互作用；而大于 750nm 波长的信号，主要是分子振动的信息。如图 1-6-9 所示，色氨酸在 290nm 及 305nm 处有精细的特征 CD 峰，酪氨酸在 275nm 及 282nm 有 CD 峰，苯丙氨酸在 255nm、260nm 及 270nm 有弱尖锐的峰。利用 CD 特征吸收光谱，可以简单便捷地对芳香氨基酸残基中这几种特征氨基酸进行区别。

(三) 研究蛋白质的二级结构

近几年来，圆二色光谱在蛋白质结构研究中的应用越来越广泛。通过对远紫外圆二色光谱的测量，可以推导出稀溶液中蛋白质的二级结构，进而分析和辨别蛋白质的三级结构类型；通过对近紫外圆二色光谱的测量和分析，可以推断蛋白质分子中芳香氨基酸残基和二硫键的微环境变化，研究介质与蛋白质结构间的关系；通过测定实验参数和环境条件变化时的圆二色光谱，可以研究蛋白质构象变化过程中的热力学和动力学特性。图 1-6-10 为蛋白质二级结构 CD 特征吸收光谱。

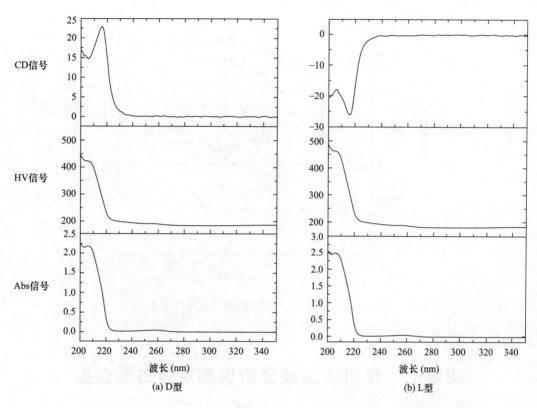

图 1-6-8　不同构型苯丙氨酸 CD 光谱图

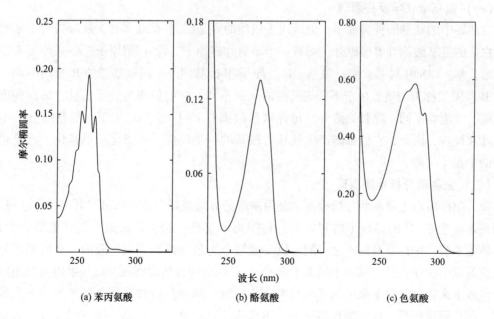

图 1-6-9　芳香族氨基酸 CD 特征吸收光谱

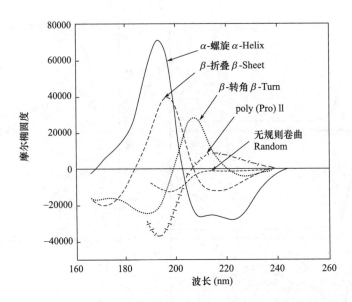

图 1-6-10　蛋白质二级结构 CD 特征吸收光谱

实验七　使用氨基酸分析仪测定蛋白质含量

一、实验原理

（一）氨基酸化学反应原理

自然界中的氨基酸种类很多，但组成蛋白质的氨基酸只有 20 多种，从结构式上来看，组成蛋白质的氨基酸除甘氨酸以外，都有一个不对称碳原子，即 α-碳原子，α-碳原子有四个不同的取代基：COOH 羧基、NH_2 氨基、H 氢原子和 R 基团，不同氨基酸的 R 基团不同。氨基酸的 R 基团又称为侧链，由于不同氨基酸的侧链不同，它们的相对分子质量、解离程度、化学反应、性能均不同。除甘氨酸外，每种氨基酸都有 L-构型、D-构型。氨基酸分子中都具有氨基和羧基，因此，它们都能产生氨基与羧基的一般反应，如脂化、甲基化、乙酰化以及酸碱的中和反应等。

（二）氨基酸分析检测原理

茚三酮柱后衍生氨基酸分析检测法是用水解的方法将蛋白质的肽链打开成单一的氨基酸，利用氨基酸在低 pH 的条件下带正电荷，在阳离子交换树脂上依照碱性氨基酸结合力最强，芳香族氨基酸、中性氨基酸次之，酸性氨基酸结合力最弱的原则进行吸附。之后利用氨基酸分析仪设定的洗脱程序，采用不同离子强度、pH 的缓冲液依次将氨基酸按吸附力的不同从树脂上洗脱下来。被洗脱下来的氨基酸与水合茚三酮共同加热后被氧化分解产生二氧化碳、氨和醛，茚三酮被还原。在弱酸性溶液中，还原茚三酮与氨及另一分子茚三酮缩合成蓝紫色化合物茚二酮胺（图 1-7-1），该物质在 570nm 处有最大吸收峰。同时脯氨酸、羟脯氨酸与茚三酮反应生成黄色物质，该物质在 440nm 处吸收峰最大。这些生成物在分光光度计中进行检测。由于氨基酸标准液中各种氨基酸在氨基酸自动分析仪上被洗脱的顺序一定、浓度一定、洗脱峰的面积一定，根据未知样品中氨基酸洗脱面积与氨基酸标准液的洗脱面积的比即可推算出样品中各种氨基酸的含量。

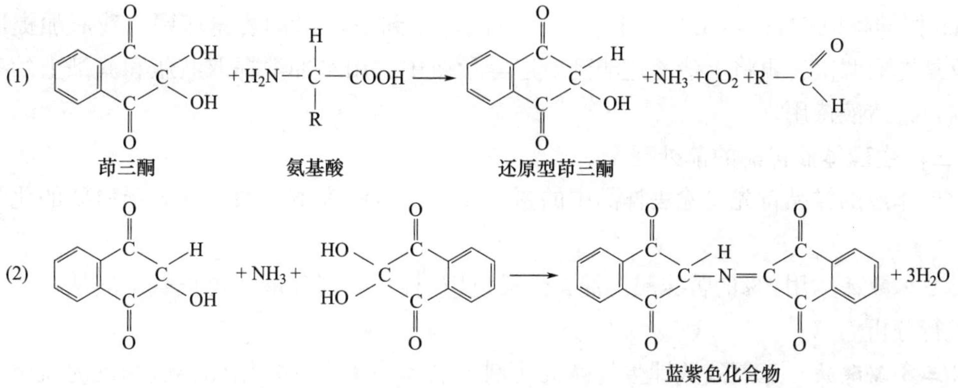

图 1-7-1 氨基酸与茚三酮反应原理

二、样品准备

对样品进行氨基酸分析之前，需要进行适合该样品的前处理，前处理分为两大系统，一个是由蛋白质加水分解而得到氨基酸的分析法；另一个是以氨基酸及其有关联的化合物为对象，对游离氨基酸的测定法。此外，原则上需用 0.45μm 的过滤器对样品过滤。

（一）蛋白质样品的制备

用于全氨基酸测定的样品，凡是以蛋白质形式存在的都要进行水解处理，常用的水解方法有三种。

1. 酸水解法 称取蛋白质样品适量（100mg 左右为宜）放入水解管中，加 10mL、6mol/L 的 HCl，置于液氮或干冰中冷冻，然后抽真空至 7Pa（<5×10mm 汞柱）后封口，将水解管放在 110℃恒温干燥箱内水解 22h。冷却后，开管、定容、过滤，取适量的滤液置 60℃的旋转蒸发器或浓缩器中抽真空蒸发至干，必要时可加少许水重复蒸干 1~2 次，加入样品稀释液将样品稀释到所需浓度，摇匀、过滤，待用。目前日本、欧洲和我国植物蛋白水解生产上采用的工艺均为酸水解法。该方法的优点是 HCl 本身加热可以蒸发除掉；缺点是溶液显黑褐色，这是与含醛基化合物作用的结果。

2. 碱水解法 称取蛋白质样品适量（100mg 左右为宜）置于聚氟乙烯衬管中，加 1.5mL LiOH（浓度 4mol/L），于液氮干冰中冷冻，然后将衬管插入水解管中，抽真空至 7 Pa 或充氮气 5min 以上封管，然后将水解管放入 110℃恒温干燥箱，水解 20 h。取出水解管冷却至室温，开管加入 1mL 浓度为 6mol/L 的盐酸中和，用样品稀释液定容稀释至所需浓度，摇匀、过滤，待用。该方法的优点是水解液清亮，但存在放出氨气和硫化氢等缺点。

3. 酶水解法 酶是有机催化剂，它不需要高温高压，而是在常温常压下即可催化有机物质的合成与分解。特点是水解条件温和，无需特殊设备，氨基酸不受破坏；产物中除氨基酸外尚有较多肽类；此方法主要用于生产水解蛋白及蛋白肽。但一般水解时间长，而且不易水解完全。

(二) 游离氨基酸样品的制备

游离氨基酸的样品在分析前必须进行磨碎、脱脂、提取、脱盐、去蛋白、脱色等处理。在进行分析前建议使用 ^{18}C 过滤柱处理一下。一般称取 1~2g 样品，加入 0.1mol/L 盐酸提取液 30mL 搅拌提取 15min，沉放片刻。将上清液过滤到 100mL 的容量瓶中，残渣加提取液搅拌，重复提取两次，再将上清液过滤到上述容量瓶中，用水冲洗提取液瓶和滤纸上的残渣并定容摇匀，清液待用。

(三) 生理体液样品的前处理

生理体液的样品首先要除去样品中的蛋白质，获得游离氨基酸。除去蛋白质的化学方法如下：

1. 苦味酸法 用 1% 的苦味酸沉淀，然后过 ^{18}C 柱子除苦味酸，再把氨基酸从柱子上洗脱下来进行分析。

2. 三氯醋酸法 三氯醋酸即生物碱沉淀剂，医院临床生化常用此类试剂沉淀血浆中的蛋白质。

(1) 血液。

①把血液用 7000~10000r/min (7000~10000 G) 离心分离 15min。

②在澄清液中加入 5%~10% 三氯醋酸，稀释 2~3 倍。

③用 7000~10000r/min (7000~10000G) 离心分离 15min。

④将澄清液作为样品。

(2) 尿。

①在原尿中加入 1% 三氯醋酸再稀释 2~5 倍 (由于有异常的尿有大量的氨基酸出来，所以要提高稀释倍率)。

②有混浊时，进行过滤或者离心分离。

③得到的液体取 0.05~0.1mL 作样品。

3. 乙醇沉淀法 当乙醇加入含蛋白质的水溶液中，可使蛋白质表面失去水膜，并增大颗粒间的引力，引起蛋白质沉淀。

4. 磺基水杨酸法 (常用的方法) 用 4%~10% 的磺基水杨酸，按 1:3 的比例与样品混合离心去蛋白，转速 20000r/min 以上离心 10min 或更长时间，取上清液用样品稀释液稀释后上机测定，建议进样前用 ^{18}C 预处理过滤柱。

三、实验仪器简介

日立 L8900 氨基酸分析仪是采用经典的阳离子交换色谱对氨基酸进行分离，并对蛋白质水解液及各种游离氨基酸的组分含量进行定性定量分析的仪器 (图 1-7-2)。样品中的蛋白质经过水解，其产物采用茚三酮柱后衍生法进行分离，分离出的单个氨基酸组分与茚三酮试剂反应，生成紫色化合物，用可见光检测器测量其在 570nm 的吸收光度 (脯氨酸和羟脯氨酸在 440nm 测量)，与标准溶液吸光度进行比较，即可计算出样品中氨基酸的含量。氨基酸分析仪的检测流程见图 1-7-3。L8900 氨基酸分析仪具有分析时间短、灵敏度高、分离度高等特点，并且拥有氮气自动鼓入和茚三酮回流保护装置，同时采用高能量卤素灯、消相差凹面衍射光栅，满足仪器长时间测定工作的需要。可用于分析检测样品中蛋白水解氨基酸、游离氨基酸的种类及含量，广泛应用于食品、纺织等领域检测。

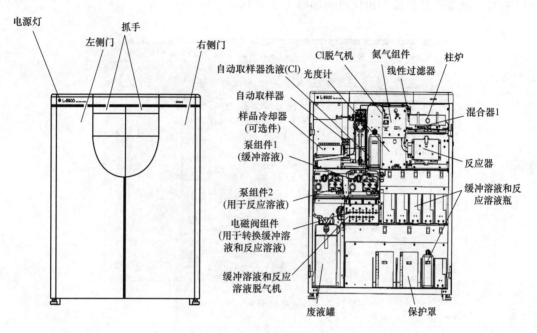

图1-7-2　L8900 氨基酸分析仪器主机及内部构造

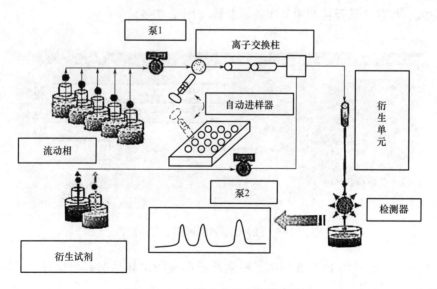

图1-7-3　氨基酸分析仪检测流程图

四、实验操作步骤

（一）联机

依次打开计算机、仪器主机电源，双击桌面的主机图标，进入程序。在菜单栏中依次点击"Contral""Instrument Status""Cornect"联机,等待 2min 完成初始化。当 Uninitialized 变成 Idle,各个组件可以进行控制。初始化完毕后,分离柱的温度逐渐上升,分离柱的温度会升到 50℃。氨基酸分析仪初始化界面如图 1-7-4 所示。

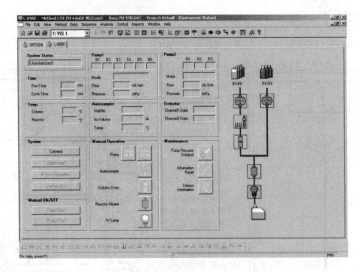

图 1-7-4 氨基酸分析仪初始化界面

(二)编辑 Sequence 序列表

依次点击"File""Sequence""Sequence Wirard""Next",根据需要填写样品序列存储路径、存储方式、样品个数及检测重复次数等参数(图 1-7-5)。

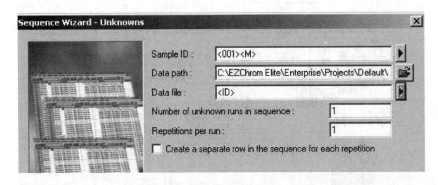

图 1-7-5 L8900 序列编辑样品存储路径

点击"Next",出现图 1-7-6 画面,根据需要填写测试样品的起始位置、间隔、标准品的起始及样品注入体积。

点击"Next",出现图 1-7-7 画面,根据需要填写标准品存储路径、方式及个数。

点击"Finish",出现 Sequence 的列表。通过复制、编辑,最终将 Sequence 编辑完成,如图 1-7-8 所示。注意此时,第一行是再生程序(RG),进样体积为 0,Run Type 是 Unknown;第二行是标准样品,进样体积为 20;第三行起是未知样,进样体积为 20,并保存 Sequence 文件。

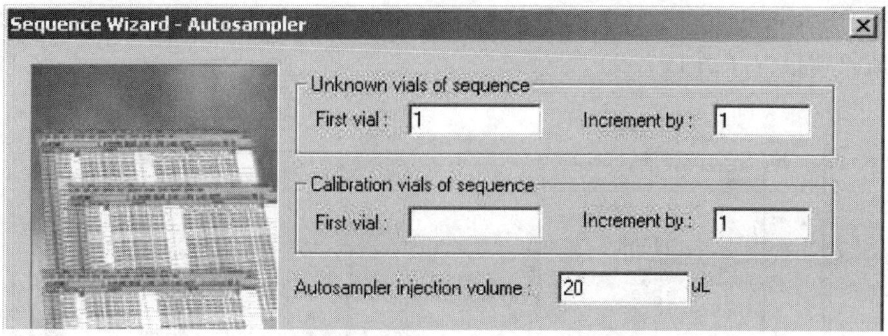

图 1-7-6　L8900 序列编辑样品及标准品个数与位置

图 1-7-7　L8900 序列编辑标准品存储位置与路径

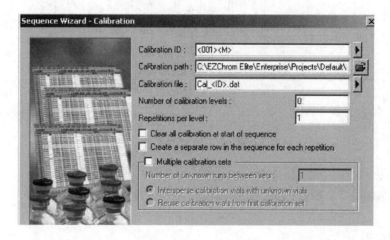

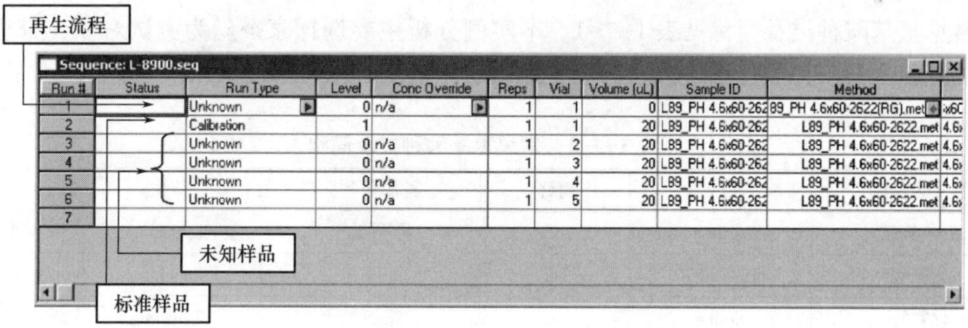

图 1-7-8　L8900 序列编辑完成图

（三）采集数据

点击"Control"→"Single Run"→"Sequence Run"，运行程序。数据采集完后，机器自动进入清洗程序，清洗 1h 后自动关泵，关闭光源及柱温箱。

（四）报告生成

依次点击"Method/Custom Report"→"Open"→"Open Report Template"，打开报告书

模板，选择 PH（small）、Srp 作为例子，点击 Open 按钮。然后点击定制报告书界面"Print"图标，生成打印报告（图 1-7-9）。

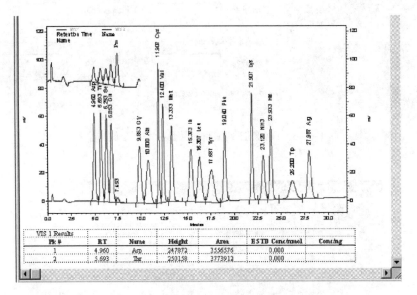

图 1-7-9　报告模板

（五）关机

点击"disconnect"，断开连接，然后依次关闭程序及主机电源。

五、实例分析

（一）检测纤维或织物中氨基酸的含量

利用氨基酸分析仪，能够简单快速地对蛋白质样品的氨基酸种类及含量进行定性定量分析。常见氨基酸种类及简称见表 1-7-1。本实例分析主要选择家蚕丝为测试对象，分析样品中的氨基酸含量与种类（图 1-7-10），并系统讨论前处理条件对测试条件的影响与优化。

表 1-7-1　常见氨基酸种类及简称

氨基酸名称	英文	简称	氨基酸名称	英文	简称
天冬氨酸	Aspartic acid	Asp	异亮氨酸	Isoleucine	Ile
苏氨酸	Threonine	Thr	亮氨酸	Ieucine	Leu
丝氨酸	Serine	Ser	络氨酸	Tyrosine	Tyr
谷氨酸	Glutamate	Glu	苯丙氨酸	Phenylalanine	Phe
甘氨酸	Glycine	Gly	赖氨酸	Lysine	Lys
丙氨酸	Alanine	Ala	色氨酸	Tryptophan	Trp
半胱氨酸	Cysteine	Cys	组氨酸	Histidine	His
缬氨酸	Valine	Val	精氨酸	Arginine	Arg
甲硫氨酸	Methionine	Met	脯氨酸	Proline	Pro

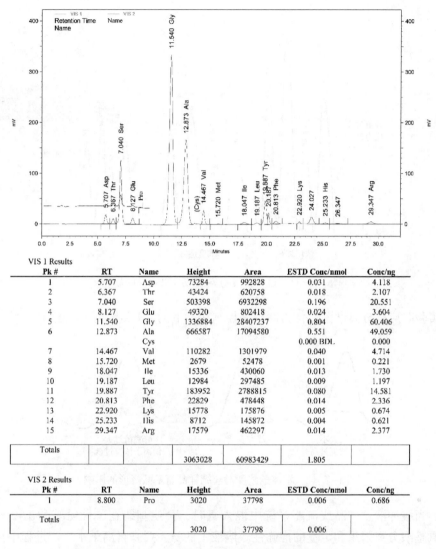

VIS 1 Results

Pk #	RT	Name	Height	Area	ESTD Conc/nmol	Conc/ng
1	5.707	Asp	73284	992828	0.031	4.118
2	6.367	Thr	43424	620758	0.018	2.107
3	7.040	Ser	503398	6932298	0.196	20.551
4	8.127	Glu	49320	802418	0.024	3.604
5	11.540	Gly	1336884	28407237	0.804	60.406
6	12.873	Ala	666587	17094580	0.551	49.059
		Cys			0.000 BDL.	0.000
7	14.467	Val	110282	1301979	0.040	4.714
8	15.720	Met	2679	52478	0.001	0.221
9	18.047	Ile	15336	430060	0.013	1.730
10	19.187	Leu	12984	297485	0.009	1.197
11	19.887	Tyr	183952	2788815	0.080	14.581
12	20.813	Phe	22829	478448	0.014	2.336
13	22.920	Lys	15778	175876	0.005	0.674
14	25.233	His	8712	145872	0.004	0.621
15	29.347	Arg	17579	462297	0.014	2.377

Totals						
			3063028	60983429	1.805	

VIS 2 Results

Pk #	RT	Name	Height	Area	ESTD Conc/nmol	Conc/ng
1	8.800	Pro	3020	37798	0.006	0.686

Totals						
			3020	37798	0.006	

图 1-7-10 家蚕丝的氨基酸种类及含量分析

1. 样品中的氨基酸浓度 每种仪器都有其比较合适的进样量及进样浓度，浓度过大或过小对分析结果都是不利的。过高浓度的丝素水解样品注入仪器后会造成仪器管路的堵塞，容易污染柱子；过低浓度的样品注入仪器后会造成个别氨基酸分离不好，影响定量分析的准确性。最好是在进样前对样品浓度进行预估算，将样品浓度配到仪器要求的合适范围。图 1-7-11 是进样浓度为氨基酸分离效果的影响。

2. 缓冲液 pH 及钠离子浓度 缓冲液的 pH 和钠离子浓度对样品中各个氨基酸的洗脱及分离起着重要作用，若 pH 和钠离子浓度不当，会出现氨基酸出峰提前、错后以及重叠现象。当缓冲液 pH 偏酸时，酸性氨基酸出峰时间会推后，造成丙氨酸与胱氨酸的峰重合，亮氨酸与酪氨酸分离度降低；当缓冲液 pH 偏碱时，酸性氨基酸出峰时间会前移，造成苏氨酸、丝氨酸与谷氨酸，缬氨酸与蛋氨酸，酪与苯丙氨酸不能完全分离。当钠离子浓度过低时，氨基酸出峰的峰形会加宽，出峰时间推迟；钠离子浓度过高时，会造成氨基酸出峰太快，影响分

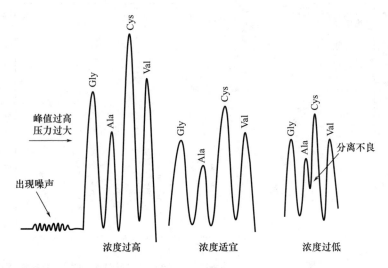

图 1-7-11 进样浓度对氨基酸分离效果的影响

离效果。实验时应以分离谱图最佳为原则来控制缓冲液的 pH 和钠离子浓度（图 1-7-12）。

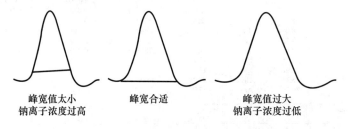

图 1-7-12 钠离子浓度对丝绸样品氨基酸峰形的影响

3. 氨 当缓冲液、样品或流路系统中混入氨时，会使基线在碱性氨基酸出峰处被抬高，影响碱性氨基酸分离效果和定量的准确性。溶液中的氨主要来自离子水生产过程中混入的氨，以及试剂因等级不高而混入的氨。在分析过程中，当 pH 低时，混入的氨会被树脂所吸附，随着缓冲液 pH 的逐步升高，溶液中的氨再逐渐被洗脱下来，使赖氨酸、组氨酸、精氨酸分离定量的精确度受到影响。目前有些氨基酸分析仪为了解决流路中氨的问题，在自动进样器前加一根除氨柱，用来吸附溶液中的氨，防止其在分析过程中被洗脱（图 1-7-13）。

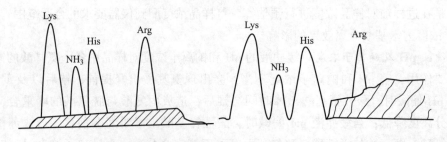

图 1-7-13 缓冲液、样品或流路中混入的氨对丝绸样品氨基酸峰形的影响

4. 茚三酮 茚三酮溶液的好坏直接关系着氨基酸出峰面积的大小，进而影响氨基酸分析结果的准确性。茚三酮反应溶液如果长时间暴露在空气中会被氧化失效，同时缓冲液中的溶解氧也会对茚三酮显色效果造成影响，所以在配制茚三酮溶液时应注意，要通入足够时间的氮气以排除溶解氧，而且试剂表面应充满氮气保护，防止其暴露在空气中被氧化而失效。

5. 光源 由于反应的氨基酸浓度不同，会与茚三酮溶液反应生成深浅不一的蓝紫色化合物茚二酮胺（DYDA）。氨基酸的浓度与 DYDA 的吸收度成线性关系，也就是说，吸收率反映氨基酸浓度的大小。当仪器的光源不佳时就会直接影响氨基酸定量分析的准确性，灵敏度也会降低。实验过程中要及时检查仪器光源的能量值，保证定量分析的准确性。

（二）辨别混纺织物的种类

通常动物纤维混纺类织物鉴别的方法是利用显微镜和扫描电镜等仪器采用观察法对纤维的主要形态特征进行辨别。但纤维的形态特征有时会因气候、环境及处理工艺等发生变化，这就加大了纤维鉴别的难度。例如，在光学显微镜下就很难将羊绒纤维与经丝光处理后的部分毛纤维进行区分。并且采用观察法鉴别纤维主观干扰较大，对检测人员的经验要求也相对较高，难以准确定性分析。随着氨基酸分析技术的发展，利用氨基酸分析技术定性定量分析不同纤维的特征氨基酸来实现对混纺织物鉴别的方法越来越受到研究人员的青睐。利用氨基酸分析仪就能够快速简便地对桑蚕丝和柞蚕丝进行区别。桑蚕丝素蛋白中甘氨酸、丙氨酸、丝氨酸和酪氨酸的含量占氨基酸总含量的 90% 以上，其中甘氨酸含量最高，是桑蚕丝最主要的特征氨基酸（图 1-7-14）。柞蚕丝素蛋白中丙氨酸的含量最高，并且精氨酸、赖氨酸等氨基酸的含量也明显高于桑蚕丝素蛋白中精氨酸、赖氨酸含量，以此作为柞蚕丝的特征氨基酸，利用氨基酸分析技术能够有效地与桑蚕丝进行区别（图 1-7-15）。

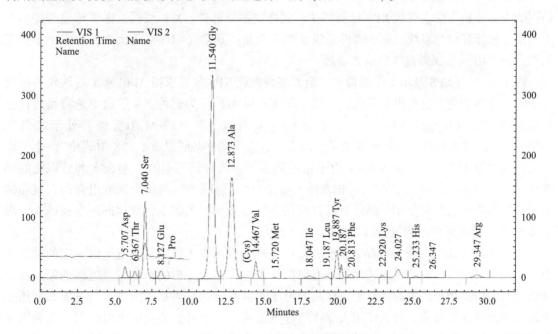

图 1-7-14 桑蚕丝氨基酸图谱

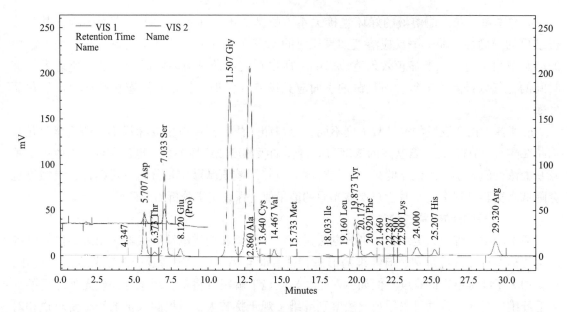

图 1-7-15 柞蚕丝氨基酸图谱

实验八 使用 X 射线光电子能谱仪分析纤维元素组成

一、实验原理

X 射线光电子能谱（XPS），是一种对固体表面进行定性、定量分析和结构鉴定的实用性很强的表面分析方法。现代 XPS 仪器都基于同样的关键部件：X 射线源、电子传输透镜、电子能量分析器和检测系统。这些部件都包含在一个超高真空（UHV）封套中，通常由不锈钢制造，一般用 μ 金属做高度的电磁屏蔽。

图 1-8-1 为 XPS 基本工作原理图。绝大多数现代 XPS 仪器依赖 Al 单色 X 射线作为一次光子源，许多制造商也提供非单色源（通常是 Mg 和 Al）作为选件。X 射线单色器通过在晶格中的布拉格（Bragg）衍射产生一个狭窄的 X 射线，单个的 Al 阳极经常处于高电压（15kV）下，被来自灯丝的热激发电子所轰击。这两个部件共同组成了"X 射线枪"。电子束流可以高达数十毫安，所以在 15kV 电子束的能量下，数百瓦功率的 X 射线大部分以热的形式耗散，这种热耗散被 Al 阳极后面的水冷所带走。"X 射线枪"与单个的或组合的石英晶体组成的聚焦单色器联合使用。晶体背板放置在半径为 R 的罗兰圆上，罗兰圆的半径越大，单位毫米的 X 射线束斑的能量分散就越小。

单色化的 X 射线入射到样品表面，样品中不同元素的原子轨道上的电子以一定的动能从原子内部发射出来。电子传输透镜担当虚拟探针来选择用于分析的小区域。透镜的第一部分是物镜，用以简单地采集和传输来自样品的电子。虽然物镜有大量的变种，但是要么使用磁沉浸透镜来增加采集角，要么使用大立体角静电透镜。一个可变的光阑也可以用于在光阑之前控制物镜的接收角。光阑之后的透镜的上部分作为放映透镜将电子从光阑平面传输到分析器入口，透镜的最后阶段是减速透镜。通过变化光阑的直径，就能够分析样品上的不同区域。

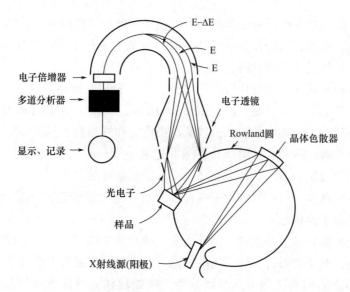

图 1-8-1 XPS 各部件工作原理

具有一定动能的电子到达电子倍增器，其动能成倍增加后进入电子能量分析器。几乎所有的商品化仪器都使用一个半球扇形分析器，同时与同心半球分析器形成对比。分析器由两个同心的、电子从其间通过的半球电极组成。分析器被设置成检测特定动能的光电子，同时X射线探针（虚拟或真实的）在样品上的每一个点上停留一段预设的时间。对于一个多道检测器，信号可以在一个窄小的能量窗口之中被同时记录下来。

XPS成图构建于不同能量电子的记录之后，由于每一个成图都是一个像素一个像素地构建起来的，因此XPS成图是强烈地依赖于时间的。另外，成图的空间分辨由X射线或虚拟探针的最小尺寸所决定。平行XPS成像现已成为XPS成像最为广泛的使用形式。图像可以直接被二维检测器检测，该采集方法需要宏观的X射线源，并对标准的分析器进行改造。空间分辨率仅由透镜系统的失真所限定；同时，数据采集的速度也大大增强。

二、样品准备

XPS被测样品可以被安置在很多不同的样品架上。这些样品架被装入样品处理室（STC）中。样品架的选择依赖于所装样品的类型和将要进行的测试。一旦STC被抽真空，样品架就可以传输到样品分析室（SAC）并装载到自动样品台上。

（一）对样品的一般要求

由于XPS是一项表面分析技术，因此要求样品表面清洁度高；样品具有超高真空兼容性，且样品稳定、不分解、无放射性、无巨毒性；样品要充分干燥且无挥发性，否则可能污染其他样品；粉末样品要尽量细，薄片块状样品表面要平整。禁止带有磁性的样品。

另外一些材料可能有很高的蒸汽压，像聚合物、泡沫塑料和多孔材料。一些元素，像Na、K、S、P、Zn、Se、As、I、Te和Hg也具有相对高的蒸汽压。在测试这些材料的时候，应尽量减小样品的大小，以最小化与其他样品的交叉污染。

（二）样品制备方法

制备样品过程中，样品、样品条和样品座都不应该用未保护的手去接触。尽管没有接触被分析的表面，皮肤上存在的低分子量的油也可以快速地迁移到样品区，Na 污染经常会在所测材料上被检测到。因此，在操作和准备样品时，应戴上无粉手套。此外，所使用的工具必须洁净，由不向样品传递污染的材料制成。所有的工具都应消磁。

1. 粉末样品　粉末状样品在压片后用导电胶或双面胶粘到样品台上，也可用导电胶或双面胶带直接粘取样品后固定到样品台上，用量 1~100mg。注意：采用导电胶或双面胶带粘取样品后必须用洗耳球吹去未粘牢的粉末，以免污染镜头和样品舱。

2. 薄片和薄膜样品　薄片和薄膜样品要尽可能薄（<4mm），尺寸大小 1~10mm。对于体积较大的样品则需通过适当方法制备成合适大小，固定在样品台上。

3. 纤维和丝带状样品　将纤维和丝带状样品跨过一条空隙安装到样品台上，以保证测试中不会检测到样品台本身信息。

4. 液态样品　液态样品可涂覆在清洁金属片、硅片或玻璃片上后，进行干燥预处理。

5. 挥发性样品　对于含有挥发性物质的样品，在制备到样品台上前必须清除挥发性物质，一般可以通过加热或溶剂清洗等方法加以处理。在处理样品时应保证样品中的成分不发生变化。

6. 样品的预处理　XPS 信息来自样品表面几个至十几个原子层，在实验技术上要保证所分析的样品表面能代表样品的固有表面，可采用如下几种方法对样品进行预处理。

（1）溶剂清洗或长时间抽真空，以除去表面污染物。

（2）氩离子刻蚀：对于表面不稳定，如易被空气氧化等的样品，可通过氩离子刻蚀去除表面一层，再进行测试，以得到样品的准确信息。

（3）摩擦、刮剥和研磨：如果样品表里成分相同，则可用 SiC 纸擦磨或用刀片刮剥表面污染层，使之裸露出新的表面层。如果是粉末样品，则可用研磨法使之裸露出新的表面层。

（三）荷电样品处理

用 XPS 测定绝缘体或半导体时，由于光电子的连续发射而得不到足够的电子补充，使得样品表面出现电子"亏损"，这种现象称为"荷电效应"。荷电效应将使样品出现一稳定的电势，它对光电子逃离有束缚作用。荷电电势的大小与样品的厚度、表面粗糙度以及 X 射线源的工作参数等因素有关。荷电效应使光电子动能降低，所测得的电子结合能大于实际值，使得正常谱线向高结合能端偏移。荷电效应还会使谱峰展宽、畸变，对分析结果产生不利的影响。样品表面存在颗粒物或不同物相，比如固体样品表面还有水分或其他有机溶剂，固相和液相这两种不同的物相可能导致表面荷电的不均匀分布，即差分荷电。荷电积累也可能发生在 X 光照射下样品内部不同相的边界处或界面处。在实际测试中必须采用有效的措施解决荷电效应所导致的能量偏差。荷电效应的校正方法主要有中和法和校正法。

1. 中和法　制备超薄样品，在测试时用低能电子束中和试样表面的电荷，可使表面电荷减少到 0.1eV，该方法需要在设备上配置电子中和枪。

2. 内标法　当样品表面的稳态静电荷对 XPS 谱图中所有谱线的影响相同时可用此方法。校正用的参考元素具有完全确定的结合能，且不随样品的不同而变化，如镀金法、外标法和内标法。一般可采用真空沉积对样品表面镀金，金沉积的最佳厚度为 0.6nm，校正用 Au 4f7/2 峰的电子结合能为 84eV。在实际的 XPS 分析中，一般采用内标法进行校准。即在实验条件下，根据试样表面吸附或沉积元素谱线的结合能，测出表面荷电电势，然后从谱图中扣除此荷电电势能，确定其他元素的结合能。最常用的方法是用真空系统中最常见的有机污染碳 C 1s（结合能为 284.6eV）进行校准。这种方法的缺点是对溅射处理后的样品不适用。也可利用检测材料中已知状态元素的结合能进行校准。比如，确定样品中含有 O 元素或 S 元素，则可以用 O 元素或 S 元素来进行校准。近年来，也有人提出向样品注入 Ar 作内标物具有良好的效果。Ar 具有极好的化学稳定性，适合于溅射后和深度剖面分析，操作简便易行，选用 Ar 2p3/2 谱线对荷电能量位移进行校准效果良好。

三、实验仪器简介

本实验使用的仪器为日本岛津的 AXIS Ultra DLD 型 X 射线光电子能谱仪（XPS），如图 1-8-2 所示。该能谱仪主要由超高真空系统、进样室、X 射线激发源、离子源、能量分析系统及计算机数据采集和处理系统等组成。

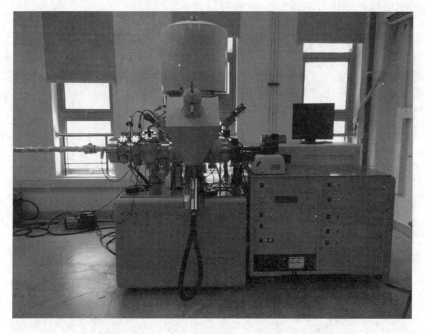

图 1-8-2　AXIS Ultra DLD 型 X 射线光电子能谱仪

在 X 射线光电子能谱仪中必须采用超高真空系统，主要是出于两方面的原因。首先，XPS 是一种表面分析技术，如果分析室的真空度很差，在很短的时间内试样的清洁表面就可被气体分子所覆盖。其次，由于光电子的信号和能量都非常弱，如果真空度较差，光电子很容易与残余气体分子发生碰撞作用而损失能量，最后不能到达检测器。本台仪器采用机械泵—分子泵—溅射离子泵三级真空泵系统。仪器上配备的手动进样室，需在样品舱真空度达到 10^{-8} Torr 后手动将样品架推入样品测试舱，并装载到样品台上。采用的 X 射线激发源为 MgKα 和 AlKα 双阳极靶激发源，激发出的 X 射线经半径 500mm 罗兰圆和石英单色器进行单色化处理后线宽可降低至 0.2eV，但强度大幅度下降。此外，本仪器配备了 Ar 离子源，目的是对样品表面进行清洁或对样品表面进行定量剥离。能量分析系统采用的是半球型分析器，具有对光电子的传输效率高和能量分辨率好等优点。由于 X 射线电子能谱仪的数据采集和控制十分复杂，故采用计算机系统来控制谱仪和采集数据。谱图的处理，如元素的自动标识、半定量计算，谱峰的拟合和去卷积等均通过计算机完成。

四、实验操作步骤

（一）开机

开启不间断电源（UPS），开启冷却水，开启仪器主机电源，开启计算机，开启机械泵。打开计算机页面上的 Vision Manager 软件，完成自检过程。打开软件中 Window 标题下的 Manual Window（手动）窗口（图 1-8-3）和 Real-Time Display（实时显示）窗口（图 1-8-4）。在图 1-8-3 中的 Analyser 可以设定测试分辨率（通能——允许通过分析器的电子的动能）和测试面积；在 Aquisition 中可以设定测试的类型和元素；在 Xray Gun 中可以设定 X 射线枪的电流和电压；在 Neutraliser 中可以打开中和枪，以减弱样品表面的差分电荷。图 1-8-4 实时窗口中会显示测试样品的图片和测试的过程及结果。

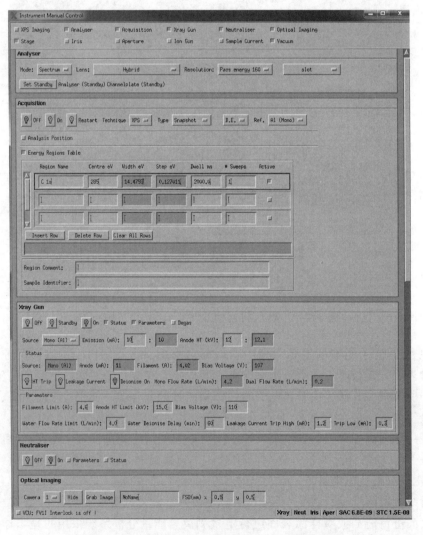

图 1-8-3　XPS 软件中 Manual Window（手动）窗口

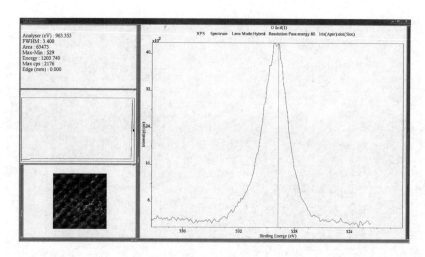

图1-8-4　XPS软件中Real-Time Display（实时显示）窗口

（二）进样

样品制备在标准的15mm直径样品座上，将样品座置于真空干燥箱中干燥5h左右。通过操作Manual Window窗口上的程序，放气STC并完全打开铰链门，将样品座卡入样品架的插槽上，关门并抽真空。待STC真空度达到10^{-8} Torr（通常需要抽真空8h以上），打开STC与SAC之间的阀门，将样品送入检测室，待样品座插入样品架后，调节样品架的位置使样品杆可以顺利退出检测室，关闭STC与SAC之间的阀门。

（三）样品测试

1. 确定测试位置　测试操作主要在Manual Window窗口中进行。测试样品首先要选择合适的位置，通常的方法是选择样品上信号最强的点，用碳元素信号强弱来寻找测试点。

参数设置：在Parallel XPS Imaging（平行XPS图像）控制界面中，单色化的X射线源选择"Al（mono）"。在Analyser（分析器）控制界面中，Analyser Mode（分析器模式）选择"Spectrum"（谱图），通能选择Pass energy 160，分析面积选择Slot（样品表面上接近700μm×300μm的分析面积）。在Acquisition Control（采集控制）控制界面中，Type（测试类型）选择"Snapshot"（快照），点击"Energy Regions"（能量区），键入C 1s并回车，即可弹出C元素相应的测试参数。在Xray Gun（X射线枪）控制界面中，设置电压和电流。点击"Standby"（待机）等待一定时间预热X-Ray，观察Status（状态）中Filament（灯丝电流）到1.5A，点击"On"开启，分步增加电压Anode HT至需要值，一般为10kV或15kV；再分步增加电流Emission至需要值，一般为10mA。每设置一步，点击一次回车键，系统自动增加。在Neutraliser控制界面中点击"On"键打开中和枪。

设置完成，点击Acquisition Control控制界面中的"On"键开始测试。在Real-Time Display窗口中实时观察谱峰面积Area值的变化，当Area值升至最高值或超过10000时即可确定为测试点，可通过手动调节或自动调节确定测试点。手动调节：调节各个坐标轴方向的按键（主要是Z轴）找到信号最强的位置，点击"Update"更新位置；自动调节：点击"Name"→"Update Auto-Z"→"Status"→"Required"→"Optimize"系统自动调节，点击"Update"更新位置。图1-8-5中Stage下的Table中即为每个样品确定好的测试位置。

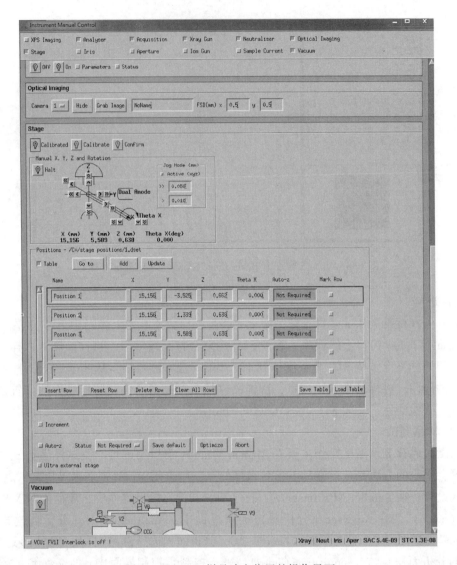

图 1-8-5　XPS 样品确定位置的操作界面

2. 样品测试操作　确定好样品测试位置，关闭 X 射线枪，更改测试参数。需要更改的参数主要有：通能选择 Pass energy 40（根据实际需要也可选择 Pass energy 20）；Acquisition Control（采集控制）控制界面中，Type 选择 "Spectrum"；在 Energy Regions 中根据需要键入宽谱扫描和窄谱扫描，宽谱扫描键入 "wide" 并回车，即可弹出相应测试参数，窄谱扫描则依次键入需要测试的各个元素，点击 "On" 键开始测试。如果多个样品，可以考虑将所有样品的测试位置确定后，编辑程序，然后可以按照确定好的样品位置一一测试。图 1-8-6 为确定好的样品位置的加载界面，点击 Samples Positions 中的 "Loading Position Table" 即可把确定好的样品位置复制到表格中。图 1-8-7 为 XPS 确定样品位置后的测试程序设定界面，在该界面中设定好测试参数和需要测试的宽谱、窄谱，然后设定循环次数 Counter，循环的次数是样品位置的个数减去 1。每一步设定好的程序按顺序加入左侧窗口中，点击 "Resume" 和 "Submit" 即可开始进行测试。

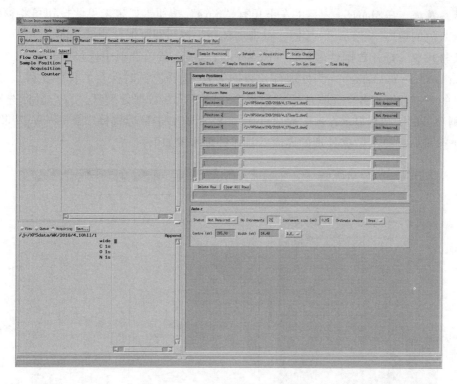

图 1-8-6　XPS 样品位置加载界面

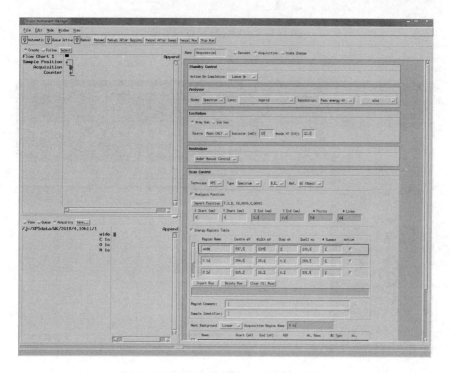

图 1-8-7　XPS 样品测试程序设定界面

3. 保存数据　在 Manager 窗口的左下角有"Save"按钮，如果未见此按钮可将窗口放大，即可看到灰色的矩形块"Save"按钮，点击"Save"按钮即可保存测试文件。

4. 数据处理　打开数据处理软件 Vision Processing，菜单选项中选择"File"（文件）→ "Open dataset for processing"（为处理打开数据集），选择测试时保存的程序文件。打开文件后，测试的宽谱数据和各个元素的窄谱数据会——显示在数据处理区，右击鼠标选择"Display"，则测试的谱图会显示在新的窗口（图 1-8-8）；右击鼠标选择"Processing"即可开始处理数据，图 1-8-9 为数据处理的界面。具体处理步骤如下：

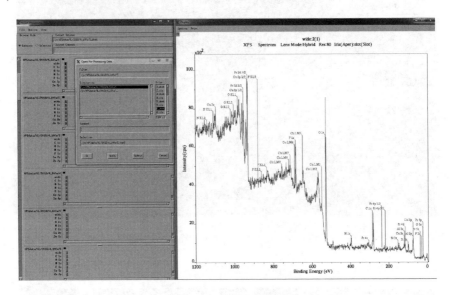

图 1-8-8　XPS 数据显示界面

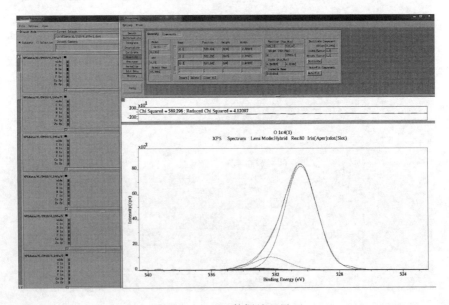

图 1-8-9　XPS 数据处理界面

（1）C 元素校准。在处理数据前先要以 C 元素的结合能为基准对其他元素进行校准，以解决荷电效应引起的能量偏差。在每一组数据中选定 C 元素，右击选择 Display，用鼠标将 C 元素的窄谱分为面积大致相等的两部分，此时记下分界点的结合能值，与 C 元素本身的结合能值 248.6eV 做差减，记下差值。再选定 C 元素，右击选择"Processing"，点击左侧"Calibtate"选项卡，如果分界点的值低于 248.6eV，则在该选项卡中输入两者的差值，意为将测得值加上差值；如果分界点的值高于 248.6eV，则在该选项卡中输入两者差值的负数，意为将测得值减去差值。

（2）窄谱拟合。窄谱可通过峰拟合进行元素的价态分析。在 Processing 界面中选中"Quantify"选项卡，在右侧界面上方标签中选择"Region"，用鼠标框取需要拟合的窄谱区域，这一步的作用是扣除背景的影响；再将上方标签中的"Region"换选为"Components"（图 1-8-9），然后在下方表格中键入相应的元素，需要几个分峰来拟合就输入几次该元素，点击右侧"Auto-fit"自动拟合；也可手动进行拟合，拟合过程需要花费一定的时间。拟合程度可参考中间框中的数值（Reduced Chi Squared），该值越小，说明拟合得越好。

（3）数据保存。完成后在数据集处右击相应的宽谱和窄谱，选择"Display"（显示）即可看到处理后的谱图，在谱图上右击选择"Data to an ASCII File"（数据到 ASCII 文件）即可将谱图保存为 Excel 数据，后期可用其他画图软件画出谱图。

五、实例分析

选择尼龙织物为测试对象，测定织物中纤维的元素种类以及主要元素的不同结合能，并分析元素结合情况。

1. 制样 将织物剪成 3mm×3mm 的方形小块，用导电胶将织物粘贴在样品条上，在真空干燥箱中干燥 5h，温度 50℃。

2. 测试 设置参数，电压 15kV，电流 10mA，通能 160，以 C 元素的 Area 值确定测试点。确定测试点后更改参数通能为 40，测定宽谱和 C、O 元素的窄谱。

3. 数据处理 打开数据处理软件 Vision Processing，导入数据集，在宽谱上确定该织物所含元素的种类，在窄谱 C、O 上进行分峰拟合，以确定元素的结合能情况，保存数据。

尼龙织物的 XPS 测试谱图如图 1-8-10~图 1-8-12 所示。图 1-8-10 为尼龙织物的 XPS 宽谱，宽谱中的主要信息为元素种类。从谱图中可以看出，该织物中主要存在的元素是 C 元素和 O 元素。理论上尼龙中还含有 H 元素和 N 元素，但是 H 元素原子质量太小，XPS 无法检测，因此不会给出 H 元素的谱峰。由于 XPS 测试是样品表面的元素分析，通常情况下 X 射线能穿透试样表面 1~5 个原子层，而 C、O 元素是更容易暴露在样品表面的，因此较易测得，而 N 元素不易被检测到，因此谱图上主要呈现出 C、O 两种元素的谱峰。

图 1-8-11 给出了尼龙织物中 C 元素的分峰拟合图，图中 C 元素的窄谱分出 C1、C2、C3 和 C4 四种结合能的峰。表 1-8-1 是分峰后四种 C 元素相应的结合能和质量百分比，其中 C2 含量最高，C2 结合能为 285.1eV。C—N 的结合能在 285.1~288.4eV，所以 C2 主要是 C—N 的结合。C1 结合能为 283.8eV，碳化物结合能在 280.7~285.1eV，所以该处是常规碳化物中 C 元素的结合。C3 含量较少，结合能为 287.8eV，C═O 双键的结合能为 287.2~288.0eV，

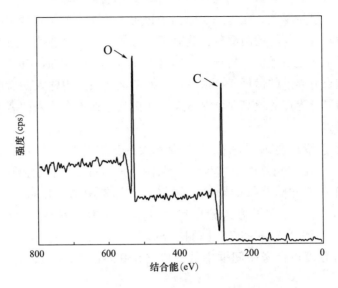

图 1-8-10 尼龙织物的 XPS 宽谱

所以 C3 主要是 C=O 双键的结合。C4 含量最少，只占 3.85%，结合能约为 289.7eV。碳酸盐中 C 元素的结合能在 289~291.5eV，因此样品中可能含有很少量的碳酸盐。尼龙高聚物的分子式为 $[—CO—NH—]_n$，其中 C 元素主要与 O 元素形成双键，与 N 元素单键相连，分峰的结果体现了 C=O 双键的结合和 C—N 键的结合。

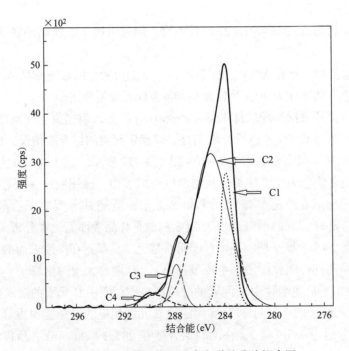

图 1-8-11 尼龙织物 C 元素窄谱的分峰拟合图

表 1-8-1　尼龙织物中不同结合能的 C 元素的质量百分比

谱峰	结合能（eV）	质量百分比（%）
C1	283.8	21.45
C2	285.1	67.97
C3	287.8	6.73
C4	289.7	3.85

图 1-8-12 给出了尼龙织物中 O 元素的分峰拟合图，图中 O 元素的窄谱分出 O1、O2 和 O3 三种结合能的峰。表 2 是分峰后三种 O 元素相应的结合能和质量百分比，其中 O2 含量最高，O2 的结合能为 530.0eV，O1 含量相对较少，结合能为 528.7eV，O3 含量更少，结合能为 531.4eV。氧化物中 O 元素的结合能在 528.1~531.1eV，聚酰胺纤维中含有大量的氧元素，因此 O1 和 O2 是聚酰胺中的氧元素结合能；酸类物质（包括碳酸、羧酸、磷酸、硝酸、硫酸）中 O 元素的结合能在 530.5~533.0eV，其中碳酸盐中 O 元素的结合能在 530.5~531.5eV，因此 O3 很可能是碳酸盐物质中 O 元素的结合能。前述的 C 元素分峰的结果中也判断出含有少量的碳酸盐，两者结果相一致。

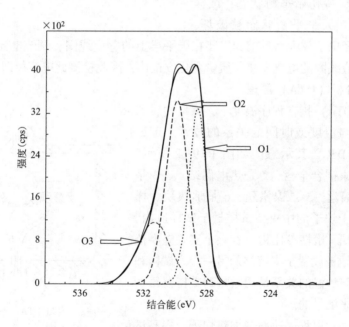

图 1-8-12　尼龙织物中 O 元素窄谱的分峰拟合图

表 1-8-2　尼龙织物不同结合能的 O 元素的质量百分比

谱峰	结合能（eV）	质量百分比（%）
O1	528.7	33.57
O2	530.0	44.50
O3	531.4	21.93

实验九　使用热分析仪分析纤维结构与性质

一、实验原理

（一）热重分析（TGA）原理

热重法是测量试样的质量变化与温度或时间关系的一种技术。如熔融、结晶和玻璃化转变之类的热行为，试样无质量变化，而分解、升华、还原、解吸附、吸附、蒸发等伴有质量改变的热变化可用 TG 来测量。这类仪器统称热天平。

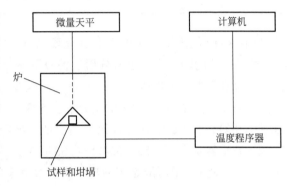

图 1-9-1　热天平示意图

热天平示意图如图 1-9-1 所示，其工作原理为：采用热天平自动、连续地进行动态称量与记录。加热过程中试样无质量变化时，热天平保持初始平衡状态；试样发生质量变化时，天平平衡状态被破坏，由检测器检出，经电子放大后反馈到安装在天平梁上的感应线圈，调节电流使天平梁又返回到原点，通过感应线圈的电流变化与质量变化成正比，因此检测此电流值即可知质量变化。

（二）差热分析（DTA）原理

差热分析（DTA）指在程序温度下，测量物质和参比物的温度差与温度或时间的关系的技术。定量 DTA 又叫热流式 DSC，其示意图如图 1-9-2 所示，图中 1 是热敏板康铜合金盘，2 是热电偶结点，3 是镍铬板，4 是镍铝丝，5 是镍铬丝，6 是加热块。样品支持器单元置于炉子的中央，试样封于试样皿内、置于支持器的一端，惰性参比物（在整个实验温度范围无相变）同等地被放置于支持器的另一端。试样和参比物间的温差与炉温的关系是用紧贴到支持器每一侧底部的热电偶来测量的。

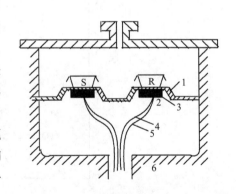

图 1-9-2　定量 DTA（热流式 DSC）示意图

其工作原理为：以程序速率来加热炉子，提高试样和参比物的温度。当试样发生相变吸收或释放热量时，则改变通过热敏板的电流，造成试样和参比物间的温差，DTA 曲线描绘出该温差与程序炉温或与时间的关系。用该仪器可精确测量转变温度，转变熔是利用热敏板的热容与温度的关系由 DTA 曲线确定的。

（三）功率补偿 DSC 原理

功率补偿 DSC 示意图见图 1-9-3。其基本结构与定量 DTA 类似，样品支持器单元的底部直接与冷媒储器接触。试样和参比物支持器分别装有电阻传感器和电阻加热器。电阻传感器用来测量支持器底部温度，电阻加热按着试样因相变而形成的试样和参比物间温差的方向来提供电功率，以使温差低于额定值，通常小于 0.01K。

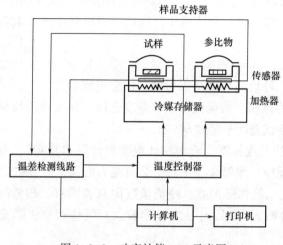

图 1-9-3　功率补偿 DSC 示意图

DSC 曲线描绘与试样热容成比例的单位时间的功率输入与程序温度或时间的关系。与定量 DTA 相比，功率补偿型 DSC 可在更高的扫描速率下使用，最快的可靠扫描速率是 60K/min。

典型的差示扫描量热（DSC）曲线以热流率（dH/dt）为纵坐标、以时间（t）或温度（T）为横坐标，即 $dH/dt—t$（或 T）曲线。曲线离开基线的位移即代表样品吸热或放热的速率（mJ/s），而曲线中峰或谷包围的面积即代表热量的变化。

差示扫描量热法可以直接测量样品在发生物理或化学变化时的热效应。

二、样品准备

热分析仪选配不同类型的坩埚，可以测试固体、液体多种类型的样品。样品制备是获得高质量的测量结果的前提。一般来说，热分析样品制备需要考虑以下几个方面：合适的坩埚；适宜的样品用量；样品与坩埚之间要有良好的热接触；制样过程中，样品应尽可能没有发生性质上的变化，没有受到污染；制备方法应具有一致性和可重复性。

（一）TG-DTA 样品制备

1. 坩埚选择　应选择对试样、中间产物、最终产物和气氛没有反应活性和催化活性的材料作为坩埚的材质。坩埚材料大致有玻璃、陶瓷、石英、铝和铂等。对于碱性物质（如 Na_2CO_3）不能使用陶瓷类坩埚。由于含氟的高聚物（聚四氟乙烯等）会与硅形成硅的化合物，也不能采用这类坩埚。虽然铂具有高热稳定性和抗腐蚀性，尤其在高温使用时往往选用铂坩埚，但是必须注意它并不适用于含有磷、硫和卤素的试样。此外，铂对许多有机、无机反应有催化作用，如铂坩埚对棉纤维、聚丙烯腈降解产物有催化氧化作用。

2. 样品重量　少量试样有利于气体产物的扩散和试样内温度的均衡，减小温度梯度，降低试样温度与环境线性升温的偏差，因此，在满足仪器灵敏度的前提下，样品量尽可能少，一般用量 3~10mg。对于未知样品，一般先取少于 1mg 进行预测。

3. 样品形态　样品的形状和颗粒大小不同，对热重分析的气体产物扩散影响亦不同。一般来说，大片状的试样的分解温度比颗粒状的分解温度高，粗颗粒的分解温度比细颗粒的分解温度高。

（1）粉末样品。建议粒度在 100~300 目范围内且粒径均匀。

（2）金属样品。建议加压制成坩埚可容纳的成型试样。

（3）高分子样品。块状样品切成薄片状；膜片冲压成适当大小的圆片，数个重叠于坩埚内；纤维状样揉成团或加工成细粉末状。

（4）对于纺织领域常见样品，纤维和织物一般用剪刀剪成细粉末状，纺丝切片一般用刀片切成薄片状态，其他高分子聚合物一般加工研磨成细粉末状。

4. 装填方式 试样装填越紧密，试样间接触越好，热传导性就越好，温度滞后现象越小。但是装填紧密不利于气氛与颗粒接触，阻碍分解气体扩散或逸出。因此可以将试样放入坩埚之后，轻轻敲一敲，使之形成均匀薄层。

（二）DSC 样品制备

1. 坩埚选择 DSC 应用过程中最重要的几种坩埚分别是铝坩埚、铂金坩埚等。关于坩埚的选择，除了不与样品发生反应之外，坩埚的体积、测量池气氛、温度范围、样品性质均对坩埚选择有影响。一般测试中选择铝坩埚，测试温度不超过 600℃。

2. 样品重量 样品量小可以减小样品内的温度梯度，测得特征温度较低更"真实"；有利于气体产物扩散，减少化学平衡中的逆向反应；相邻峰（平台）分离能力增强，但 DSC 灵敏度有所降低。样品量大能提高 DSC 灵敏度，但峰形加宽，峰值温度向高温漂移，相邻峰（平台）趋向于合并在一起，峰分离能力下降；且样品内温度梯度较大，气体产物扩散亦稍差。

因此，在满足仪器灵敏度的前提下，样品量尽可能少，一般用量 5~10mg。

3. 样品处理及装填方式 样品需和坩埚间有较好的热接触，因此不同的样品，需采取不同的处理方式，以使样品与坩埚底部有良好的接触。一般 DSC 样品可以分为不规则形状、薄膜、液体、纤维。最佳的样品应该是平坦的圆片、密实的粉末和液体。

（1）不规则形状。例如塑料件，可通过与坩埚底部接触的一面锯切打磨来优化。脆性物质可在研钵中碾成细粉末，然后压实加入坩埚。糊状样品也可将其压入坩埚。

（2）薄膜样品。采用空心钻头钻取或者冲取圆片，圆片应完全覆盖在坩埚底部，为了增加样品与坩埚底部的接触，凸面朝下，并密封。注意打孔机制备的样品的任何毛口应该去除，或者毛口向上将样品放入坩埚。

（3）液体样品。根据液体的黏度，用小棒沾取样品，棒与坩埚接触将棒端的液滴转移进坩埚，或者用注射器。

（4）纤维样品。对于较粗的纤维，可以剪短平放在坩埚内（可在上面覆盖一层导热粉末）。细纤维可用洁净的铝箔包成一团，将其压平后放入坩埚，平的一面朝下。

三、实验仪器简介

（一）Pyris Diamond TG-DTA 联用热分析仪

美国 Perkin Elmer 公司 Pyris Diamond TG-DTA 型综合热分析仪（图 1-9-4）可在程序控制温度下（室温到 1300℃），同时测定试样重量和热焓随温度的变化。水平或双天平结构克服浮力效应、对流效应及烟囱效应，消除测试过程中热环境的影响。自动分步和控制转化速率（CRTA）功能提高了仪器的分辨率，实现对失重速率的控制。Highway 功能将实验的升温速度转换到任一升温速度，提高对重叠峰的分辨能力。DTA 测量范围

图 1-9-4　Pyris Diamond TG-DTA
联用热分析仪

±1000mV，DTA 灵敏度 0.06μV；TG 测量范围 200mg，TG 灵敏度 0.2μg，升温速度 0.01～100℃/min。

（二）Pyris Diamond DSC 功率补偿型差示扫描量热仪

美国 Perkin Elmer 公司 Pyris Diamond DSC（图 1-9-5）用于研究在程序温度控制下测量输入被测样品和参比物的功率差与温度的关系。它采用铂金热电阻仪测量线性温度，提高了测温精度。它还具有先进的空气帘系统，避免结霜。其炉体材料为铂铱合金，测试温度范围−80～730℃，温度精度与准确度都优于±0.01℃，动态量程 0.2～800μW，灵敏度 0.2W，最快升温/降温速度 500℃/min，量热精度与准确度均优于±1%。

图 1-9-5 Pyris Diamond DSC 功率
补偿型差示扫描量热仪

四、实验操作步骤

（一）TG-DTA 操作步骤

1. 开机 打开气源，调节减压阀使气压在 0.3MPa 左右，打开气氛控制箱变压器电源，选择气体种类，一般为氮气或空气，调节气体流量 80～100mL/min。

打开 Diamond TG/DTA 主电源。

打开计算机，启动 Pyris Manager 操作软件，点击"Diamond TG/DTA"取得联机。联机成功后，软件主界面如图 1-9-6 所示。

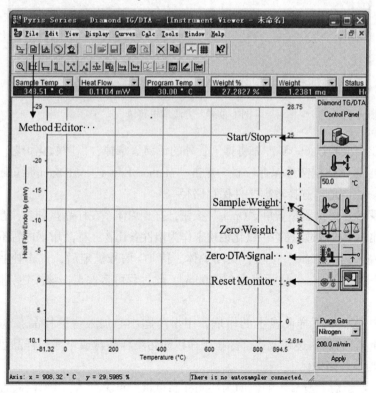

图 1-9-6 软件主界面

2. 参数设置

（1）实验程序。点击"Method Editor"，在 Program 标签下编辑测试程序，包括初始温度、扫描温度和速率等。

如 Step1：Hold for 1min at 40℃；Step2：Heat from 40 to 800℃ at 10℃/min。如图 1-9-7 所示。

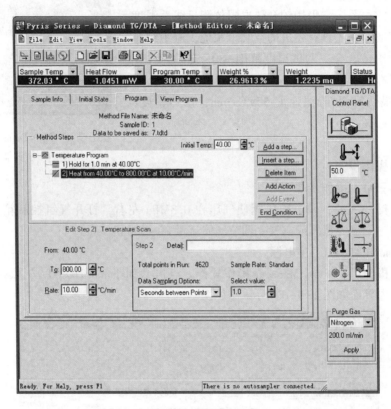

图 1-9-7　方法编辑菜单

注：若实验温度超过 600℃，需将排气管外的铝筒管拿掉，以防软化熔融。

（2）样品信息及数据文件保存位置。点击"Method Editor"，在 Sample info 标签下编辑样品名称及其他备注信息，选择数据文件保存路径。

3. 样品测量　长按仪器左下角"Open"按钮，打开炉体。在样品盘和参比盘上各放置一氧化铝坩埚，参比坩埚内放适量的 α-氧化铝粉末作为惰性参比物，样品坩埚内暂不放待测样品。

长按仪器左下角"Close"按钮，关闭炉体。待 TG 信号稳定后，点击控制面板中"Zero Weight"按钮，等待 TG 信号显示值为 0.0000mg，此过程可多次点击该按钮，以实现 TG 信号的归零。

再次打开炉体，取下样品盘上的坩埚，用小药匙小心加入待测样品，重量一般不超过 10mg，如 3~5mg，将坩埚边缘及底部擦拭干净以防污染样品盘或坩埚与样品盘粘连，将坩埚重新放入样品盘，关闭炉体。

待 TG 信号稳定后，所显示的值即为待测样品重量。点击"Zero DTA Signal"按钮，可以多次点击以使 DTA 信号归零，点击"Reset Monitor"清除杂乱的实时监测曲线，点击"Sample Weight" 称重，使重量百分率为 100%。

点击"Start/Stop"按钮开始测量，状态栏中"Status"由"Holding"转为"Heating"，并开始显示测试倒计时，当温度达到设定的限制温度上限时，测量结束。测试过程中不要调节气体流量，仪器所放置的桌面也不要有明显震动。在程序运行期间若要停止测量，可再按"Start/Stop"按钮终止测量。

测试完成，待炉温降至室温后，开炉检查。如果样品盘有污染，必须用棉球蘸取少量酒精或丙酮进行清洗。

4. 数据导出　点击"File"→"Export Data"→"ASCII format"导出数据（.txt 文件）到上述设置的文件路径，用 U 盘将数据拷回进行数据分析。

5. 关机　实验全部结束后，关闭计算机，关闭仪器电源和气源。做好实验桌卫生，登记实验记录。

（二）DSC 操作步骤

1. 开机　打开两个气源（如气氛为 N_2，帘幕保护气为 N_2），调节减压阀使气压在 0.3MPa 左右，打开 DSC 主电源和制冷机电源（测试温度 50℃ 以上时可以不打开）。

打开计算机，启动 Pyris Manager 操作软件，点击"Diamond DSC"取得联机后进入软件测试控制界面，如图 1-9-8 所示。

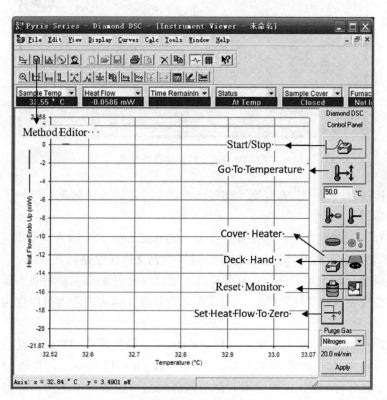

图 1-9-8　软件主界面

打开炉盖加热开关"Cover Heater"和设备吹扫气体开关"Deck Hand"。低温实验过程中，一直保持炉盖加热状态，以免炉盖结霜。执行实验之前至少预热 30min。

2. 参数设置

（1）实验程序。点击"Method Editor"，在"Program"标签下编辑测试程序，包括初始温度、扫描温度和速率等。

如 step1：Hold for 1min at −10℃；step2：Heat from −10℃ to 200℃ at 10℃/min；step3：Hold for 1min at 200℃；step4：Cool from 200℃ to −10℃ at 20℃/min。如图 1-9-9 所示。

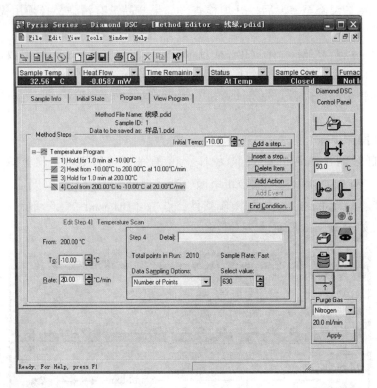

图 1-9-9　实验程序编辑界面

注：使用铝制坩埚时，实验温度不超过 600℃，以防铝坩埚融化，与炉子形成合金，产生不可逆的损坏。

（2）样品信息及数据文件保存位置。点击"Method Editor"，输入样品重量，在"Sample info"标签下编辑样品名称及其他备注信息，选择数据文件保存路径。

（3）样品测量。按上述制样方法制备样品。室温下打开炉盖，使用吸力笔，右侧位置装入空皿，左侧位置装入制备好的样品，分别盖上铂金盖，确认铂金盖可以自由转动后，旋转关闭炉盖。

设置测试的初始温度，点击"Go To Temperature"，待温度达到初始温度后，点击"Reset Monitor"清除杂乱的实时监测曲线，点击"Set Heat Flow To Zero"使热流归零，然后点击"Start/Stop"开始测试。测试过程中不要调节气体流量，仪器所放置的桌面也不要有明显震动。在程序运行期间若要停止测量，可再按"Start/Stop"按钮终止测量。

测试完成，待回至室温，开炉取样。如果样品池有污染，可用棉球蘸取少量酒精或丙酮进行擦洗。

（4）数据导出。点击"File" → "Export Data" → "ASCII format" 导出数据（.txt 文件）

到上述设置的文件路径，用 U 盘将数据拷回进行数据分析。

（5）关机。实验全部结束后，依次关闭计算机、仪器电源、制冷机电源和气源。做好实验桌卫生，登记实验记录。低温实验后，若第二天仍有实验，应保持小气流冲洗炉子。一方面可以清洁炉子；另一方面还能将凝结的水气带走，防止短路。

五、实例分析

（一）CP 阻燃整理棉织物热失重测试

使用 TG-DTA 联用仪，对比测试纯棉织物与 CP 阻燃整理棉织物热失重情况，以此作为阻燃效果的评价方式之一。

1. 样品制备 将棉织物用剪刀剪成细粉末状，尽量保持粉末的均匀性，测试时两样品取相同的重量 3~5mg 装入氧化铝坩埚，放样前坩埚在桌子上敲一敲以使样品保持相同的密实状态。

2. 参数确定 实验中需要确定的主要参数有测试温度范围、升温速度、气氛种类及流量等。

（1）温度范围。一般测试从室温开始，仪器所允许的测试温度不超过 1300℃，根据样品材料性质选择终止温度。棉纤维一般在 600℃ 残留率不超过 5%，所以测试温度选择室温至 700℃。

（2）升温速度。提高升温速度通常使反应的起始温度、峰温和终止温度增高。快速升温，使反应尚未来得及进行，便进入更高的温度，造成反应滞后。对多阶段反应，如实验中纤维素纤维的热分解，慢速升温有利于阶段反应的相互分离，使 DTA 曲线呈分离的多重峰，TG 曲线由本来快速升温时的转折，转而呈现平台。实验时应选择适当的升温速度，遵从相应标准的有关规定。通常选取 10℃/min 或 5℃/min，本实验选择 10℃/min 的升温速度。

（3）气氛和流量。一般的氧化气氛是空气，为模拟棉织物在空气中的燃烧，本实验选择空气气氛。气氛的流量对试样的分解温度、测温精度及热分析曲线的基线和峰面积等均有影响，一般选择 80~100mL/min，本实验选择 100mL/min 的气体流量。

故本实验的程序为 Step1：Hold for 1min at 40℃；Step2：Heat from 40 to 700℃ at 10℃/min。空气气氛流量 100mL/min。

3. 数据处理 以温度为横坐标，重量百分率为纵坐标作图得 TG 曲线，如图 1-9-10 所示。

由曲线知，纯棉织物在 331~366℃ 发生剧烈热分解，失重率达到 47.7%，500℃ 分解完全；CP 阻燃整理后 300~320℃ 发生剧烈热分解，失重率达 23.3%，500℃ 时残留 31.1%，700℃ 时残留 11.3%。两者相比阻燃织物主要裂解温度提前，残碳量增加，取得了阻燃效果，后续可以再结合燃烧实验等评价

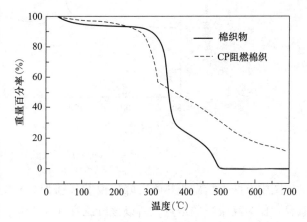

图 1-9-10　阻燃棉织物与棉织物 TG 曲线对比

阻燃效果的优劣。

(二) 聚酯纤维熔点测定

已知聚酯纤维可能有两种不同聚酯成分构成,使用功率补偿 DSC 测定其熔点并由此判断是否有两种不同的聚酯纤维。

1. 样品制备 将聚酯纤维用剪刀剪成细粉末状,尽量保持粉末的均匀性,测试时取样重量 5~10mg,均匀装入铝坩埚,盖上坩埚盖,用压样台压样密封并用电子天平称其重量,记录。

2. 参数确定 实验中需要确定的主要参数有测试温度范围、升温速度、气氛种类及流量等。

(1) 温度范围。和 TGA 不同,DSC 配备制冷器,测试可从低温开始,使用铝坩埚测试温度不允许超过 600℃。聚酯纤维熔点一般不超过 300℃,所以本实验温度范围选择室温至 300℃。

(2) 升温速度。提高升温速度通常使反应的起始温度、峰温和终止温度增高。快速升温,使反应尚未来得及进行,便进入更高的温度,造成反应滞后。对多阶段反应,慢速升温有利于阶段反应的相互分离,使曲线呈分离的多重峰。实验时应选择适当的升温速度,遵从相应标准的有关规定。通常选取 10℃/min 或 5℃/min,本实验选择 10℃/min 的升温速度。

(3) 气氛种类和流量。一般的惰性气氛是氮气。气氛的流量对试样的分解温度、测温精度及热分析曲线的基线和峰面积等均有影响,常选择 10~100mL/min,本实验选择 50mL/min 的气体流量。

故本实验的程序为 Step1:Hold for 1min at 40℃;Step2:Heat from 40 to 300℃ at 10℃/min。氮气气氛流量 50mL/min。

3. 数据处理 以温度为横坐标,热流为纵坐标作图得 DSC 曲线,使用软件 "Calc→Peak Area" 功能,自动标记出峰值温度,如图 1-9-11 所示。

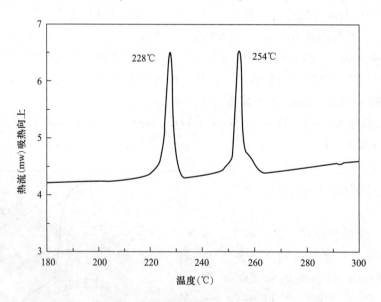

图 1-9-11 聚酯纤维 DSC 曲线

图中有两个熔融吸热峰,峰值温度分别为 228℃、254℃,对于高分子聚合物,可以将峰值温度作为高聚物的熔点,所以该纤维存在两个熔点,分别为 228℃、254℃。一般聚酯熔点 255~260℃,可知其中加入了稍低熔点组分的聚酯。

第二章 纺织材料力学、表面、电学性能实验

实验一 使用材料试验机测试织物力学性能

一、实验原理

使用 Instron5967 材料试验机可精确测量织物的力学性能。织物拉伸断裂实验就是测试织物的经向（纵向）和纬向（横向）的强力和伸长率。实验采用单向受力拉伸的方法，在标准温湿度条件下，使用 Instron5967 材料试验机对规定尺寸的试样，按等速拉伸方式，沿试样长度方向拉伸至断裂，记录其承受的断裂强力和断裂伸长率，绘出强力—伸长曲线，同步实时采集织物拉伸的原始数据并输出测试结果，以便对测试结果进行深层次的分析研究。

织物拉伸实验系统主要由 Instron5967 材料试验机、稳压器、计算机和超静音空压机组成（图 2-1-1），Instron5967 材料试验机由精密测量系统、驱动系统、控制系统、计算机软件系统四部分组成。使用 Instron5967 材料试验机测量织物拉伸性能的特点是测量精度高、测量稳定性好，同时能同步实时采集原始数据并输出测试结果供分析研究用。通过控制器进行通信，控制器包含用于系统传感器的传感器调节卡，并在传感器和计算机之间传输数据，载荷传感器将此载荷转换为软件可测量和显示的电子信号。将载荷传感器安装到横梁上，然后将一对夹具安装到载荷传感器和机架底座上，用夹具固定织物样品，开始实验后，横梁向上移动，从而向试样施加拉伸载荷直至试样断脱，系统同步采集实时拉伸位移和载荷测试原始数据，给出载荷—位移拉伸曲线，软件自动计算织物拉伸断裂指标。

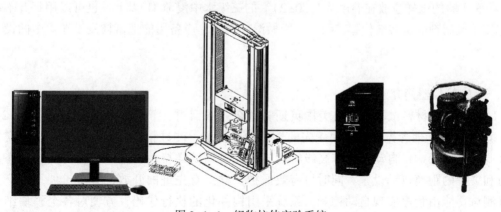

图 2-1-1 织物拉伸实验系统

二、样品准备

在进行织物拉伸性能实验时，试样的尺寸及其夹持方法对实验结果影响较大。常用的取

样及其夹持方法有：拆去边纱条样法、剪切条样法及抓样法。拆去边纱条样法的实验结果不匀率较小；抓样法试样准备较容易、快速，实验状态比较接近实际情况，但所得强度、伸长值略高；剪切条样法一般用于不易拆去边纱的织物，如缩绒织物、毡品、非织造布及涂层织物等。试条的隔距长度对实验结果有显著影响，一般随着试样工作长度的增加，断裂强度与断裂伸长率有所下降。对于断裂伸长率小于或等于75%的织物，规定织物隔距长度为（200±1）mm；对于断裂伸长率大于75%的织物，规定织物隔距长度为（100±1）mm。

（一）试样的制备

试样应在离布边至少150mm处裁取试样，每块试样长度要满足夹距200mm，根据仪器夹具对样品的要求，裁取试样长度为280mm。如果试样的断裂伸长率超出75%，隔距长度是100mm，裁取试样长度为180mm。试样的有效宽度应是（50±0.5）mm（不包括毛边），对于一般机织物裁取60mm宽，根据标准规定，一般采用拆去边纱条样法，在长度方向两侧拆去相应的纱线。对于不能拆边纱的织物，应沿织物的经向（纵向）或纬向（横向）平行剪切宽度为50mm的试样。对于一些只有撕裂才能确定纱线方向的机织物，其试样不应采用剪切法达到要求的宽度。对于每毫米仅包含少量纱线的织物，拆去边纱后应尽可能接近试样宽度的规定。计数整个试样宽度内的纱线根数，如果大于或等于20根，则该组试样拆去边纱后的纱线根数应相同；如果小于20根，则试样的宽度应至少包含20根纱线。

在样品的经向和纬向各裁取5块试样，如果有更高精度的要求，应增加试样数量。

（二）润湿实验的试样

如果需要测定织物湿态断裂强力，则剪取试样的长度应至少为测定干态断裂强力的2倍。给每条试样的两端进行编号，拆去边纱后，沿横向平均剪为两块试样，一块用于测定干态断裂强力，另一块用于测定湿态断裂强力，确保每对试样包含相同根数长度方向的纱线。对于浸水后收缩较大的织物，测定湿态断裂强力的试样长度应比测定干态断裂强力的试样要长一些。

湿润实验的试样应放在温度为（20±2）℃的三级水中浸渍1h以上，也可以用每升不超过1g非离子湿润剂的水溶液代替三级水。为做湿态实验，应备用能把试样浸没在水中的设备及非离子水。

三、实验仪器简介

Instron5967材料试验机是由美国英斯特朗公司设计并生产的精密测量仪器（图2-1-2），该仪器设计理念先进，采用领先的软、硬件技术，测试精度高，操作智能化，支持夹距微调、试样保护、自动定位等高级特性，可以根据试样特性调整最优化的实验状态。预张力和夹持的距离自动设置，同时可有效保护试样。有先进的开放性和可扩展设计，仪器所有测试功能由程序实现自动控制。系统采用构件化的执行代码，方便对各个模块细节进行优化。软件内核稳定，系统流程与测试功能分为独立的两个部分，在仪器内部结构不被重置或改动的情况下，即可升级或扩展产品功能。测试功能可根据检测任务同步更新。Instron5967材料试验机系统实时采集实验相关原始数据，并提供辅助分析工具，以便对测试结果进一步分析研究。

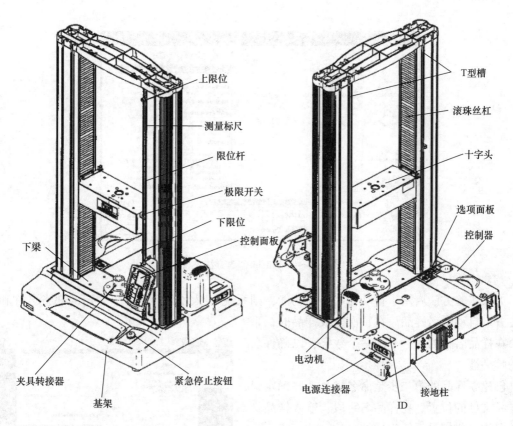

图 2-1-2　Instron5967 材料试验机示意图

四、实验操作步骤

（一）启动系统

打开空压机，将总电源开关置于打开。接通所有其他系统部件的电源，将机架的电源开关转向开启位置，确保电源指示灯亮，预热20min。打开计算机及外设。

启动 Bluehill® 3 软件，启动主程序（图2-1-3），确保系统已打开，并且横梁是静止的。等软件对机器进行完全初始化后，再使用机器上的点动控制。机器继电器将在机器就绪前发出咔嗒声。

（二）在 Bluehill®3 中创建样品

创建样品的第一步是选择一个现有实验方法，该实验方法中包含实验所需的设置和参数。

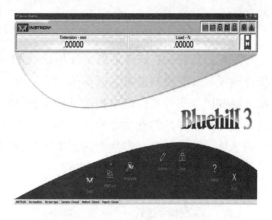

图 2-1-3　Bluehill® 3 主程序界面

选择主屏幕上的实验，单击导航栏上的新建样品，选择实验方法。浏览并选择列表中给出的方法（图2-1-4）。

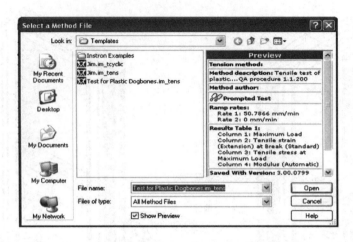

图2-1-4　Bluehill® 3方法文件

　　如果实验方法启用了自动命名样品功能，则系统将根据实验方法中确定的缺省名称和缺省位置来自动命名样品。在每次生成样品时，系统会在样品名称的最后添加一个数字，以确保名称的唯一性。

　　创建新样品的第二步是命名样品，并确定保存样品文件的位置。在样品名字段，输入样品文件的名称，或接受系统生成的名称。

　　根据最近使用的样品名，系统给出一个推荐的样品文件名。如存在已创建的样品文件，则系统使用"TestSample"作为默认名称。系统会在文件名的最后添加一个数字以确保文件名的唯一性（图2-1-5）。

图2-1-5　Bluehill® 3选择模式

（三）输入测试常规信息

　　常规信息包括：试样信息、环境说明和统计选项等。需要测量每个试样的尺寸，并在Bluehill® 3实验工作区中相应字段中输入这些值。其中样品信息主要用于注解测试样品的名称、编号，填写实验方法所需的任何其他字段，如试样注释、样品注释（图2-1-6）。

（四）标定传感器

　　在屏幕的控制台区域，首先对控制台进行参数设置（图2-1-7），然后单击要标定的传感器的图标。在第一个选项卡中，确保

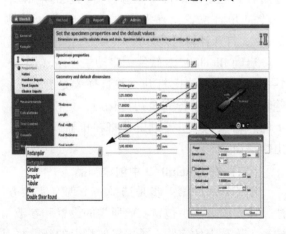

图2-1-6　样品参数设置

标定类型设置为自动。单击"标定"，然后按照屏幕上出现的指导进行操作。

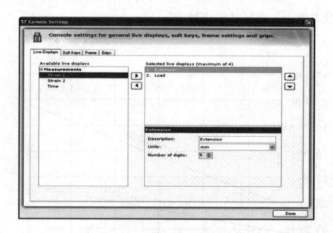

图 2-1-7　控制台参数设置

将传感器设置到零点。对于载荷而言，零点表示系统没有载荷。对于应变而言，零点表示回到标距的位置。单击"Done"进行标定（图 2-1-8）。

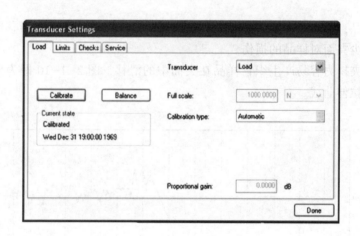

图 2-1-8　传感器参数设定

（五）安装夹具

选用 Instron 专用织物测试气动夹具。加载专用气动夹具。对于下方夹具，将夹具上的连接头插入机架底座连接头上的 U 形插座内。对齐 U 形销钉孔，然后将 U 形销钉插入孔中。确保 U 形销钉夹在卡簧内。

重复上述步骤，将上方夹具安装到载荷传感器上。安装好两个夹具后，按步骤预加载加载链。

实验时上下夹持器的距离根据所采用的标准设定。调节夹持距离，校准材料试验机的零位。

需要重视织物拉伸与夹具的适配问题，织物测试过程中，最终测试结果取决于很多因素，如夹具、夹面等，不同样品需调整仪器参数以获得正确的测试结果，织物测试选用5000N的气动夹具（图2-1-9）。一般夹持力越大，织物样品侧向受力越高，对样品损伤越大；夹持力越小，织物侧向受力越小，对样品损伤越小。

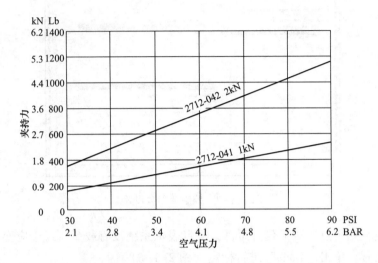

图2-1-9 空气压力和夹持力关系

对于织物样品，不需要太高的夹持力，在保证织物在夹面中不产生滑移的情况下，较小的夹持力可以减少夹面对样品的损伤。

但是过小的夹持力容易产生织物样品在夹面中的滑移，图2-1-10即为夹持力过小导致样品产生滑移的拉伸曲线。

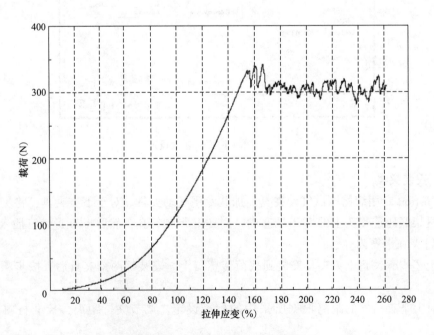

图2-1-10 样品滑移的拉伸曲线

在夹具参数的调整方面，根据样品的长度来考虑合适的工作距离。织物的断裂伸长率大，工作距离小；织物的断裂伸长率小，工作距离大。

在夹面的选择上，对于织物，在气动夹具的夹持作用下，会有一定的侧向受力影响。部分纤维在金属夹面合上时就已受到损伤，因此，在采用金属夹面的时候，样品非正常断裂，测得的断裂强力比未受到夹持损伤的断裂强力要小。对此可以选用橡胶涂层夹面，夹面上有橡胶涂层更适用于织物的拉伸实验，可以提高测试质量。图 2-1-11 即为采用橡胶夹面无受损拉伸曲线，能够保持较高测试水平。

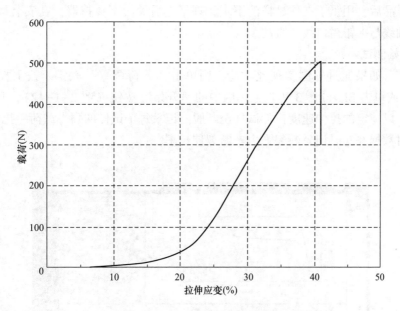

图 2-1-11　采用橡胶夹面的拉伸曲线

（六）设置横梁限位器

确保横梁处于静止状态并且已经设置实验参数。控制面板上的实验正在进行中的指示灯没有点亮。进行拉伸实验时，将上端限位器设置在刚好高于预期最大横梁行程的上方位置；在进行压缩实验时，将其设置在刚好高于实验起点的位置。将限位器牢固地拧紧在行程限位杆上。

（七）参数设定

织物拉伸实验隔距长度、断裂伸长率和拉伸速度按表 2-1-1 选取。

表 2-1-1　织物拉伸实验隔距长度、断裂伸长率和拉伸速度的确定

隔距长度（mm）	断裂伸长率（%）	拉伸速度（mm/min）
200	8 以下	20
200	8~75（含）	100
100	75 以上	100

以织物单位面积重量来确定预加张力值，预加张力按表 2-1-2 选取。

表 2-1-2　根据试样单位面积质量确定预加张力

单位面积质量（g/m²）	200 及以下	200~500（含）	500 以上
预加张力（N）	2	5	10

（八）夹持试样

将所有试样分类摆放并标识清楚。用专用镊子夹持实验样品的上端，放入上夹持器夹钳中心位置，关闭夹持器。

整理好样品后，用镊子夹住试样的下端，理平直后关闭下夹持器，在安装样品时确保夹持试样纵向轴线与夹钳钳口线成直角。

（九）开始测试

载荷调零，如果通过软键实现此功能，则单击"载荷调零"软键。按下控制面板上的"开始"按钮或单击 Bluehill® 3 实验工作区中的"开始"按钮（图 2-1-12），开始实验，进入自动控制，以一定的拉伸速度拉伸试样至断脱。记录每个试样的强力载荷—拉伸位移曲线，同步采集实时数据并实时记录断裂强力及断裂伸长率。

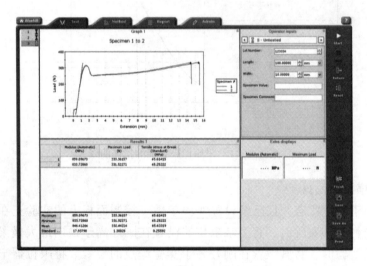

图 2-1-12　Bluehill® 3 应用程序测试界面

（十）实验结束

实验结束后，移除试样，方法是先释放上方夹具，后释放下方夹具。如果在实验完成前需要停止实验，可以按下控制面板上的"停止"按钮，或在 Bluehill® 3 实验工作区中单击"停止"按钮。如果在实验期间，出现了可能影响操作人员安全或可能损坏试样或实验设备的情况，请按下机架前面的"紧急停止"按钮。

对于打滑大于 2mm 的样品，舍弃实验结果；试样在夹头内或在离夹头边沿 5mm 内断裂的测试值，记录为钳口断裂。实验完毕，如果钳口断裂的值大于最小的正常值，可以保留该值，否则应舍弃该值，另加试样实验，以得到 5 个正常断裂值。如果所有试样都是钳口断裂，应报告单值。

（十一）保存文件

可以利用软件对结果窗口布局进行调整（图 2-1-13）。在系统运行过程中，若进行新建试样文件、完成一次实验、改动参数信息等任何对测试文件的操作，必须保存文件才能使各项数据被存储，当文件被关闭时，系统将自动检查文件内容，如果文件有所改动，将提示用户保存文件。

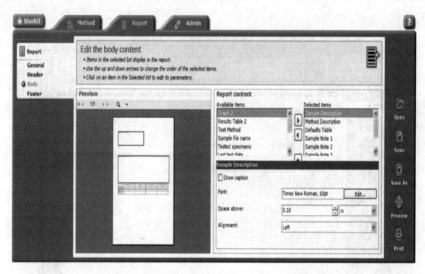

图 2-1-13　Bluehill® 3 结果窗口设置

五、实例分析

利用 Instron5967 材料机测试斜纹绸在改性后的拉伸性能，分析经改性后的斜纹绸拉伸性能的变化情况。

测试标准采用 GB/T 3923.1—2013《纺织品　织物拉伸性能　第一部分：断裂强力和断裂伸长率的测定——条样法》进行测试，按照取样要求，距离布边 150mm 处在经向和纬向分别裁取样品各 5 块试样，每块试样的尺寸为 280mm×60mm，在宽度方向两边各去掉 5mm 毛边，样品净宽度为 50mm，取样时避免折皱和有明显疵点的部位，保证样品具有足够的代表性，试样经预调湿后在标准大气压条件下调湿 24h。测试环境温度为（20±2）℃，相对湿度为（65±3）%。

按要求打开主机和外设预热后，接着打开 Bluehill® 3 测试软件，在主界面上选择测试功能键后，系统就转入测试方法选择界面（图 2-1-14），选定所采用的 GB/T 3923.1—2013 测试方法后，进入 GB/T 3923.1—2013 测试界面，根据斜纹绸特性确定测试技术参数，测试速度选用 100mm/min，预加张力为 2N，隔距确定为 200mm。为防得出的数据量过大而影响速度，也可以更改所需数据的采样频率，这里设置采样频率为 200Hz。

用镊子夹住经向试样的上端，将其上端固定在上气动夹持器夹面内；将样品的另一端通过下夹持器夹面，保持试样处于平直状态后，合上下夹面，点击软件测试界面上的"载荷调零"按钮后，再点击"启动"按钮仪器进入自动拉伸测试阶段。系统实时采集测试试样的原始数据，在测试界面上实时显示拉伸曲线，之后检测控制系统能够自动跟踪试样实时拉伸进程。待试样断裂时程序自动结束测试，杠杆自动返回原位，软件系统自动计算织物拉伸断裂指标，实验数据自动显示在测试窗口的下表中。取下测试完成的样品，以和上面同样的方法，逐个测试另外四个经向试样，按"保存和完成"按钮，保存数据，接着测试另一组样品，待所有样品测试完成后结束测试工作。对于当前进行测试的拉伸试样，可以分析试样拉伸各个阶段曲线，系统将对各项数值进行比较和运算，分别得出各个样品的拉伸曲线和测试结果（图2-1-15）。

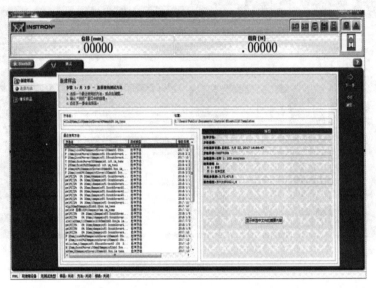

图 2-1-14　Bluehill® 3 测试方法选择界面

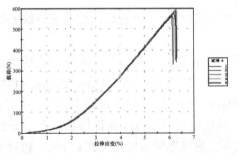

Result:

	断裂强力	断裂伸长率
	(N)	(%)
1	588.09	6.27
2	576.36	6.20
3	596.58	6.29
4	564.12	6.10
5	564.16	6.12
平均值	577.86	6.19
标准方差	14.43725	0.08641
变异系数	2.49839	1.39486

(a) 径向

Result:

	断裂强力	断裂伸长率
	(N)	(%)
1	285.12	18.21
2	274.06	16.12
3	311.10	19.43
4	299.60	17.03
5	291.99	15.46
平均值	292.38	17.25
标准方差	14.06462	1.59588
变异系数	4.81047	9.25097

(b) 纬向

图 2-1-15　试样的拉伸曲线和测试结果

　　在输出测试结果曲线时，通过对 Bluehill® 3 应用程序图形模式设置（图 2-1-16），可以选择需要的排序方式。默认值是按照每个试样的测试顺序依次排列。即时数据显示当前载荷、位移和隔距，默认状态下显示机架上载荷传感器和当前隔距数值，可根据需要查看曲线图上各点所在位置的载荷、位移数值，此外也可以进行图形的辅助分析。

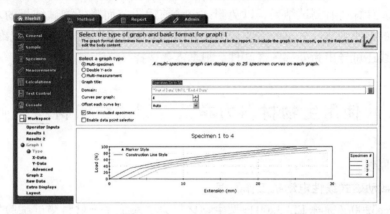

图 2-1-16　Bluehill® 3 图形模式设置

　　按测试界面右侧的"保存和完成"按钮，系统自动保存本次测试数据，接着测试界面会弹出是否采用相同参数进行下一次实验，选择"Y"按钮后，系统自动给出文件名和路径，选择"下一步"后，系统进入新的测试界面。以上述方法测试纬向的样品后，将斜纹绸改性后的拉伸测试结果与之前的结果进行分析比较，发现经改性后斜纹绸拉伸性能优于改性前的拉伸性能。结束测试，输出测试结果，测试结果有原始数据、测试曲线、每个试样的测试结果和统计数据。

　　实验采用的计算准则是：对于单峰拉伸曲线，计算时取其最高点作为断裂点，分别计算样品的断裂强力和断裂伸长率。对于呈多峰的拉伸曲线（图 2-1-17），在计算样品断裂强力时取其最高点作为断裂点，对应的强力就是该样品的断裂强力，对应的伸长率就是该样品的断裂伸长率。

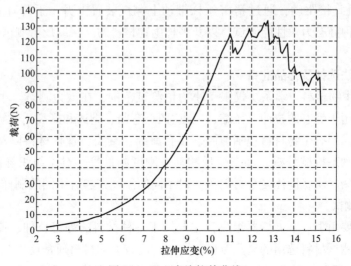

图 2-1-17　多峰拉伸曲线

需要重视的是，实验参数用于查看和修改当前试样测试采用的各项参数，虽然大多数参数都允许被修改，但由于某些参数的修改会影响测试结果，不建议在实验完成后修改这些参数，这样更能保证测试结果的真实性。

测试完成后如果实验相关参数被修改，或者常规信息中与统计项有关的数据被修改，应使用新参数重新计算所有测试结果，以免测试记录前后脱节而降低测试结果的真实性和有效性。导出文件的某些细节部分可能需要调整才能达到最佳效果，根据实际情况确定处理方式。另外，测试曲线还可导出为外部图像文件，根据需要选择。

实验二　使用生物材料力学系统测试纺织材料拉伸性能

一、实验原理

（一）Bose 动磁式线性电动机工作原理

ElectroForce3200（简称 ELF3200）型生物材料力学系统属于材料测试试验机的一种。传统的材料测试试验机的机械驱动部分通常为液压式、丝杠式和气动式等，缺乏高保真度和实验重复性。ELF3200 采用专利设计的 BoseELF 动磁式电动机驱动，其设计原理是：线圈固定，永磁体放置于用来产生电磁场的磁体中间，在柔性支撑配合下，磁场保持稳定的同时，永磁体可以在当中做往复运动。Bose 动磁式线性电机是机械疲劳以及动态特性测试中的一个革命性标记，实现了测试者一直追求的高性能、高频率、高精度和高耐用性，使用起来极具弹性，同时能够实现宽位移并保证高的侧向刚度。

（二）生物材料力学系统工作原理

ELF3200 生物材料力学系统拥有专利动磁直线电动机和专利无摩擦悬挂系统，可以同时实现高性能、高频率和高精度测试。该力学系统最大力值 225N，其优异的动态性能保证从静态到 200Hz 高频响应，适用于通用材料的松弛/蠕变、损耗特征、高周疲劳等，测试条件包含拉、压、弯、扭、频率扫描和温度扫描等。测试时，ELF3200 材料测试仪的计算机系统通过 BOSE 线性电动机直接驱动，通过精密丝杠带动上测试装置上升、下降，完成样品的拉伸、压缩、弯曲等多种静态力学性能测试，以及多种生物材料的高精度疲劳测试等。

二、测试方法选择及样品准备

ELF3200 型生物材料力学系统仅限于小力值测试范围，在微力测量、小力值测量领域具有显著优势。可用于静态的拉伸、压缩、三点/四点弯曲、剥离和撕裂测试等；长时间的松弛或蠕变测试；不同形态生物材料包括薄膜、多孔海绵、凝胶、管状材料以及单根纤维静态和动态力学测试；动态机械分析、动态模量和动态刚度测量等。对于纺织样品，通常为纤维、纱线、薄膜、织物、块状固体复合材料等。对不同的测试方法有不同的制样标准和测试要求。

（一）拉伸测试

拉伸夹具主要由上、下夹持器组成，主要用于各种材料的静态拉伸、撕裂或高周拉—拉疲劳测试。不同测试材料选用的夹具有所不同，强度较大的材料通常使用金属夹具进行测试，如图 2-2-1（a）所示；对于柔性材料，一般可采用塑料夹具，可减少对材料的损伤；如测试材料有特殊要求，夹具也可根据相关标准进行定制。

（二）压缩测试

压缩夹具主要由上压头和下压盘组成，形状均为圆形，主要用于固体块状纺织材料的静态压缩或高周压—压疲劳测试。对于不同材料和测试要求，上压头和下压盘尺寸可有多种组合：测试材料要求整体均匀受载时，采用上下同直径圆形盘；测试材料要求局部受载时，采用小上压头和大压盘组合，如图 2-2-1（b）所示。常用的下压盘直径有 10mm、25mm 和 50mm，也可根据测试要求定制特殊尺寸压盘。

（三）三点/四点弯曲测试

弯曲夹具主要由上压头和下支撑夹具组成，适用于平面材料。实验中一般以三点弯曲加载方式为主，但是部分试样要求四点弯曲测试。不同的加载方式得到的材料抗弯强度不同，两种加载方式各有优缺点，其中三点弯曲加载方式简单，但加载时载荷高度集中，弯曲分布不均匀，材料内部某些部分缺陷无法显现；四点弯曲加载优点是弯矩均匀分布，实验结果准确，但压夹结构复杂，不易操作。本仪器通常采用三点弯曲测试，如图 2-2-1（c）所示，下支撑夹具根据不同测试标准跨距可调。

(a)拉伸　　　　　　　　　　(b)压缩　　　　　　　　　　(c)三点弯曲

图 2-2-1　不同测试方法举例

（四）纺织类样品制样通用原则

1. 纤维纱线类　对于纤维类（单纤维或纤维束）和纱线类（纯纺或复合纱线）样品，通常进行拉伸测试。对于拉伸测试样品，首先剪取适当长度纤维或纱线留置备用，取 0.1mm 左右厚度纸片做基片，根据拉伸测试标准尺寸在基片中心位置剪裁一个方形或圆形框，将准备好的纤维或纱线样品放置在其中一个基片中心线位置，用双面胶（或胶水）固定样品，最后将另一个基片覆盖在第一个基片上，完成样品制备，如图 2-2-2（a）所示。测试前用剪刀沿两侧虚线剪开，保证测试中只有样品受载。对于橡胶类等直径较大的样品可直接用夹持器夹紧进行测试，无需以上准备步骤。

2. 薄膜织物类　对于薄膜或织物类等样品而言，一般进行拉伸或撕裂测试。拉伸测试与纤维纱线类样品类似，但样品准备较简单，薄膜或织物两端用硬纸片和胶水固定，防止测试时发生滑移，如图 2-2-2（b）所示。

这里以单缝法（单舌法）测试薄膜或织物类试样的撕裂断裂过程为例。首先沿试样纵向剪开一条裂口，形成受力三角区，左右两边上下分开分别夹持在上下两个夹具中。如果试样

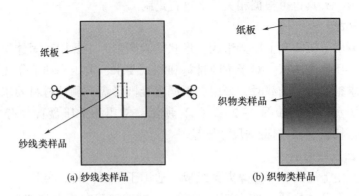

图 2-2-2　拉伸测试试样制备

表面光滑，摩擦系数很小时，也可用纸片和胶水提前处理，防止出现滑移现象，影响测试结果的准确性。

3. 块状固体复合材料类　织物经表面处理或与其他材料复合后可形成固体状复合材料，柔性降低。对于此类样品，通常进行轴向压缩测试和三点弯曲测试，用来衡量试样的压缩强度或弯曲模量。压缩和弯曲测试，试样制备方法简单，根据相关测试标准，将材料制成标准尺寸试样即可，但受压缩载荷上下表面必须平整光滑，保证测试过程中载荷均匀分布，测试结果准确。

三、实验仪器简介

本实验使用仪器为美国 Bose ELF3220 型电磁动静态力学试验机（图 2-2-3），该设备具有以专利设计的 Bose 线性电机为核心的机械系统、WinTest 控制系统和相关测试分析软件（含 DMA 软件），适应多种材料的高精度测试，除常规动/静态力学测试外，还可进行高周疲劳测试（频率 0.0001 ~ 300Hz，DMA 最大值 200Hz）和动态力学性能分析。仪器配备两个传感器，最大载荷分别为±22N 和±225N。动态行程为±6.5mm，可控到 20nm 的位移；电动机速度可以从静态到 3.2m/s；配以温度舱（−100~315℃）和相关 DMA 软件，非常适合具有黏弹性的软组织动态力学性能的研究；带有拉扭复合系统，可进行轴向拉扭复合动态性能测试，扭矩最大为 5.6N·m，可旋转 10 圈。值得注意的是，Bose ELF3220 力学试验机有多种加载方式可供灵活选择的优势，主要加载方式有 Ramp 静态单次加载、Sine 正弦波加载、Triangle 三角波

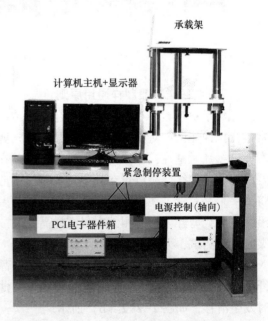

图 2-2-3　Bose ELF3220 型电磁动静态力学试验机

加载、Square 方波加载和各种波形组合加载等，测试人员可根据具体实验要求进行选择和组合。

四、实验操作步骤

（一）安装夹具和样品

根据实验条件和测试材料性质，选择对应传感器，然后安装拧紧。根据测试要求，安装相应的测试夹具，并拧紧。本系统主要配套夹具有轴向拉伸、压缩、三点弯曲和四点弯曲夹具。根据不同测试方案选择相应的夹具并安装。

打开两侧的锁杆夹子，解除十字机头位置的锁定，控制灯亮。按下控制板上蓝色 Enable 按钮，Active 灯亮。然后按下"Up"或"Down"键，十字机头发生向上或向下位移，直到达到测试要求位置。关闭锁杆夹子，再次锁定机头位置。

装样品，确认夹具和样品间有一端为未接触状态。

拉伸测试前，上夹头夹紧样品，下夹头为未夹持状态；压缩测试前，样品放置在下压盘中心位置，与上压头保持一定间距；三点或四点弯曲测试前，样品放置与压缩测试相似，放置于下侧支撑夹具中心位置，样品与上夹头不发生接触。

（二）开机

启动计算机，双击桌面上的 WinTest7 软件，输入用户名和密码，点击"OK"，进入测试分析软件操作界面，如图 2-2-4 所示。实验主要参数设置界面如图中虚线框中所示，具体设置方法下面将进行详细介绍。

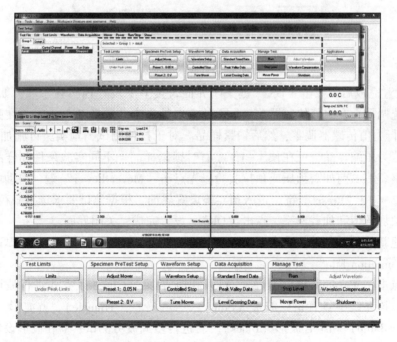

图 2-2-4　测试分析软件操作界面

（三）参数设置

首先根据实验条件和测试材料性质在软件界面设置 Limits（极限），其目的是在测试过程中保护仪器使用安全，防止超出仪器位移和载荷所能承受的极限负荷，造成实验设备或传感器的损坏，设置界面如图 2-2-5 所示。主要设置测试位移和载荷值，其他参数选择软件默认即可，其中载荷设置根据所选用的传感器选择相对应的 Load 或 Load 2 通道。一般位移或载荷的 Min 值（最小值）和 Max 值（最大值）设置大于实验测试条件值的 10%~20%，Action 选择 Shutdown 或 Controlled Stop（该选项需设置具体参数）制停方式。Shutdown 表示当加载位移或载荷达到设置值，系统断电，机器马上停止工作；Controled Stop 为系统保护停止方式，系统不断电，停止速度较缓慢，可以保护传感器和样品，实际操作中建议选用 Controlled Stop 制停方式。

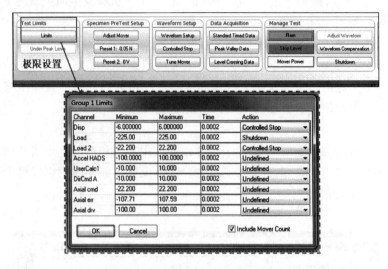

图 2-2-5　实验极限参数设置界面

Limits 设置完成后，点击"OK"键关闭界面。接下来设置预实验参数，如图 2-2-6 所示。首先系统调零，在力值传感器数值显示的空白处右击，选择 Properties，在弹出的窗口中选择 Auto 进行力值传感器调零，然后锁紧样品。对于拉伸测试，预实验可施加 1N 左右的力锁紧样品；若为压缩样品，可在预压-1N 左右时锁紧样品。不同实验条件和样品施加的力需进行适当调整。测试前如需预压或预拉实验，先点击"Mover Power"键，启动电源。然后鼠标右击图 2-2-6 中"Preset"键，进入预实验设置界面，根据测试要求选择载荷或位移通道，并设置相应预加载值和加载速率，点击"OK"，设置完成，关闭界面。

若想创建新的测试条件，点击"New Condition File"按钮，如需查看编辑好的测试条件，点击"Edit Condition File"。

接下来点击"Waveform Setup"键，打开相应界面，根据加载方式进行波形设置，如图 2-2-7 所示。该系统中具有正弦波形（Sine）、三角波形（Triangle）、方波形（Square）、静态拉压波形（Ramp）和组合波形（Block）。若进行多周疲劳测试，需在波形设置界面设置加载频率和加载圈数等参数。设置完成后，点击页面右下角"Tunel Q Run"键，进行自动调校功能，判断样品材料性质。如果界面显示超过设定极限 Limits 值，根据校准结果重新设定 Limits 值。

上述测试条件设置完成后，点击"Data Acquisition"键，设置数据保存路径和方式，点

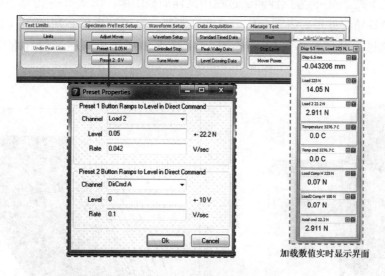

加载数值实时显示界面

图 2-2-6　预实验参数设置界面

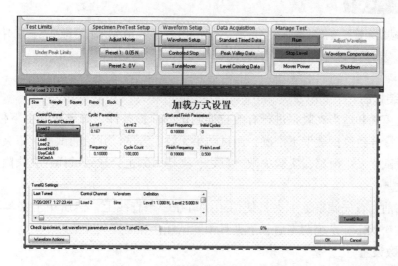

图 2-2-7　波形加载方式设置界面

击 "Start" 选项，关闭界面。

（四）测试

点击测试分析主界面的 "Run" 按钮，开始测试。如有预压或预拉设置，需先点击 "Preset"，再点击 "Run" 按钮。

（五）取样品

测试结束后，点击 "Mover Power" 键，关闭电源。然后取下样品（用于进一步观察分析）。最后关闭软件和仪器，取下夹头，实验结束。

五、实例分析

对碳纳米管纤维进行 50% 应力水平动态拉—拉疲劳测试，研究碳纳米管纤维耐疲劳性能和纤维损伤特征。图 2-2-8 为拉伸测试过程中试样加载图像，图 2-2-9 为动态拉—拉疲劳测试结果载荷—位移曲线处理后得到的应力应变—曲线。测试结束后利用 SEM（扫描电子显微镜）观察疲劳测试后纤维损伤形貌，结合应力—应变曲线分析碳纳米管纤维动态拉伸疲劳性能。

图 2-2-8　碳纳米管纤维拉—拉动态
疲劳伸测试

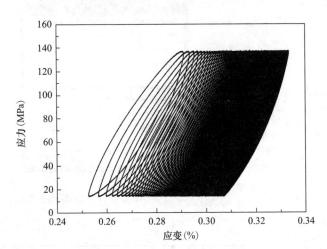

图 2-2-9　碳纳米管纤维拉—拉疲劳
测试应力—应变曲线

（一）安装样品

样品安装正确和适当夹紧是进行有效拉伸测试的前提条件。如果样品上下位置不在一条直线上，将直接导致测试数据不准确，测试结果无效。若试样开始测试前上下夹头没有夹紧，会导致测试时试样发生滑移，实验失败；反之，夹持太紧也会导致试样在夹头附近发生断裂，实验结果无效。

安装样品前，首先调整上下夹具使两个钳口在一条直线上，然后用上夹具将试样锁紧，下夹具保持放松状态。系统调零后，下夹具锁紧试样，样品安装完成。

（二）参数设置

WinTest 控制系统提供仪器控制，相关测试软件可以对测试参数及测试条件进行设置。正确设置测试软件中相关参数，才能保证测试的顺利进行和测试结果的准确性。

1. 极限 Limits 值　Limits 参数中常用参数为 Load（载荷）和 Disp（位移）设置，目的是保护仪器和传感器。本测试系统载荷最大极限为安装传感器载荷极限，位移最大移动极限为 ±6.5mm。在实际测试中，根据样品材料性质和加载方式确定 Load 和 Disp 的 Limits 值。对于本实例中拉—拉动态疲劳加载方式而言，根据材料性质选择 22.5N 量程传感器。疲劳测试中不需要将试样拉伸至断裂，因此，将载荷的 Limits 值设置为拉伸上下范围上下浮动 30% 即可。换言之，拉伸疲劳测试加载范围为 0.167～1.67N，则载荷的 Limits 值设置为 -0.1N 和 2.2N，位移 Limits 根据经验值设定在 ±3.5mm 即可。

2. Specimen PreTest 预实验设置　对于某些测试，尤其是拉伸测试时，通常先对试样施加一个预拉值，使试样保持伸直，测试开始前处在一个预拉的状态，称为预实验设置。与

Limits 值设置相似，可以选择设置载荷值或位置值，但前提是不改变样品材料本身的性质。由于碳纳米管纤维拉伸疲劳测试施加载荷较小，根据其应力水平范围，在正式拉伸疲劳测试前，为碳纳米管纤维试样施加较小的预拉值 0.05N，保证试样处于伸直但未拉伸状态。

3. Waveform 波形设置　加载波形设置是最重要的参数设置，直接决定测试加载方式和实验结果。根据测试要求进一步选择 Control Channel（加载控制方式），一般选择位移控制或载荷控制，然后根据控制方式设置相应的 Cyclic Parameters（加载参数），如载荷、位移以及加载速率等。本例中拉—拉疲劳加载方式选择 Sine 正弦波形，控制方式可选择载荷或位移加载，主要设置参数（Cyclic Parameters）为加载波形的波峰、波谷值，以及加载频率和加载圈数。本例中根据测试标准和疲劳应力水平采用载荷控制方式，加载圈数为100000 圈，加载频率 0.1Hz。如果采用静态加载方式，一般为位移控制方式，只需设置加载速率即可。对于不同实验和加载条件，所有参数设置均需根据测试材料性质、测试要求和相关测试标准来定。

实验三　使用旋转流变仪测量聚合物切片熔体的黏度

一、实验原理

1. 旋转流变仪分类　旋转流变仪依靠旋转运动产生简单剪切，常分为应变控制型（控制施加的应变，测量产生的应力）和应力控制型（控制施加的应力，测量产生的应变）两种。

2. 旋转流变仪基本结构　旋转流变仪主要由主架、升降电动机、测量头、测试夹具、控温附件等组成。其中测量头主要包含电动机、光学编码器、空气轴承、法向力传感器。

流变仪中的流变学参数与仪器各部件的关系如图 2-3-1 所示。

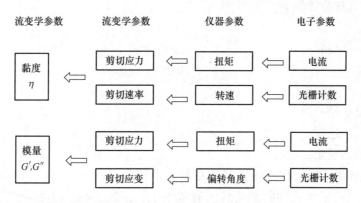

图 2-3-1　流变学参数与仪器各部件的关系

3. 旋转流变仪基本测量系统　常用于黏度等流变性能测量的几何结构有同轴圆筒、锥—板和平行板等。

（1）同轴圆筒测量系统。圆筒式测量系统主要适合中低黏度样品的测试，测试系统如图2-3-2所示。

测量原理：应力型流变仪是转子以一定的速度旋转，外圆筒静止，转动着的转子拖动环形空间内的液体产生层流流动，剪切面为同心圆柱面，剪切线为剪切面上垂直轴线的圆，液体微元的迹线与剪切线重合。应变型流变仪则是转子静止，外圆筒旋转。

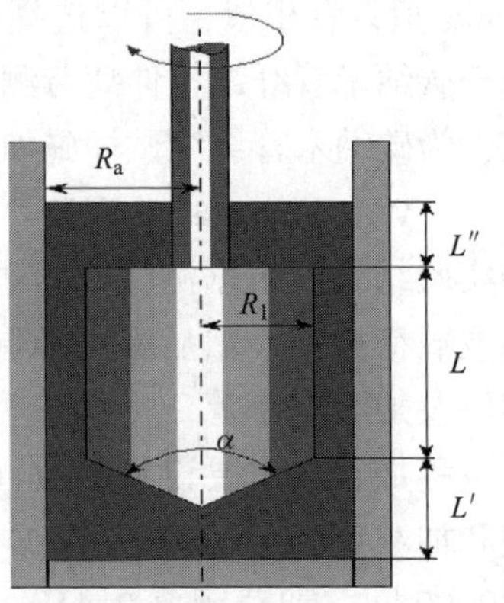

进行同轴圆筒测试需要满足条件：

$L/(R_a-R_1)\gg1$，同时$R_a/R_1<1.2$；保持稳态层流；液体内部温度恒定；样品为均质流体；不产生壁滑移。计算公式如下：

$$\tau = \frac{M}{2\pi R_1^2(R_a-R_1)}$$

$$\dot{\gamma} = \frac{R_1 n}{(R_a-R_1)}$$

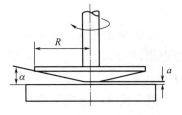

图 2-3-2　同轴圆筒测量系统

式中：T——剪切应力；

　　　M——扭矩；

　　　$\dot{\gamma}$——剪切速率；

　　　n——幂律指数。

（2）锥—平板测量系统。锥—平板测量系统是应用最广泛的一种测量系统，锥板的顶角α很小，通常$\alpha<3°$，这种情况下，剪切速率是常数，并且相应的流动为简单剪切流动。锥—平板测量系统如图2-3-3所示。图中α为截断距。

进行锥—平板测量需满足条件：α足够小，$\alpha\approx\sin\alpha\approx\tan\alpha$；无壁滑移不产生次级流动；无边缘效应；颗粒直径小于间隙的1/10。计算公式如下：

$$\tau = \frac{3M}{2\pi R^3}$$

$$\dot{\gamma} = \frac{\Omega}{\alpha}$$

图 2-3-3　锥—平板测量系统

式中：R——测量半径；

　　　Ω——旋转角速度；

　　　α——锥板的顶角。

（3）平行板测量系统。该系统下流体在两个半径为R的平行圆板间被剪切。两板绕其共同轴旋转，通常一个板固定，另一个板旋转（图2-3-4）。两板间距离可调至很小，可以在更高的剪切速率下使用。

对于非牛顿流体：

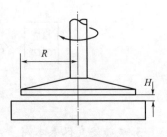

图 2-3-4　平行板测量系统

$$\tau = \frac{M}{2\pi R^3}\left(3 + \frac{d\ln M}{d\ln\dot\gamma}\right)$$

$$\dot\gamma = \frac{R\Omega}{H}$$

对于牛顿流体：

$$d\ln M/d\ln\dot\gamma = 1$$

$$\tau = 2M/\pi R^3$$

式中：H——板间间隙。

二、样品准备

旋转流变仪配备各种不同的夹具，可应用于流体、熔体、凝胶以及固体的流变性能、动态黏弹性等的测定。

液体样品如丝素蛋白溶液混合均匀稳定后进行测试，采用平行板或锥板平板系统，样品用量一般小于 1mL。不能测试有大颗粒、有腐蚀性、有剧毒挥发性物质的样品。

固体如凝胶状样品根据所选夹具直径的不同，可以制成直径为 20mm（或 40mm 等）、厚度为 0.5~2mm 的圆片状。

固体如片状、颗粒状、粉末状样品最好压制成如上述凝胶样品所要求的几何尺寸。

固体如织物、棒状树脂高聚物等样品制成长条状，可以使用固体扭摆拉伸夹具进行扭摆拉伸测试。

三、实验仪器简介

本实验使用美国 TA 公司 AR2000 型旋转流变仪（图 2-3-5），它是一种控制应力、控制速率的流变仪，能够使用各种尺寸和型号的几何测头处理许多不同类型的样品。它采用最新的 Mobius 驱动器，配备的多孔碳空气轴承可以精确控制应力，Smart Swap 技术使得温控单元互换非常方便。其所能施加的扭矩范围为 $0.1\mu Nm \sim$ 200mNm，频率范围 $0.12\mu Hz \sim 100Hz$，角速度范围 $10^{-8} \sim 300$ /rad，角位移分辨率 40nRad，最小应变 0.00006。帕尔贴温控系统可满足 $-20 \sim 200$℃的实验温度范围，ETC 炉加制冷设备可满足 $-150 \sim$ 600℃的实验温度范围。

图 2-3-5　AR2000 型流变仪

四、实验操作步骤

（一）开机

打开无油空气压缩机和干燥过滤器，确认自动排水阀没有漏气，待气压达到设定值 30psi（即 206.84kPa）。卸下空气轴承保护盖，确认转轴可以自由旋动。打开流变仪电源，等待开机初始化和自检。装上帕尔贴加热平台（或装上 ETC 加热平台），插入电源连接端子，打开循环水，确认循环水可以正常流动。

打开计算机，双击"AR Instrument control"流变仪控制软件，取得联机。软件主界面如

图 2-3-6 所示。

图 2-3-6　软件主界面

(二) 实验参数设置

1. 温度设置　主机信息 "AR-2000" 菜单下设定预热温度，写入 Temperature 对应的 Required Value 值。

2. 间隙设置　夹具界面下，点击 "Geometry" → "Open"，选择合适夹具。若为平行板夹具，可以设置 Gap (间隙值) 0.5~2mm；若是锥—平板夹具，采用仪器默认的锥截断距作为间隙值，如图 2-3-7 所示。

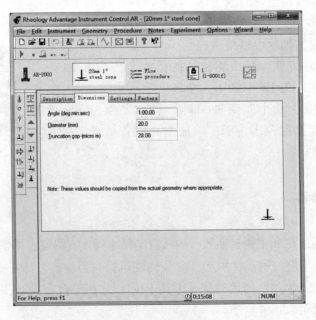

图 2-3-7　间隙设置

3. 实验方法设置 程序界面下设置实验方法，点击"Procedure"→"New"→"Flow"（或其他模式，以此为例）→"Steps"（设置实验的初始条件如温度、法向力、预剪切；设置测试方式及实验条件，如剪切速率范围、测试时间、取点规则等）。图2-3-8为流动模式下剪切速率斜坡测试设置。

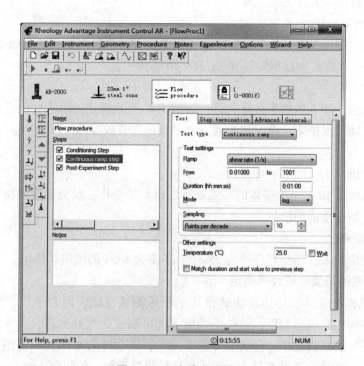

图2-3-8 实验方法设置

4. 样品信息及保存路径设置 用户信息界面下建立样品档案，输入样品信息，选择保存路径。

（三）仪器校准

仪器惯量校正步骤为：点击"Options"→"Instrument"→"Inertia"→"Calibrate"，根据提示完成校正。

（四）夹具校准

1. 夹具惯量校正 夹具界面下，点击"Settings"→"Inertia"→"Calibrate"，根据提示完成校正。如涉及变温实验，还需进行温度补偿校正，以补偿热胀冷缩引起的间隙变化。

2. 轴承摩擦损失校正 点击"Options"→"Instrument"→"Miscellaneous"→"Calibrate"，根据提示完成校正。

3. 旋转映射校正 点击"Instrument"→"Rotational Mapping"→"Perform mapping"，根据提示完成校正。

4. 间隙归零校正 点击"Instrument"→"Gap"→"Enter gap"（如1000μm），点击"Instrument"→"Gap"→"Zero gap"

归零完成后，抬起夹具到默认距离。

（五）加样开始实验

将适量样品加到底板的中心位置，液体样品不要有气泡。点击"Instrument"→"Gap"→"Go to geometry gap"，待 Gap 下降到设定值，若为液体样品，观察样品充满情况，若溢出，刮除多余样品；若不足，抬起夹具重新添加样品。

点击绿色三角箭头 Run Experiment，开始实验。

（六）实验数据拷贝

实验结束后，按保存路径找到数据文件，用 Rheology Advantage Data Analysis 软件打开文件，点击"Table"，将其中数据复制到 Excel 中复制拷回。

（七）关机

关闭循环水浴，卸下加热平台及夹具，清洁夹具上下板，关闭流变仪主机，关闭空气压缩机，装上空气轴承保护套，做好实验桌卫生，登记实验数据。

五、实例分析

测试不同温度下 PLA 切片熔体的黏度随剪切速率的变化，以分析熔融纺丝时温度及剪切速率对可纺性及纺丝性能的影响。

（一）样品制备

将切片研磨成粉末，压制成直径为 25mm、厚度为 1mm 的圆饼状待用。

（二）测量系统与温控模块的确定

（1）测量系统的选择。熔体的测试常选平行板测试系统。因为平行板测试系统间距可调，方便实验中对间距进行调整，另外平行板系统可制成一次性夹具，大大提高熔体实验的效率。平行板系统的直径越小，剪切应力因子越大，这意味着小的直径适用于硬的材料或中到高黏度的样品。实验中选择直径 25mm 的平行板测试系统，板间距 1mm。

（2）温控模块的选择。熔体测试根据样品的熔点不同，常用温度 100~400℃，一般用 ETC 炉提供实验温度。根据 PLA 的熔点，实验选择 170~190℃进行测试。

（三）测量模式及参数的确定

一般经验可知，高聚物熔体不适宜采用流动模式测量，因为难以获得较高的剪切速率。一般采用振荡模式进行测量，然后通过转换得到剪切速率与黏度的关系。本实验采用振荡模式下的频率扫描，角频率 0.1~100rad/s，控制应变百分率在 1.25%进行测试。测试完成后应用 Cox Merz 转换到剪切速率。

（四）数据分析

频率扫描结果如图 2-3-9 所示。

经 Cox Merz 转换得如图 2-3-13 所示曲线。

图 2-3-9 为熔体频率扫描曲线，显示了随角频率变化熔体储能模量、损耗模量及黏度的变化。采用 Cox Merz 转换后得图 2-3-10 剪切速率与黏度和应力的关系。图 2-3-10 显示 PLA 熔体在剪切速率 0.1~100 /s 范围内，黏度变化不是很大，随剪切速率的提高黏度有降低的趋势，温度升高，黏度降低。通过以上测试并结合纺丝情况可以建立温度、剪切速率、黏度与 PLA 可纺性、纺丝性能之间的联系。

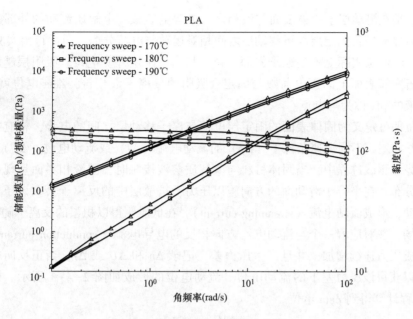

图 2-3-9　熔体频率扫描曲线

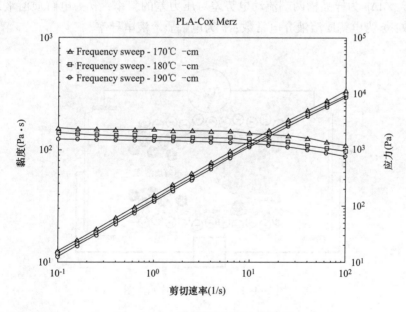

图 2-3-10　熔体剪切速率扫描曲线

实验四　使用固体表面电位分析仪测试纺织材料表面电位

一、实验原理

在电化学双电流层的模型中，电荷分布形成固定层与可移动层，滑动层将这两层彼此分离。Zeta 电位是在滑动层上固体表面与液相之间电势的衰减。电解质流动的外部力平行应用于固体与液体界面导致固定层与可移动层之间相对运动与电荷分离，由此得出实验的 Zeta 电位。可见，Zeta 电位实际上不是粒子界面电位，只是吸附层外侧电位。吸附层越厚，Zeta 电位就越低。若颗粒表面上的正电荷数与固定层吸附的负离子数相符，Zeta 电位就变成了零，此时对应溶液的 pH 称为等电点。

　　Zeta 电位即可定义为固体表面的固定层电荷与离子移动层之间的电势，相应的流动电势系数为 dU/dp。测试不同流速条件下（Δp）的流动电流（ΔI）或流动电位（ΔU），可以计算 Zeta 界面电势。测试过程中，当固体材料与电解质溶液接触时，固液相界面呈现出液相主体不同的电荷分布。在平行于滑动面的方向施以压力，扩散层中的反离子会在该压力的驱动下发生定向移动，形成流动电流（streaming current），在低压侧得以积累的反离子随即产生一个新的反向电场，并对应着一个与流动电流方向相反的电导电流（conduction current）。双方向流动均会造成压力连续增加，并且产生压力差，记录 Δp 和 ΔU 或 ΔI，当正反向电流趋于平衡时，便可以获得该压力差下的流动电位。流动电位的形成如图 2-4-1 所示。根据经典的 Helmholtz 方程计算得到 Zeta 电位。

$$\xi = \frac{\mathrm{d}U_{\mathrm{str}}}{\mathrm{d}\Delta p} \times \frac{\eta k}{\varepsilon \varepsilon_0}$$

　　式中：dU_{str}/dΔp 为样品槽两端流动电势差对压力差的斜率；η 为电解质溶液黏度；ε_0 为真空介电常数；ε 为电解质溶液介电常数；k 为电解质溶液电导率。

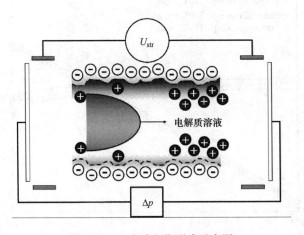

图 2-4-1　流动电位形成示意图

　　纺织品、生物膜等固体材料表面特性、黏性、介电常数、电解质电导率、操作压力等都影响 Zeta 电位的大小。得出 Zeta 电位值时，需要说明电解质溶液的类型、浓度、pH。稀释的电解质循环流经装有样品的测量池，由此产生一个压差，其电荷在电化学双电层中相对运动产生并增加流动电压，这个流动电压/流动电流（可选择）由置于样品两边的电极检测。可同时测量出电解质的电导率、温度及 pH。电解质溶液循环示意如图 2-4-2 所示，其中，1 是电解质溶液，2 是压力及信号传感器，3 是 100mL 注射器，4 是样品夹具固定器，5 是样品。

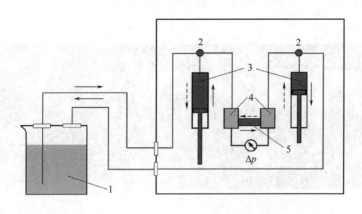

图 2-4-2　电解质溶液循环示意图

二、样品准备

固体表面 Zeta 电位分析仪可以测定织物、纤维、生物膜、粉末、粒子等固体材料，所以测试前需根据样品的形态，选择适合的样品池并填装好样品。

圆柱形样品池用于粉末、颗粒、纤维和部分纺织品的测试，将 1g 左右的样品装入玻璃样品槽，厚度约 0.5mm，样品两端均使用 2 个带孔的塞子略微压实，使样品颗粒间的空隙尽可能小。为避免细小颗粒进入泵中和污染管道，样品事先应使用 25μm 的滤膜过滤，防止细小尺寸的颗粒进入泵中，装样时样品两侧各放置 1 片圆形滤膜。圆柱形样品池配件及装好试样后的状态如图 2-4-3 所示，图 2-4-3（a）为圆柱形样品池组件，图 2-4-3（b）为样品填装好后的状态。

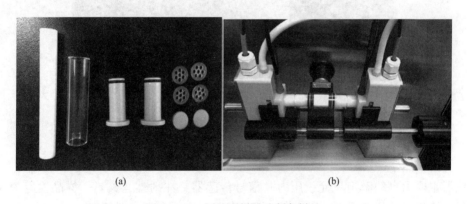

(a)　　　　　　　　　　　　　　　(b)

图 2-4-3　圆柱形样品池制备样品

可调间隙样品池用于形状规则的平面小样品，如织物、膜和中空纤维样品的测试，对于吸水溶胀的生物膜等材料，测试前应进行预处理，以防测试过程发生溶胀无法准确调节间隙距离，样品尺寸为 20mm×10mm。分别选取 20mm×10mm 两片样品，用黏性较好的双面胶固定于蓝色载体模块上，装入样品池，根据样品的特性粗略地调节狭缝间隙在 100μm 左右，后面执行 Rinse 程序过程中再精确调节狭缝间隙。注意固定样品的过程中尽量不要用手触摸样品表面，保持样品表面平整、清洁，没有污染物。可调间隙样品池配件及装好试样后的状态如图 2-4-4 所示，图 2-4-4（a）为可调间隙样品池组件，图 2-4-4（b）为样品填装好后的状态。

(a)   (b)

图 2-4-4　可调间隙样品池制备样品

三、实验仪器简介

本实验所用仪器为奥地利安东帕公司生产的 Surpass 固体表面 Zeta 电位分析仪（图 2-4-5）。其研究对象为纺织品（织物、纤维、纱线、非织造制品等）、薄膜、粉末、粒子、固体金属或非金属片等材料。

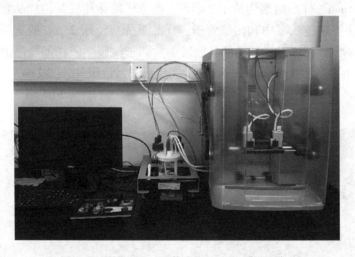

图 2-4-5　Surpass 固体表面 Zeta 电位分析仪

该仪器主要由自动滴定单元、压力及信号传感器、注射器、夹具、样品池等模块组成。可以通过计算机遥控仪器操作，用户定义测量条件，完成各种条件下的 Zeta 电位测定，并保存测量结果。Surpass 的运行实时监控，所有测量值在线监控。控制滴定单元，这个功能使得在不同 pH 和电导率的电解质溶液中测量 Zeta 电位成为可能。存储用户定义内容的模板文件，并可以在新的测量中调用数据评价功能，可以将所存储的数据重新调入并进行数据处理。

四、实验操作步骤

（一）开机

打开计算机和仪器电源开关。点击计算机上的"Visiolab for Surpass"，运行测试软件。

（二）实验准备

1. 制备样品　根据样品的形态，选择适合的样品池并填装好样品。固体粉末、颗粒、散纤维和纱线等样品的测试可选用圆柱形样品池；织物、非织造布、生物膜和中空纤维等形状规则的片状样品的测试可选用可调间隙样品池。对于吸湿溶胀的生物膜等材料制样前需进行预处理，避免测试过程中试样吸湿溶胀，无法准确调节样品之间的间隙，影响测试结果的准确性。

2. 配制 1mmol/L KCl 电解质溶液　预先制备好超纯水，称取 45mg 高纯 KCl（质量分数≥99.99%）溶解于 600mL 超纯水或称取 74.5mg 高纯 KCl 溶解于 1000mL 超纯水中。

3. pH 电极和电导电极校正　打开测试软件界面，点击 "Calib pH"，如图 2-4-6 所示。根据校正界面提示，分别取用 25mL 左右的 pH 为 3、7 和 10（或者 4.01、6.86 和 9.18）的缓冲溶液在室温条件下进行校正。校正完成后仪器会自动检测是否通过，若校正不通过，则检查缓冲溶液是否过期或者不匹配，重新更换后继续校正，若继续校正仍不通过，可考虑是否是 pH 电极被污染或者损坏。根据使用频率的不同定期校正 pH 计，通常每周校正 1 次。

图 2-4-6　pH 电极校正

打开测试软件界面，点击 "Calib k"，如图 2-4-7 所示。根据校正界面的提示，配置 0.1mol/L KCl 溶液，用 50mL 小烧杯倒取 25mL 左右，将电导电极插入 KCl 溶液中，数秒钟仪器校正完成后自动默认通过。根据使用频率的不同定期校正电导电极，一般建议每月校正 1 次。

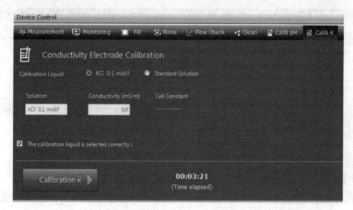

图 2-4-7　电导电极校正

4. 清洗管路 将连接在仪器下端的 outlet 管子拔出放置在纯水中，点击软件测试界面中的"Clean"进行管路清洗，一般清洗 2～3 个循环，当清洗液的 pH 在 6.0 左右，电导率在 0.2～0.4 之间，则清洗完成，符合测试要求。

5. 参数设置 将仪器上两个测量头与样品池连接好，在烧杯中盛放 600mL 1mmol/L 的 KCl 电解质溶液。打开快速工具栏，在其下拉菜单选择"Standard Measurement"，然后新建一个测试方法，在弹出的对话框里选择"Configuration 1/2：Soiution Mixture"，查看溶液菜单中是否有本次实验需要用到的溶液，如果没有则需要在"Solutes"中进行添加。然后点击 "Configuration 2/2：Device Setting"，选择对应的样品池，根据需要选择"Titration Unit"及"Measurement Info"（注意：pH 自动滴定需要输入滴定终点的 pH 数值），然后选择文件保存路径和给文件命名，如图 2-4-8 所示。全部设置好后点击"OK"。

在"Device Control"下的界面点击"Measurement"，将"Apply the measurement configuration to device"的方格选中，命令执行将由灰色变为可操作的绿色。

设置完成后，点击"Fill"进行电解质溶液的填充，一般时间设置为 100s。

电解质溶液填充完成后，执行 Rinse 冲洗程序，点击"Rinse"，仪器自动进行管路冲洗程序，Rinse 的时间长短可以根据样品的不同选择，通常选择 100～200s 即可，压力 30kPa（300mbar），将"Outlet hose is connected correctly"勾画。Rinse 过程中调节 Gap Height 为（100±5）μm。如果是柱状样

图 2-4-8 参数设置

品池，则调节 flow rate 在 50～150mL/min，如图 2-4-9 所示。

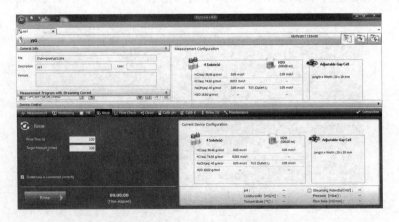

图 2-4-9 执行 Rinse 冲洗程序

Rinse 程序完成之后，测试 Flow Check，如图 2-4-10 所示。如果 Flow Check 得到的两条流动曲线基本成线性，且左右方向曲线大致重合，重合性较好，则说明测试条件较佳，可以进行测试；如果两条直线重合性不好，则需要重新装样品，调节 Gap Height，直至 Flow Check 两条线符合要求为止。Flow Check 过程中操作最大压力一般介于 30~40kPa（300~400mbar）之间，流速在 50~150mL/min 之间为好。从测量池两个流动方向检查电解质溶液的流动状况，确认测量过程中所要求的最大压力可以获得。如果测量池系统中存在气泡，将造成实验数据失真或报废测量。

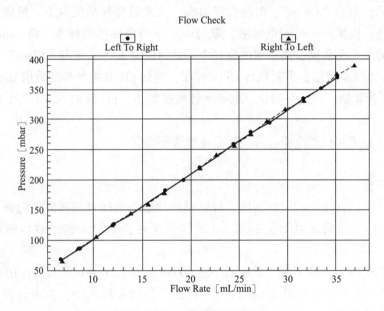

图 2-4-10　流速稳定性测试

测试的 pH 范围一般为 3~10，选用 0.05M 的盐酸和氢氧化钠试剂调节电解质溶液的 pH。如果测试的 pH 范围小于 3 或者大于 10，则适当提高盐酸和氢氧化钠的浓度。pH 自动滴定前需要将自动滴定单元酸碱溶液连接细管中的气泡排除干净，如图 2-4-11 所示，在 Titration Volume 中输入体积，勾画方格，执行 Rinse TU。

图 2-4-11　排除自动滴定单元管路中的气泡

（三）开始测试

测试前检查基本信息和测试项目，其中 Measuring Step Parameter Set 可根据测试样品进行选择。如果不是自动滴定，可以增加测试项目。确认信息设置无误，点击"Measurement"，进行测试。实验完成后，自动弹出成功测试窗口。

测试完成后将测试的数据以 Excel 格式导出，可依次保存、打印得到的图片及改变图片的横纵坐标和坐标范围。

（四）测试结束

测试完成后，点击"Clean"，时间设定 100s。完成后将样品池取下，换成黑色连接管与两个测量头相连。倒掉使用过的电解液，取另一干净的烧杯盛满纯水，将 outlet 管从烧杯盖上取下，放入另外一个装满去离子水的烧杯中，时间设为 300s，点击"Clean"。

观察 pH 和电导率数值，重复执行 clean 程序，直到 pH 和电导率的数值显示与纯水接近，完成后将 outlet 管复原，测量头归位，电导率计擦拭晾干，pH 计放入 3 mol/L 的 KCl 溶液保护套中。

最后关闭计算机和仪器电源，并将样品池清洗干净。

五、实例分析

选取经改性后的真丝织物进行测试，根据样品的形态选择可调间隙狭缝样品池，样品尺寸为 20mm×10mm。分别裁取 20mm×10mm 的样品两片，固定于蓝色载体模块上，装入样品池。

实验前首先配制 1mmol/L KCl 电解质溶液 600mL，然后用 pH 为 3、7、10 的缓冲溶液校正 pH 计。然后，将连接在仪器下端的 outlet 管拔出放置在纯水中，点击软件中的"Clean"对整个循环管路进行冲洗，使得 pH 在 6.0 左右，电导率在 0.2~0.4 之间。将仪器上两个测量头与样品池连接好，烧杯中盛放 600mL 1mmol/L 的 KCl 电解质溶液。打开测试软件，新建一个测试方法，选择狭缝样品池和自动滴定程序进行测试，分别执行 Fill、Rinse、Flow Check 程序，然后开始测试。实验结果如表 2-4-1 和图 2-4-12 所示。

表 2-4-1　真丝织物表面 Zeta 电位

编号	HCl/NaOH		pH	Zeta 电位（mV）
	C（g/L）	V（mL）		
1	2	1.5	4.1	6.4
2	2	2.1	4.4	−7.4
3	2	2.3	4.5	−16.8
4	2	2.5	4.7	−26.6
5	2	2.6	5.1	−35.3
6	2	0.2	5.9	−42.5
7	2	0.4	6.4	−44.8
8	2	0.5	6.9	−47.5

续表

编号	HCl/NaOH		pH	Zeta 电位（mV）
	C（g/L）	V（mL）		
9	2	0.6	7.6	-50.0
10	2	0.1	8.7	-55.7

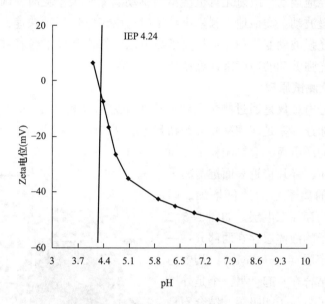

图 2-4-12　真丝织物表面 Zeta 电位

实验五　使用纳米粒径电位仪测试染料的粒径与 Zeta 电位

一、实验原理

（一）纳米粒径测试原理

马尔文纳米粒径电位仪是以动态光散射（DLS）为基本原理进行溶液中纳米粒径的测量。动态光散射，也称为 PCS（光子相关光谱），是测量粒子的布朗运动，并通过用激光照射粒子分析散射光的光强波动来建立布朗运动与粒径之间的关联。

粒子被光源如激光等照射时，会向各个方向散射。如果将屏幕靠近粒子，屏幕就会被散射光照亮。如果粒子的数量以千万计，那么被粒子的散射光照射的屏幕将会出现如图 2-5-1 中所示的散射光斑。散射光斑由明亮和黑暗的区域组成，在黑暗区域不能检测到光。屏幕上的明亮区域和黑暗区域是由粒子的散射光在传播过程中的波动引起的。当粒子散射光以同一相位到达屏幕时，相互叠加形成亮斑；而当粒子散射光以不同相位达到屏幕时，相互消减形成暗区。

图 2-5-1　散射光斑

如果溶液中的粒子静止不动，那么散射光斑也将静止不动，即光斑的位置和大小不发生改变。实际上，悬浮液中的粒子由于布朗运动，总在不停地运动。布朗运动的速度依赖于粒子的大小和溶剂黏度，粒子越小，溶剂黏度越小，布朗运动越快。因此，对于同一溶剂的溶液来说，粒子布朗运动的重要特点是：粒径小的颗粒运动速度快，而粒径相对较大的颗粒运动较缓慢。

由于粒子在不停地运动，散射光斑也会出现移动。测量大颗粒时，因其运动缓慢，散射光斑的强度也将缓慢波动；类似地，测量小粒子时，由于它们运动快速，散射光斑的密度也将快速波动。通过光强波动变化和光强相关函数可以计算出颗粒的粒径和分布。纳米粒径电位仪正是通过测量光强波动的速度来计算粒径的。

（二）Zeta 电位测试原理

马尔文纳米粒径电位仪是通过测量电泳迁移率并运用亨利（Henry）方程计算 Zeta 电位的。带电粒子的电泳迁移率是使用激光多普勒测速法（LDV）测试样品得到的。

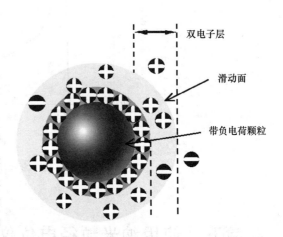

粒子表面存在的净电荷，会影响粒子界面周围区域的离子分布，导致接近表面抗衡离子（与粒子电荷相反的离子）的浓度增加。因此，每个粒子周围均存在双电层。如图 2-5-2 所示，围绕带电粒子的液体层存在两部分：一是内层区，称为固定层（stern layer），其中的离子与粒子紧紧地结合在一起；另一个是外层分散区，其中的离子与粒子相吸附，结合不是很紧密。在分散层内，有一个抽象边界，在边界内的离子和粒子形成稳定实体。当粒子运动时，边界内的离子随着粒子运动，但边界外的离子不随着粒子运动。这个边界称为流体力学剪切层或滑动面（slipping plane），在边界上存在的电位即称为 Zeta 电位。

图 2-5-2　带电粒子周围液体层结构

Zeta 电位的大小表征着胶体系统的稳定性趋势。胶体系统是指当物质三相（气体、液体和固体）之一，良好地分散在另一相中而形成的体系。如果悬浮液中所有粒子具有较大的正的或负的 Zeta 电位，则粒子间相互排斥，没有絮凝的倾向；但如果粒子的 Zeta 电位值较低，则没有作用力阻止粒子相互接近并絮凝。悬浮液是否稳定的通常分界线是+30mV 或−30mV，即悬浮液中所含的正电粒子 Zeta 电位大于+30mV 或负电粒子 Zeta 电位小于−30mV，可以认为该悬浮液是稳定的。

二、样品准备

（一）粒径测试样品制备

（1）样品浓度要求。如果是稳定颗粒，即颗粒的大小及其分布不随浓度而改变，则需要在稀释条件下检测样品粒径，以得到颗粒的自扩散系数计算颗粒的流体力学直径。不同种类的样品可能稀释到的程度有所不同，但是在达到稀释浓度后粒径应该不随浓度改变。如果是动态平衡体系，如某些没有经过均质加压处理的乳液、微乳液、表面活性剂胶束，改变样品浓度将改变体系的外部平衡条件，导致粒径及其分布改变，此时应在原液状态下进行检测。

（2）样品洁净程度。由于颗粒的散射光强正比于颗粒粒径的 6 次方，DLS 技术对于体系中微量存在的灰尘、杂质（通常是微米级别的颗粒）极为敏感。这些物质的存在将对结果造成极大影响。通常来讲，对于粒径小于 50nm，表面看上去极为澄清透明的体系，建议使用适当孔径的过滤膜过滤，然后再进行测试。

（3）样品制备。取过滤后的稳定溶液约 1mL（不超过 1.5mL）加入样品池，确保样品池外部清洁、干燥，插入测量池中即可进行测试。

（二）Zeta 电位测试样品制备

（1）样品要求。Zeta 电位测试利用电泳光散射，检测样品中悬浮的颗粒在特定的溶液环境中（pH、盐度、添加物）的电位高低。其测试目的是为了检测颗粒表面的带电性能，包括电性和电位高低，以预测整个悬浮体系的稳定性。检测要求颗粒具有一定的散射能力，即颗粒物不能太小（不能小于 2~3nm），同时颗粒物不能有太强烈的沉淀运动，即颗粒物不能太大（不能超过 100μm）。样品可混浊，但是需要有一定的透光性。

（2）毛细管电极/高浓电极（水性样品）。将样品通过滴管或者注射器注入相应的样品池，注意不要有气泡在样品池中。

（3）插入式电极（有机相样品）：将 0.5mL 左右样品加入玻璃粒径检测样品池，45°插入电极，注意检查不要有气泡存在于电极之间。确保样品池外部清洁、干燥，插入测量池中即可进行测试。

三、实验仪器简介

本实验使用的仪器为英国马尔文公司的 Zetasizer Nano ZS90 纳米粒径电位分析仪，如图 2-5-3 所示，该仪器适用于需要较高粒度测量灵敏度的样品测试。Zetasizer Nano ZS90 采用动态光散射 90°散射角来测量颗粒的粒径与粒度分布。该技术可测量布朗运动下移动颗粒的扩散情况，并采用斯托克斯—爱因斯坦关系将其转化为粒径与粒度分布。本仪器采用激光多普勒微量电泳法测量 Zeta 电位。分子和颗粒在施加的电场作用下做电泳运动，其运动速度和 Zeta 电位直接相关，使用专利型激光相干技术 M3-PALS（相位分析光散射法）检测其速度以计算电泳迁移率，并由此计算 Zeta 电位，可以精确测量多种类型的样品和分散介质，包括高浓度盐和非水性分散剂。本台仪器配置了 532nm 的激光器，可用于测试标准 633nm 的激光器不能检测的样品；配置了光学滤波片，可改善荧光样品的测量。

图 2-5-3 Zetasizer Nano ZS90 纳米粒径电位分析仪

技术指标：粒径测量范围为 0.3nm~5.0μm。最小样品容积为 20μL。

Zeta 电位适合检测的粒度范围：3.8nm~100μm。Zeta 电位测量范围：无实际限制。迁移率：0~

无实际上限。最大样品电导率：200mS/cm。最大样品浓度：40%（w/v）。最小样品容积：150μL。

四、实验操作步骤

（一）开机

开启电源，等待 30min 以稳定激光光源。开启计算机，双击桌面的工作站快捷图标（Zetasizer Software），等待仪器自检（指示灯颜色变为绿色即自检成功），进入 Nano ZS90 系统工作站（图 2-5-4）。建立测量条件的存储路径，单击菜单栏中的"File"（文件），选择"new"（新建），建立个人文件夹并建立样品数据文件。此样品数据文件中将存储每次测量的结果。

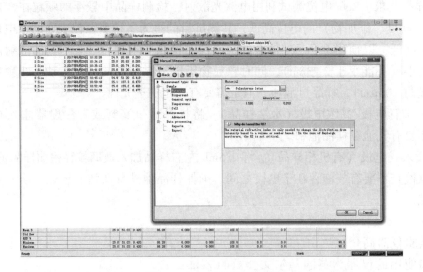

图 2-5-4　粒径操作界面

（二）粒径测试

1. 参数设置　单击菜单栏第四列的"Measure"（测试），依次选择"Manual"（手动），"Manual Measurement"（手动测试）；在左侧窗口单击"Measurement Type"（测试类型）选择"Size"（粒径）。图 2-5-4 为粒径测试的参数设置界面。

在左侧窗口单击"Sample"（样品），右侧输入测量样品名（如纺织染料 001），并设置样品参数：

（1）Material（材料）选项中输入/选择颗粒的折光指数 RI 和吸收率 Absorption 的信息，例如脂质体选择 liposome。如果不能提供准确的样品光学性质，可以用相似材料代替，但在测试结果中 Number PSD（数量分布）和 Volume PSD（体积分布）的数据无意义。

（2）Dispersant（分散介质）选项中选择溶剂，大部分溶液以水为溶剂，选择"Water"。如果列表中没有对应的溶剂，可以点击"Add"（添加），在 Simple Dispersant or Solvent（简单分散介质或溶剂）中输入对应溶剂的信息，并起名保存。如果是复杂溶剂，软件中带有复杂溶剂计算器，可以点击"Complex Constant"，在对话框中选择正确的添加物，如 Potassium Chloride 氯化钾，输入浓度，如 0.01 M，点击添加"Add"。可以从对话框中选取多个添加物，输入浓度进行添加，最后给复杂溶剂命名并保存。

（3）General options（常规选项）选项中输入颗粒的 Mark-Houwink 参数 A 值和 K 值。这两个参数用于通过动态光散射得到的扩散系数来计算高分子/蛋白质的相对分子质量，其默认值为蛋白质的参数。如果不知道样品的 A 值和 K 值，或者不关心计算得到的相对分子质量参数，可使用默认参数。

（4）Temperature（温度）选项中输入检测的温度和平衡时间。如果测试温度和室温相差较大，则需要较长时间用于样品平衡。通常情况下，如果样品从室温放入仪器并需在25℃条件下测试，则恒温至少需要 120 s。

（5）Cell（样品池），选择样品池类型 DTS0012，通常情况下，前面选定 Size（粒径）测试后会自动选择对应的样品池种类。

（6）Measurement（测试方法）选项设置：Measurement angle（测试角度），测量粒径时通常选择90°；Number of runs（每次测试运行次数）通常设定 10 次左右；Run duration（测试时间），测量粒径时通常选择默认"Automatic"；Number of measurements（重复测试次数），输入3次或3次以上；Delay between measurements（测试间隔时间），输入两次测试间隔时间。

（7）Introductions（入门）和 Advanced（高级）选项中保留为默认选择。

（8）Data processing（数据过程）中选择 Analysis model（分析模型），如果检测化学合成样品，则保留为默认选择 General purpose（常规目的）；如果样品为蛋白质，则选择 Protein analysis（蛋白质分析）。

（9）Report（报告）和 Export（输出）保留为默认选择，设置完毕后点击"OK"即可开始检测。

2. 样品测试　取 1mL 左右（不超过 1.5mL）样品溶液加入样品池，按仪器指示，打开样品测量槽盖，将样品池插入测量槽（带▼符号面朝向测量者）中，注意样品池外一定不能有水，否则将损坏仪器。关上测量槽盖，点击"Start"即开始测量，测量结束后双击测试记录，可得到相应的测试结果，图 2-5-5 为粒径测试结果。

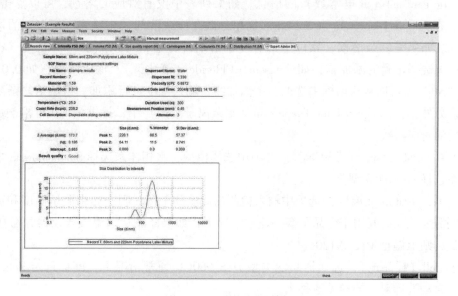

图 2-5-5　粒径测试结果

(三) Zeta 电位测试

1. 参数设置 单击菜单栏第四列的"Measure"（测试），依次选择"Manual"（手动），"Manual Measurement"（手动测试）；在左侧窗口单击"Measurement Type"（测试类型），选择"Zeta potential"（Zeta 电位）。图 2-5-6 为电位测试的参数设置界面。

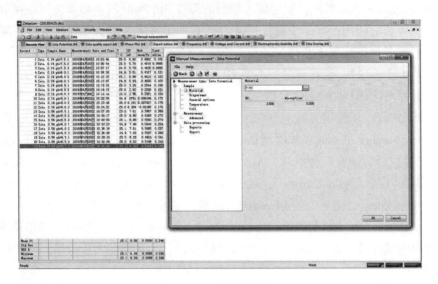

图 2-5-6　电位测试界面

在左侧窗口单击"Sample"（样品），右侧输入测量样品名（如纺织染料 001），并设置样品参数：

（1）Material（材料）选项中保留为默认值，检测 Zeta 电位不需要其中参数的信息。

（2）Dispersant（分散介质）选项中输入/选择溶剂的 RI（折光指数）、Viscosity（黏度）和 Dielectric constant（介电常数）的信息。如果列表中没有对应的溶剂，可以点击"Add"（添加），在 Simple Dispersant or Solvent（简单分散介质或溶剂）中输入对应溶剂的信息，并命名保存。如果是复杂溶剂，软件中带有复杂溶剂计算器，可以点击"Complex Constant"，在对话框中选择正确的添加物，如 Potassium Chloride（氯化钾），输入浓度，如 0.01 M，点击添加"Add"。可以从对话框中选取多个添加物，输入浓度进行添加，最后给复杂溶剂命名并保存。另外，在 Complex Ionic Diapersant（复杂离子溶剂）中，提供多种极性溶剂加入可溶解盐类后的对应参数。

（3）General options（常规选项）选项中选择模型，水相体系选择 Smoluchowski 模型，有机相体系选择 Huckel 模型。

（4）Temperature（温度）选项中输入检测的温度和平衡时间。如果测试温度和室温相差较大，则需要较长时间用于样品平衡。通常情况下，如果样品从室温放入仪器并需在 25℃条件下测试，则恒温至少需要 120s。

（5）Cell（样品池），选择样品池类型 DTS1060C，通常情况下，前面选定 Zeta（电位）测试后会自动选择对应的样品池种类。

（6）Measurement（测试方法）选项设置：Number of runs（每次测试运行次数）通常设

定 10 次左右；Number of measurements（重复测试次数），输入 3 次或 3 次以上；Delay between measurements（测试间隔时间），输入两次测试间隔时间。

（7）Introductions（入门）和 Advanced（高级）选项中保留为默认选择。

（8）Data processing（数据过程）中选择 Analysis model（分析模型），如果检测化学合成样品，则保留为默认选择 General purpose（常规目的）；如果样品为蛋白质，则选择 Protein analysis（蛋白质分析）。

（9）Report（报告）和 Export（输出）保留为默认选择，设置完毕后点击 "OK" 即可开始检测。

2. 样品测试　取适量溶液加入样品池中，按仪器指示，打开样品测量槽盖，将样品池插入测量槽中，注意样品池外一定不能有水，否则将烧毁仪器。关上测量槽盖，点击 "Start" 即开始测量，测量结束后双击测试记录，可得到相应的测试结果。图 2-5-7 为电位测试结果。

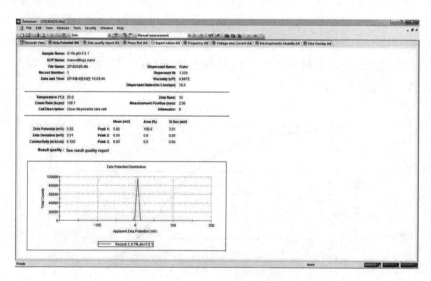

图 2-5-7　电位测试结果

（四）关机

使用完毕后，取出测量槽中的样品池，清洗后以备下次使用。依次关闭工作站软件、仪器和计算机，并做好使用记录。

五、实例分析

以染料分散红 60 为分析对象，测定该染料在水溶液中的粒径。分散红 60，又称为 2-[（乙硫基）甲基]苯基甲基氨基甲酸酯、2-（乙硫甲基）苯基-N-甲基氨基甲酸酯，化学式为 $C_{20}H_{13}NO_4$。

将该染料溶解到去离子水中，配制成浓度 2% 的水溶液。取 1mL 溶液放入粒径测试的样品池中，插入测量槽进行粒径测试。

参数设置：Materials 中输入分散红 60，光折射率为 1.722；Dispersant 选择 "Water"；

Number of runs 设定为 11 次；Number of measurements 设定为 3 次；Delay between measurements 设定为 5s；Cell 选择样品池类型 DTS0012。其他设置均采用默认设置，点击"OK"开始测试，测试完成后取出样品池，保存测试数据。

以染料酸性蓝 185 为分析对象，测定该染料在水溶液中的 Zeta 电位。酸性蓝 185 化学式为 $C_{32}H_{13}CuN_8O_9S_3Na$。

将该染料溶解到去离子水中，配制成浓度 10% 的水溶液。取适量溶液放入 Zeta 电位测试的样品池中，插入样品槽进行 Zeta 电位测试。

参数设置：Dispersant 选择"Water"；General options 选择水相体系 Smoluchowski 模型；Number of runs 设定为 10 次；Number of measurements 设定为 3 次；Delay between measurements 设定为 5s；Cell 选择样品池类型 DTS1060C。其他设置均采用默认设置，点击"OK"开始测试，测试完成后取出样品池，保存测试数据。

染料分散红 60 在水溶液中的粒径测试结果如图 2-5-8 和图 2-5-9 所示。图 2-5-8 为粒径测试的相关曲线，根据曲线的特性可以判断本次测试的质量。从图 2-5-8 中可以看出，3 次测量粒径的相关曲线均十分平滑，一次衰减；平台高度约为 0.68，低于 1.0；三次检测的重复性也很好，因此可以判断出本次测量结果质量较好。图 2-5-9 为染料的粒径光强分布图，三次测试得到的该分散染料的平均粒径分别为 20.67nm、20.83nm、20.74nm，可见该分散染料分散到水溶液后颗粒均匀。

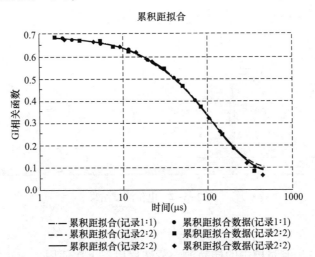

图 2-5-8　染料分散红 60 的粒径测试相关曲线

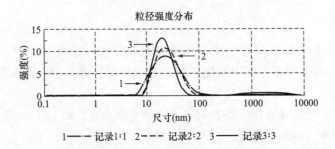

图 2-5-9　染料分散红 60 的粒径测试光强分布图

染料酸性蓝185在水溶液中的Zeta电位测试结果如图2-5-10和图2-5-11所示。图2-5-10为Zeta电位测试的相图，前半部分为高频测试，后半部分为低频测试，根据相图的特性可以判断本次测试的质量。从图2-5-10可以看出，该相图高频区域斜率清晰，能明显观察到电压转换造成的相位转换；低频区域斜率清晰，具有一定的线形；三次测量重复性好，由此可以判断本次测量结果质量较好。图2-5-11为三次Zeta电位测量的结果图，三次测量的电位平均值分别为−20.8mV、−18.7mV、−26.3mV。由于悬浮液是否稳定的通常分界线是+30mV或−30mV，该悬浮液带负电粒子，并且负电粒子的Zeta电位高于−30mV，所以可以认为该悬浮液稳定性不高，粒子间有相互接近并絮凝的倾向。

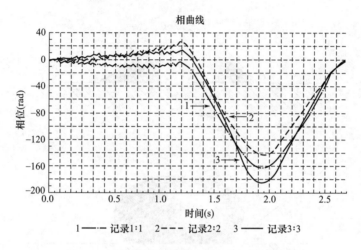

图 2-5-10 染料酸性蓝 185 的 Zeta 测试相图

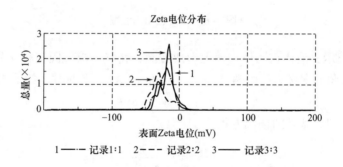

图 2-5-11 染料酸性蓝 185 的 Zeta 电位分布图

实验六 使用表面张力仪测试液体表面张力

一、实验原理

液体表面分子具有向内收缩的倾向，以减少与空气的接触面积，所以水滴是圆形的，克服这种向心力所需要的力称为表面张力。表面张力的方向和液面相切，并和两部分的分界线垂直，如果液面是平面，表面张力就在这个平面上；如果液面是曲面，表面张力就在这个曲面的切面上。

测定液体表面张力的方法通常有 Wilhelmy 吊片法和吊环法。其中 Wilhelmy 吊片法是将一金属薄片悬挂在天平的一个臂上，使金属薄片与被测液面接触，测定金属薄片从液面脱离所需之力。而吊环法是用天平的一臂将一铂制的金属圆环平置在被测液面上，然后测定金属圆环脱离液面所需的力，进而求得液体表面张力。

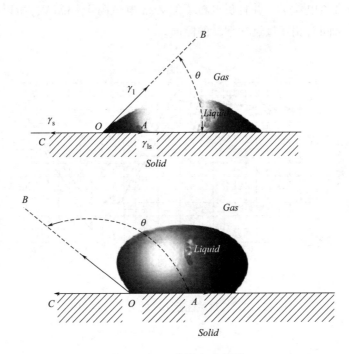

图 2-6-1　接触角示意图

如图 2-6-1 所示，液体在固体表面上形成液滴，在气、液、固三相交界处，气—液界面和固—液界面的夹角 θ 定义为接触角（contact angle，CA），平衡时，如下式所示。

$$\gamma_s = \gamma_{ls} + \gamma_l \cdot \cos\theta$$

该式换算后，即是著名的杨氏方程：

$$\cos\theta = \frac{\gamma_s - \gamma_{ls}}{\gamma_l}$$

式中：γ_l——液体、气体之间的界面张力；

$\quad\gamma_s$——固体、气体之间的界面张力；

$\quad\gamma_{ls}$——固体、液体之间的界面张力；

$\quad\theta$——固体、液体之间的接触角。

按照测试达到平衡需要的时间又可分别得到静态接触角（static contact，SCA）和动态接触角（dynamic contact angle，DCA）。动态接触角可以提供材料表面的粗糙程度、化学性质的均匀性、亲/疏水链段的重构等信息。目前，测试 DCA 的方法有两种：测角法和测重法，其中测重法的精度更高。

Wilhelmy 吊片法（测重法）测量接触角的精度可以达到±0.1°。Wilhelmy 吊片法测试 DCA 的原理：当一固体部分插入一液体时，液体会沿着固体的垂直壁上升（亲液）或下降（疏液），Wilhelmy 吊片法就是通过测定液体对固体的拉力（推力）——润湿力的方法来间接测定接触角。当表面亲液时，润湿力大于零，接触角 $\theta < 90°$；而表面疏液时，润湿力小于零，接触角 $\theta > 90°$。Wilhelmy 吊片法是测量前进接触角（前进角，θ_A）、后退接触角（后退角，θ_R）及接触角滞后值（滞后角或滚动角，θ_H）最为广泛使用的方法。吊片与液体接触过程中的润湿力由置于 DCA 仪器中的精密天平进行连续测定并记录。

动态接触角测定仪用于测定固体与液体间的动态接触角，是利用 Wilhelmy 吊片法，通过铂金属片或金属环进出液体，从而形成一个回滞的张力—位移曲线，再通过曲线的定位，利用计算机控制，可将测得的数据进行储存，进行曲线分析即可求出动态接触角。动态接触角测定仪可广泛在石油、化工、电子、冶金、水利、医药卫生、造纸、印刷、教学、质量监督等领域进行科学研究及生产部门检测各种液体表面张力用。本教程所用到的 DCAT 仪器除可测定动态接触角、液体表面张力外，也可测定液体界面张力。

二、样品准备

（一）必备工具

酒精灯、镊子、打火机。

（二）常备试剂

蒸馏水、正己烷、丙酮。

（三）样品尺寸

（1）重量上限：约 200g。

（2）直径上限/长度：约 80mm/110mm。

（3）纤维的直径下限：约 10μm（使用特殊的接收器可达到 3μm）。

（四）检测器的准备

可以根据样品的类型、测试的内容来选择检测器，而且必须确保被选择的检测器不会对样品造成损伤或有其他任何影响。在用金属板、金属环（由铂和铱制成）检测器进行测量前，请确保检测器是绝对干净且没有发生形变的。一个有效清洁金属板、金属环（由铂和铱制成）的方法是：在火焰中将之烧成红热状态。在向样品容器中倒入液体前，必须确保样品容器是干净且干燥的，倒入液体时必须非常小心，以免液体溅出，特别是表面活性物质，比如表面活性剂。

三、实验仪器简介

本实验使用的 DCAT21 仪器（动态接触角和表面、界面张力仪）由德国 Dataphysics 公司研发并生产，具有精度高、功能强大、应用广泛、易操作等特点，它的核心是 Sartorius 公司生产的精度达十万分之一的精密天平。如图 2-6-2 所示。

该仪器接触角的测量范围：0~180°，±0.01°（在 90°时没有润湿力）。表面张力的测量范围：1~1000mN/m，±0.001mN/m。测量频率：上限 30 次称量/s；吸附测试：上限 50 次称量/s。称重范围：10μg~210g。上升速度：0.7μm/s~500mm/min。位置分辨率：0.1μm。上升高度

图 2-6-2　DCAT21 仪器（动态接触角和表面、界面张力仪）

范围：105mm。温度范围：-10~130℃。

四、实验操作步骤

（一）使用金属板对液体表面张力进行测量操作

最好使用 Wilhelmy 金属板（PT11）对表面张力进行测试，Wilhelmy 金属板由金属铂和铱制成。表面张力也能通过其他检测器（正方形、圆环状、椭圆状或用户自定义类型）进行测量。在用金属板进行测量前，请确保金属板绝对干净且没有发生变形。

双击桌面上的"SCAT"图标，打开软件，点击"File-New-Single Measurement"，打开一个新窗口，即 SFT Measurement 对话框，在这个窗口中可以执行测试、数据分析和测量过的数据展示。SFT Measurement 对话框是一个选项卡样式的，这意味着对话框的内容取决于所选的选项，同样也取决于所选择的检测器。如图 2-6-3 所示。

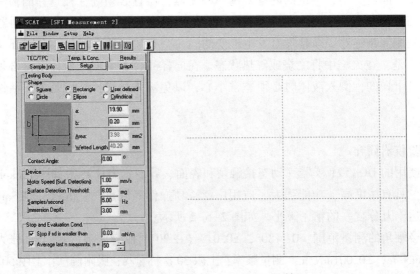

图 2-6-3　SFT Measurement 对话框

可以在 SFT Measurement 对话框中输入一系列实验信息：

1. Sample Info　在这个选项式的对话框中，可以输入简单的实验信息，这些信息将会和测试结果一起被保存起来。

2. TEC/TPC　在这个对话框中，当使用温度控制器 TEC250 时，可以输入实验的特殊控制参数；但当没有任何连接的控制器时，它也可以被使用。

3. Setup　在这个选项式的对话框中，需要输入测试所需要的一些参数，这些参数取决于所使用的检测器。

4. Testing Body　根据所用检测器的形状，需要输入其截面的几何尺寸。三种标准金属板（normal PT11、small PT9 和 cylindrical PT10）的参数已存储于 SCAT 软件中，而其他的检测器则需要手动输入参数。

5. Device

（1）Motor Speed（Surf. Detection）。检测液体表面时，输入电动机升起的速度（mm/s）。

（2）Surface Detection Threshold。设置表面检测临界值（警告：如果表面检测临界值被设置的太大，液体表面可能无法被检测到，这意味着检测器、样品可能会损毁）。

（3）Samples/second：设置每秒测量的次数。

（4）Immersion Depth：设置在测试开始前检测器的浸润深度。

另外，图 2-6-3 的 SFT Measurement 对话框中各图标含义如图 2-6-4 所示：

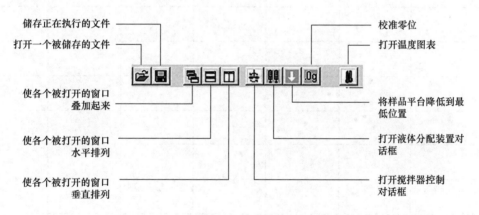

图 2-6-4　SFT Measurement 对话框中各图标含义

6. 具体测试操作步骤

（1）打开 DCAT 的仪器门。

（2）将样品平台位置降到最低（使用 DCAT 装置的按钮或 SCAT 软件的图标）。

（3）将待测液体小心倒入样品容器中。

（4）将样品容器小心地放入温度控制容器中，注意不能触碰夹持器。

（5）将干净的检测器（金属板）小心地插入检测器固定器中。

（6）升高液体样品平台到低于检测器几毫米的位置。

（7）开始 SFT 表面张力测试，测试会自动进行；可以通过点击"Stop"按钮来终止测试。（注意：请全程关注自动测试，尤其是测试开始阶段，请检查液体表面是否被正确检测。

样品平台升高速度不同，会导致 DCAT 显示屏显示不同的测试值。如果和上述情况不符，请立即终止测试，否则会导致检测器损毁。）

（8）在测试的最后阶段，必须关闭检测器固定器。

（9）点击"File-Save As"来储存测试结果；点击"File-Save as Template"来储存所有测试信息（除本次测试数据），这意味着下次测试可以点击"Menu-New-Open Template"来快速启动模板程序。

（二）使用金属环对液体表面张力进行测量操作

可以通过使用标准金属环 RG11 和 RG10 测定表面张力，这些金属环由铂和铱金属制成。在用金属环进行测量前，请确保金属环是绝对干净且没有发生变形的。

为了测试表面张力，DCAT 装置首先会升高样品容器平台，当检测到重量发生变化时（当检测器浸入液体后会变轻），可认为已检测到液体表面。然后样品容器平台会下降，直到检测到最大限度的重量，然后再升高到所设置的位置（表面浸润深度）。平台上升和下降的操作将持续循环进行，直到测试达到停止条件或已达到最大循环次数。使用金属环法测得表面张力曲线如图 2-6-5 所示。

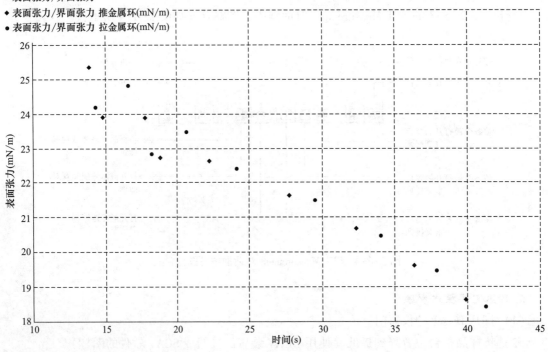

图 2-6-5 用金属环法测得的表面张力曲线图

具体测试操作步骤：

（1）～（4）步骤与上述实验（一）"使用金属板对液体表面张力进行测量操作"的第 6 部分（1）～（4）一致。

（5）将干净的检测器（金属环）小心地插入检测器固定器中。

（6）升高液体样品平台到低于检测器几毫米的位置。

（7）开始 SFT 表面张力测试，测试会自动进行；可以通过点击"Stop"按钮终止测试。（注意：请全程关注自动测试，尤其是测试开始阶段，请检查液体表面是否被正确检测。样品平台升高速度不同，会导致 DCAT 显示屏显示不同的测试值。如果和上述情况不符，请立即终止测试，否则会导致检测器损毁。）

（8）如果选择 Perform Online Calculation，所有的测试结果会呈现在图表上；如果没有选，将看不到测试数据和图表。在选项卡式的对话框 Graph 中，可以取消选择 Hide generic data，使一般的数据形象化。

（9）在第一次测试后，实际的测试温度会被显示在 Temperature 对话框中，然后显示的温度是测试中所有被测量温度的平均值。

（10）在测试的最后阶段，必须关闭检测器固定器。

（11）点击"File-Save As"来储存测试结果；点击"File-Save as Template"储存所有测试信息（除本次测试数据），这意味着下次测试可以点击"Menu-New-Open Template"来快速启动模板程序。

（三）使用金属板对界面张力进行测量操作

可以通过使用 Wilhelmy 金属板 PT11 和 PT9 测定界面张力，Wilhelmy 金属板由铂和铱金属制成。界面张力也能通过其他检测器（正方形、圆环状、椭圆状或用户自定义类型）进行测量。在用金属板进行测量前，请确保金属板是绝对干净且没有发生变形的。

界面张力测试 IFT 分为三个步骤：

1. 第一步（测量检测器在密度较小液体中的浮力）

DCAT21：请确保样品固定器已被关闭。（注意：在没有固定好夹持器之前，不要触碰夹持器或样品。）

（1）打开 DCAT 的仪器门。

（2）将样品平台位置降到最低（使用 DCAT 装置的按钮或 SCAT 软件的图标）。

（3）IFT 测试的第一步，是向样品容器中注入密度较小的液体；如果不知道液体的密度，可以使用 DCAT 进行测定；注入液体最低的高度是 13mm，因为要精确检测浮力，检测器会完全浸入液体中。

（4）将样品容器小心地放入温度控制容器中，注意不能触碰夹持器。

（5）将干净的检测器（金属板）小心地插入检测器固定器中。

（6）升高液体样品平台到低于检测器几毫米的位置。

（7）开始 IFT 界面张力测试的第一步，测试会自动进行；可以随时通过点击"Stop"按钮来终止测试。（注意：请全程关注自动测试，尤其是测试开始阶段，请检查液体表面是否被正确检测。样品平台升高速度不同，会导致 DCAT 显示屏显示不同的测试值。如果和上述情况不符，请立即终止测试，否则会导致检测器损毁。）

（8）在测试第一步的最后阶段，必须关闭检测器固定器。

（9）打开 DCAT 的仪器门。

（10）将样品平台位置降到最低（使用 DCAT 装置的按钮或 SCAT 软件的图标）。

（11）取下检测器（金属板），并彻底清洁检测器。

（12）取出样品容器并彻底清洁（如果想在第二步中也使用此样品容器）；但建议在第二、三步中使用新的样品容器进行 IFT 测试。

2. 第二步（检测密度较大液体的表面所处的位置）

（1）IFT 测试的第二步是向样品容器中注入密度较大的液体；如果不知道液体的密度，可以使用 DCAT 进行测定；注入液体最低的高度是 13mm。

（2）将样品容器小心地放入温度控制容器中，注意不能触碰夹持器。

（3）将干净的检测器（金属板）小心地插入检测器固定器中。

（4）升高液体样品平台到低于检测器几毫米的位置。

（5）开始 IFT 界面张力测试的第二步，测试会自动进行；可以随时点击"Stop"按钮终止测试。

（6）在第二步的最后阶段，检测器会停留在刚开始接触到液体表面的位置。

（7）打开 DCAT 的仪器门。

3. 第三步（检测两种不互溶液体之间的界面张力）

（1）IFT 测试的第三步是使盛有密度较大液体的样品容器仍留在 DCAT 中；然后再向容器中注入密度较小的液体，注入时要非常小心以免与密度较大液体发生混合；注入密度较小液体的最低高度是 12mm。（注意：不要触碰检测器或夹持器。）

（2）开始 IFT 界面张力测试，测试会自动进行；可以点击"Stop"按钮终止测试。

（3）在测试的最后阶段，必须关闭检测器固定器。

（4）点击"File-Save As"来储存测试结果；点击"File-Save as Template"来储存所有测试信息（除本次测试数据），这意味着下次测试可以点击"Menu-New-Open Template"来快速启动模板程序。

（四）关于动态接触角的测量操作

通过使用 Wilhelmy 法，可以对棱柱和圆柱形样品进行动态接触角测试。

为了测量接触角，DCAT 装置首先会升起样品平台，直到重量发生微小的变化（当检测器浸入液体时，检测器会变轻，检测器重量变化与时间的关系如图 2-6-6 所示），此时样品平台的位置将被记录下来（检测器碰到液体表面）。然后平台继续上升到指定位置（浸润深度），随后下降到被记录的位置。这个过程将持续重复进行，其重复次数取决于先前所设定的"Number of Cycles"。（提示：如果想检验待测液体的纯度，可以通过使用标准 Wilhelmy 金属板或标准铂金属环来检测待测液体的表面张力。）

具体测试操作步骤：

（1）~（4）步骤与上述实验（一）使用金属板对液体表面张力进行测量操作的第 6 部分（1）~（4）一致。

（5）将样品夹持器（已装填完待测样品）小心地插入仪器固定器中。

（6）升高液体样品平台到低于待测样品几毫米的位置。

（7）开始动态接触角测试，测试会自动进行；可以通过点击"Stop"按钮来终止测试。（注意：请全程关注自动测试，尤其是测试开始阶段，请检查液体表面是否被正确检测。样品平台升高速度不同，会导致 DCAT 显示屏显示不同的测试值。如果和上述情况不符，请立即终止测试，否则会导致检测器损毁。）

（8）在测试进行阶段，测试结果会以图表的形式展现出来。

（9）在第一次测试过后，即时温度值会在 Temperature 对话框中被显示；随后显示的温度就是测试中所有温度的平均值。

（10）在测试的最后阶段，必须卸下样品夹持器。

（11）点击"File-Save As"来储存测试结果；点击"File-Save as Template"来储存所有测试信息（除本次测试数据），这意味着下次测试可以点击"Menu-New-Open Template"来快速启动模板程序。

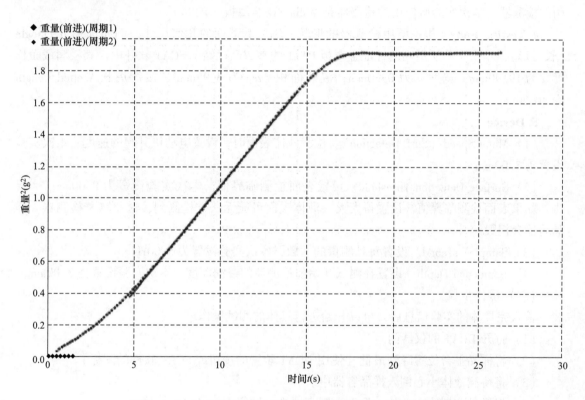

图 2-6-6　DCAT 检测器重量^2（g^2）变化与时间（t）的关系图

五、实例分析

此章节介绍一个具体的实验操作是如何完成的，比如现在需要测定一种未知液体的表面张力。

可以根据样品类型、测试内容来选择检测器。本次实验，选择使用 Wilhelmy 金属板（PT11）对未知液体的表面张力进行测试。仔细检查 Wilhelmy 金属板（PT11），请确保金属板是绝对干净且没有发生变形的；用打火机点燃酒精灯，在火焰中将金属板烧成红热状态来达到清洁它的目的；在向样品容器中倒入液体前，必须确保样品容器是干净且干燥的，倒入液体时必须非常小心，以免液体溅出。

（一）参数设置

双击桌面上的"SCAT"图标，打开软件，点击"File-New-Single Measurement"，打开一

个新窗口，即 SFT Measurement 对话框，在这个窗口中可以执行测试、数据分析和测量过的数据展示。随后，在 SFT Measurement 对话框中输入一系列实验信息：

1. Sample Info　在这个选项式的对话框中输入简单的实验信息，这些信息将会和测试结果一起被保存。其中，Measurement 中的信息为 Surface Tension（Plate），Device 中的信息为 DCAT。

2. TEC/TPC　在这个对话框中，Temperature Sensor 这一项选择 T1。

3. Setup　在这个选项式的对话框中，输入测试所需要的一些参数，这些参数取决于所使用的检测器，本次实验所使用的检测器是 Wilhelmy 金属板（PT11）。

4. Testing Body　根据所用检测器的形状，输入其截面的几何尺寸，例如选择 Rectangle（长方形），本次实验所用到的标准金属板 PT11 的参数已存储于 SCAT 软件中，其浸润截面长度 a 为 19.90mm，宽度 b 为 0.20mm，浸润面积 Area 为 3.98mm^2，浸润周长 Wetted Length 为 40.20mm。

5. Device

（1）Motor Speed（Surf. Detection）。检测液体表面时，设置电动机升起的速度，本次实验设置为 3.00mm/s。

（2）Surface Detection Threshold。设置表面检测临界值，本次实验设置为 8.00mg。（警告：如果表面检测临界值被设置得太大，液体表面可能无法被检测到，这意味着检测器、样品可能会损毁。）

（3）Samples/second。设置每秒测量的次数，本次实验设置为 5.00Hz。

（4）Immersion Depth。设置在测试开始前检测器的浸润深度，本次实验设置为 3.00mm。

（二）操作步骤

输入完具体的实验信息后，可以开始进行具体的测试操作。

（1）打开 DCAT 的仪器门。

（2）将样品平台位置降到最低（使用 DCAT 装置的按钮或 SCAT 软件的图标）。

（3）将待测液体小心倒入样品容器中。

（4）将样品容器小心地放入温度控制容器中，注意不能触碰夹持器。

（5）将干净的检测器（金属板 PT11）小心地插入检测器固定器中。

（6）升高液体样品平台到低于检测器几毫米的位置。

（7）开始 SFT 表面张力测试，测试会自动进行；可以通过点击"Stop"按钮来终止测试。（注意：请全程关注自动测试，尤其是测试开始阶段，请检查液体表面是否被正确检测。）

（8）点击"File-Save As"来储存测试结果；点击"File-Save as Template"来储存所有测试信息（除本次测试数据），这意味着下次测试可以点击"Menu-New-Open Template"来快速启动模板程序。图 2-6-7 为 DCAT 仪器完成测试后，计算机屏幕所显示的表面张力（SFT）和时间（t）关系的曲线图。

根据表面张力（SFT）和时间（t）关系的曲线图，SCAT 软件自动计算出在 t 为 317.14～338.86s 时间段内（时间段 Fit Range 可根据需要手动调整），液体的表面张力（SFT）为（44.369±0.010）mN/m。

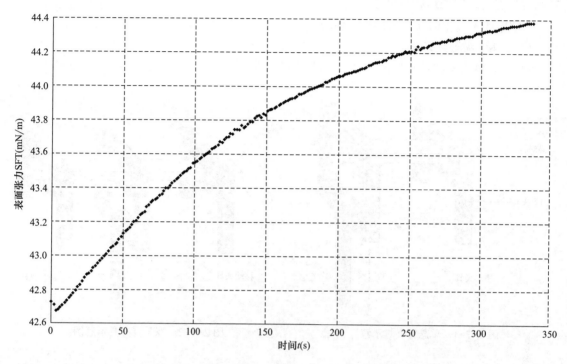

图 2-6-7 用 Wilhelmy 吊片法测得的表面张力（SFT）和时间（t）关系的曲线图

（9）实验操作完毕后，首先确保样品容器平台降到最低位置，然后取出样品容器，将里边的液体倒入废液桶中并清洗容器，小心取下 Wilhelmy 金属板（PT11）并清洁金属板。

（10）关闭 DCAT 仪器门；关闭 SCAT 软件；关闭计算机和 DCAT 的电源后，本次实验结束。

实验七　使用动态热机械分析仪评价纤维热机械性能

一、实验原理

DMA 是 Dynamic Thermomechanical Analysis 的缩写，即动态热机械分析。动态热机械分析（DMA）测量黏弹性材料的力学性能与时间、温度或频率的关系。它通过对材料样品施加一个已知振幅和频率的振动，测量施加的位移和产生的力，用以精确测定材料的黏弹性、杨氏模量（E^*）或剪切模量（G^*）。用于进行这种测量的仪器称为动态热机械分析仪（又称动态力学分析仪）DMA。

DMA 主要应用于玻璃化转变和熔化测试、二级转变的测试、频率效应、弹性体非线性特性表征、疲劳实验、材料老化表征、浸渍实验、长期蠕变预估表征等方面。

二、样品准备

为获得精确以及可重复的模量值，样品准备是极其重要的因素之一。每种类型的夹具对样品均要求有一定的形状与尺寸。

Q800 DMA 常用的几种夹具及其样品形状与尺寸的要求如下。

（一）单/双悬臂夹具

单/双悬臂夹具的示意如图 2-7-1 和图 2-7-2 所示。

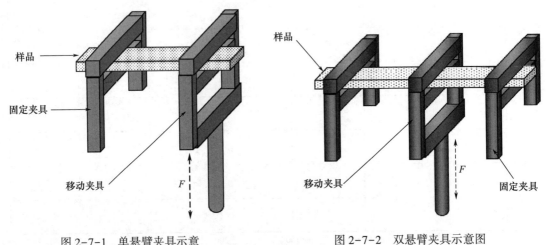

图 2-7-1　单悬臂夹具示意　　　　　　图 2-7-2　双悬臂夹具示意图

以标准单/双悬梁臂夹具（17.5mm/35mm）为例，理论上，样品需要是经过铸型、车床加工后的规则形状。其尺寸要求如下：

厚度：矩形的厚度应当是双悬臂夹具跨度的 1/10～1/32。最大厚度为 5mm，为获得最佳结果，至多可达到 1.75mm。样品具有均匀的厚度至关重要，这样可精确测得厚度。样品厚度的立方用于模量计算，因此，如果厚度出现 3% 的误差，将导致计算模量时出现 10% 的错误。

宽度：矩形的宽度应当是 5～15mm。样品的宽度和厚度尺寸应当保持均衡，差值保持在 0.02mm 内。

长度：切割样品，使其比双悬臂支撑之间的距离长 5mm，如此样品可横放在支撑上而不会碰到炉子。对于双悬臂夹具来讲，这个长度是 55～60mm，对于单悬臂夹具来讲大约是 30mm。长度与厚度的最小比率应当是 1～10，为了获得最佳结果，应当大于或等于 10。

其他例如圆柱状、管状的样品，也可用于双悬臂夹具，但精度会有所降低，导致模量测量中的不确定性有所增加。

需要注意，即使样品尺寸符合上述要求，也不意味着一定可以使用该夹具来测量该尺寸的样品，因为仪器可测量的样品刚度范围为 $10^2～10^7 N/m$。

（二）三点弯夹具

三点弯夹具如图 2-7-3 所示。样品处理成均匀的矩形或棒状，样品尺寸参照双悬臂，为获得最佳结果，长度与厚度的比率应当大于或等于 10。

（三）拉伸夹具

拉伸夹具如图 2-7-4 所示。薄膜样品处理成矩形，长度在 10～20mm，厚度小于 2mm。纤维样品可以使用纤维束或单根纤维，长度一般在 10～20mm。

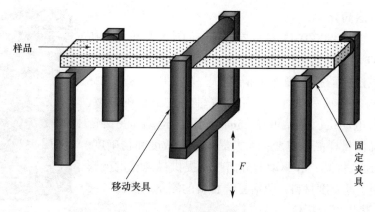

图 2-7-3　三点弯夹具示意图

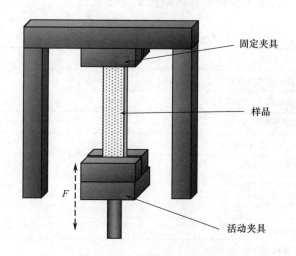

图 2-7-4　拉伸夹具示意图

另外，还有一些如剪切、压缩夹具等，现将样品尺寸及适用的夹具汇总，见表 2-7-1。

表 2-7-1　Q800 型动态热机械分析仪夹具应用指南

样品	夹具	样品尺寸
高模量金属或 复合材料	三点弯 双悬臂 单悬臂	$L/T>10$ 最佳
非增强的热塑性或热固性材料	单悬臂	$L/T>10$ 最佳
脆性固体 （陶瓷）	三点弯 双悬臂	$L/T>10$ 最佳
弹性体	双悬臂	$L/T>20$（$T<T_g$）
	单悬臂	$L/T>10$（$T<T_g$）
	剪切三明治	（只适用 $T>T_g$）
	拉伸	$T<2$mm，$W<5$mm
薄膜/纤维	拉伸	L 10~20mm，$T<2$mm

注　L 为试样长度，T 为试样厚度，W 为试样宽度，T 为测试温度，T_g 为材料的玻璃化温度。

三、实验仪器简介

美国 TA 公司的 Q800 DMA 是世界上畅销的动态热机械分析仪。它基于 CMT（驱动器与传感一体化）技术设计，利用高科技的非接触式线性驱动技术确保了精准的应力控制。驱动轴靠八个多孔碳结构空气轴承支撑，采用空气轴承减小系统摩擦，同时不依靠步阶电动机，样品可在 25mm 范围内运动；另外配备的光学编码器测量样品的应变，大大提高了灵敏度和精确度。该 DMA 依靠 RSA3 传感器和驱动器分离技术提供最纯正的变形方式，特别适用于高硬度材料，包括复合材料的测量。图 2-7-5 即为 Q800 动态热机械分析仪。

图 2-7-5　Q800 动态热机械分析仪

Q800 动态热机械分析仪主要技术参数如表 2-7-2 所示。

表 2-7-2　Q800 动态热机械分析仪主要技术参数

指标	参数
最大动态力（N）	18
最小动态力（N）	0.0001
力解析度（N）	0.00001
应变解析度（nm）	1
模量范围（Pa）	$10^3 \sim 3 \times 10^{12}$
频率范围（Hz）	$0.01 \sim 200$
最大形变范围（μm）	$\pm（0.5 \sim 10000）$
温度范围（℃）	$-150 \sim 600$
等温精度（℃）	0.1

四、实验操作步骤

（一）开机

检查 DMA 和控制器之间的所有连接。确保每个组件都插入正确的接头中。

将仪器右后侧 DMA 电源开关设置到打开位置。正确开启电源后，"TA Instruments"标志将显示在触摸屏上，这表示仪器已经准备就绪。在执行实验之前，至少预热 30min。

预热完成后，打开空压机电源。观察过滤器出口压力是否在 448kPa（65psi）左右［不可超过 483kPa（70psi）］，否则做适当调节（将压力调节阀向上推即可进行调节，下拉即可定位）。若实验温度超过 400℃，必须使用氮气代替压缩空气为气源。

待仪器触摸屏 Control Menu 中 Drive 一栏由 Low 变为 Floating 或 Locked 时（图 2-7-6），可以开始仪器操作。

（二）校准及参数设置

DMA 校准主要有两部分：位置校准和夹具校准。通常先做位置校准，然后再做夹具校准。每次重新开机后都要做位置校准，每次重新安装夹具后要做夹具校准。注意：进行位置校准前必须检查仪器上是否已安装夹具，若安装有三点弯曲夹具，则必须将其拆除后再进行

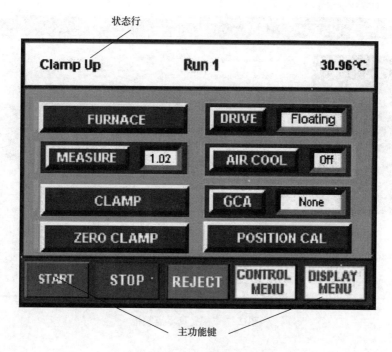

图 2-7-6　仪器触摸屏画面

位置校准，若安装的是其他夹具，则可以保留夹具进行位置校准。

　　下面以常用的薄膜拉伸夹具为例说明 DMA 校准的一般步骤，其他夹具的校准方法可参照该夹具执行，但又有所不同。

　　1. 位置校准　位置校准主要是对主机的驱动轴的位置进行校正。非三点弯曲夹具可以直接将炉子关闭，进行位置校准。操作步骤按照如下顺序：

　　单击"Calibrate"→"Position"→"Calibrate"→"Next"→"Finish"。

　　2. 夹具校准　确定安装单悬臂夹具后，单击"Calibrate"→"Clamp"→"Select clamp type（Tesion Film）"，进行薄膜拉伸夹具校准。所有的校准包括质量校准、零点校准及柔量校准。

　　（1）选择"All calibration"，点击"Next"，进行夹具的质量校准。完成后，点击"Next"。

　　（2）从标准配置的工具盒里取出长度约为 8.66mm 的量块，用游标卡尺精确测量其长度输入计算机。并将量块装入样品台夹具的中间位置上，固定。点击"Calibrate"进行夹具零点校准。等待完成，点击"Next"。如图 2-7-7 所示。

　　（3）从标准配置的工具盒里取出宽度约为 6.3mm、厚度约为 0.13mm 的不锈钢铁片标样，用游标卡尺精确测量其宽度和厚度，选择矩形，将宽度和厚度参数输入计算机。将不锈钢片装到主机的样品台夹具的中间位置，固定。使用伸缩量具测量不锈钢片的有效长度，将其输入计算机。点击"Calibrate"，进行夹具的柔量校正。如图 2-7-8 所示。

　　（4）提示完成后点击"Next"，点击"Finish"，完成夹具校准。

　　将准备好的样品装置到 DMA 上，并调节热电偶位置（使其位于样品侧下约 1mm，距样

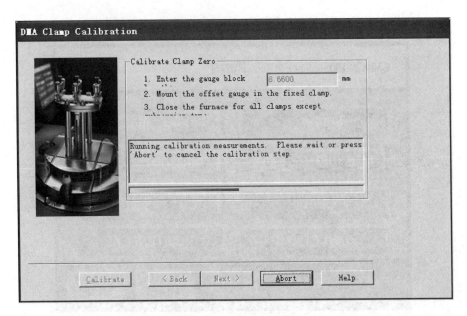

图 2-7-7 夹具零点校准

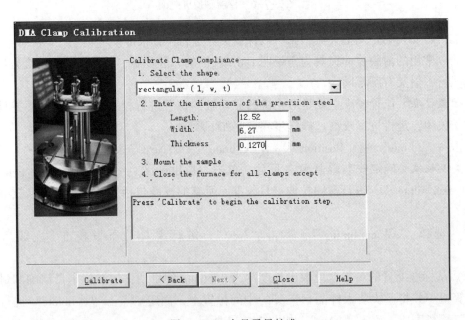

图 2-7-8 夹具柔量校准

品右侧约 1mm，切莫碰到样品），然后关闭炉子。

在操作界面中 Summary 和 Procedure 处分别设置好实验条件和参数等，然后点击下面"Apply"，将实验条件和参数写入程序。如图 2-7-9 所示。

注意：若实验开始温度低于室温，则需用液氮进行降温。

低温实验具体降温步骤：点击"Control"→"Go to temperature"，设定所需温度，点击

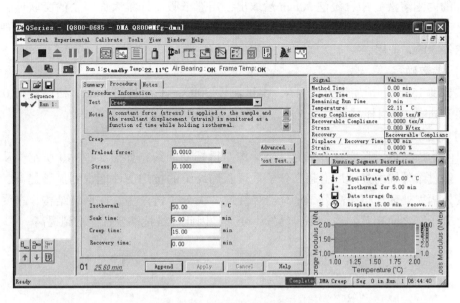

图 2-7-9　实验条件参数设置

"Set"开始降温，待温度降至设定的开始温度时，将炉子打开，快速利用扭力扳手再次将夹具拧紧，然后迅速将炉子关上，再次点击"Set"降温，至所需温度时，关闭"Go to tempera-ture"对话框。

单击"测试预览"，预览所需的测试，Stiffness 在 $10^2 \sim 10^7$ N/m 范围内才可进行实验。

单击"开始"按钮即可开始实验。

（三）数据处理

单击数据分析软件，打开所需文件，进行数据分析。

1. 导出数据　在 File 中选择"Export date file"，导出所需的测试结果，点击"OK"，自动生成 txt 格式文件。

2. 导出图形　点击"Edit"→"Copy plot"，然后打开画图板，将图粘贴到画图板里，最后将文件另存到自己的文件夹。

（四）关机

实验结束时不要关闭主机，按照以下步骤结束本次实验。按下触摸屏上的"Drive"键或"Stop"键以锁定驱动，等待 10s，以允许系统有足够的时间保留位置校准。关闭空压机开关或氮气钢瓶。关闭计算机。

五、实例分析

以使用 Q800 动态机械热分析仪评价紫外辐射处理对超高分子量聚乙烯纤维蠕变性能的影响为例。

首先将超高分子量聚乙烯（UHMWPE，400D/406F）纤维在正庚烷中浸泡一段时间，取出后用丙酮洗涤多次，从而除去纤维表面杂质，然后置于烘箱中干燥至恒重；纤维干燥后，将 UHMWPE 纤维浸泡于交联液（光敏剂二苯甲酮质量百分比为 0.6%、交联剂 TAC 质量百分比为 30% 的丙酮溶液）中，浸泡 30min 后取出，用滤纸吸干纤维表面多余的交联液，然后放置在光化学反应仪中进行紫外辐射处理，汞灯功率为 300W，照射时长 10min。取处理后和处理前纤维各 30mm 备用。

（一）参数确定

测试长度 15mm，预加张力 0.1cN，测试温度 30℃，平衡时间 5min，初始载荷 0.1MPa，蠕变时间 15min，每组样品平行测 5 次，实验结果取平均值。

（二）数据处理

以时间为横坐标，形变百分率为纵坐标作图得蠕变曲线，如图 2-7-10 所示。从图中可以看出，经过紫外辐射处理后，超高分子量聚乙烯纤维的抗蠕变性能得到显著提高，主要原因在于紫外辐射处理使得超高分子量聚乙烯纤维的大分子链产生交联网络结构，在受到外力作用时，分子链之间相互制约，不容易发生变形，因此纤维抗蠕变性能得到提高。

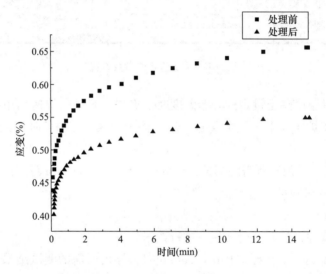

图 2-7-10　紫外辐射处理前后超高分子量聚乙烯纤维蠕变性能对比

第三章 纺织材料色泽、光学性能测试实验

实验一 使用日晒牢度仪测试纺织材料耐光色牢度

一、实验原理

染色织物的耐光色牢度，是指织物染色后在日光长期照射下的褪色、变色程度。织物经过日晒发生褪色、变色是一个复杂的过程，一般情况是光破坏染料而导致纺织品颜色褪色使颜色变浅、变暗；还有一种光致变色现象，即当染料暴晒于强光下会迅速变色，转移至暗处会回复到原来的颜色；还有许多样品经过暴晒，色调完全变化，如许多天然染料染色织物；对于白色（漂白或荧光增白）纺织品，是将试样的白度变化与蓝色羊毛标样对比，以此来评定色牢度。

耐光色牢度测试的方法，是在规定的条件下，将纺织品试样与一组蓝色羊毛标样一起在人造光源下按照规定条件暴晒后，对试样与蓝色羊毛标样进行对比，评定色牢度。目前使用较多的纺织品耐人造光色牢度测试标准有国际标准组织的 ISO 105-B02—2014，我国的国家标准 GB/T 8427—2008，以及美国染化工作者协会的 AATCC TM 三种标准。其中 ISO 标准及国家标准是待蓝色羊毛标准褪色达到指定的评定变色用灰色样卡级数时，使用蓝色羊毛标准评定样品的耐光色牢度。而 AATCC 标准是将试样暴晒一定时间或一定暴晒量后，使用评定变色用灰色样卡评定其耐光色牢度，明确了主要的控制参数和可参考的设备供应商。这三个标准测试方法基本思路大体相同，都采用人造氙弧灯作为模拟日光的实验光源，该光源可产生与日光光谱曲线非常接近的稳定能量分布，能为包括红外线在内的整个光谱提供能量，尤其对于有色物质还能产生和日光一致的加热效应，从而大大提高了实验结果的准确性和重现性。三个标准中，根据测试试样的数量不同，试样是否为白色织物等，又规定了 5 种实验方法。

二、样品准备及评级

（一）试样准备

试样的尺寸根据试样数量和设备试样夹的形状和尺寸而变动。通常使用的试样面积不小于 45mm×10mm。每一暴晒和未暴晒面积不应小于 10mm×8mm。

如试样是织物，应紧附于硬卡上，在剪取织物类试样时，使其长度方向平行于经向尺寸或长度方向。试样的尺寸和形状应与蓝色羊毛标样相同，以免对暴晒与未暴晒部分目测评级时，面积较大的试样对照面积较小的蓝色羊毛标样会出现评定偏高的误差。

如试样是纱线，则紧密卷绕于硬卡上或平行排列固定于硬卡上。对于纱线，应将纱线缠绕或固定在白纸板上且暴晒和未暴晒的部分含有同样数目的纱线。

如试样是散纤维，则梳压整理成均匀薄层固定于硬卡上。使用遮盖物时避免将试样表面压平，尤其当试样为绒类织物时。

(二) 标准样品

1. 评定变色用灰色样卡 变色灰色样卡（GB/T 250—2008）包含多对标准灰色卡片，根据观感色差分为五个整级色牢度档次，即 5、4、3、2、1，在每两个档次中再补充一个半级档次即 4-5、3-4、2-3、1-2 就扩编为 5 级 9 档灰卡，5 级为两个颜色无差异，1 级差别最大。试样在实验中所发生的变化，可以是亮度、彩度或色相的变化或这些变化的组合，无论变化性质如何，评级是以实验后试样与原样两者之间目测对比色差得到的，当原样和实验后样品之间的观感色差相当于灰卡某等级所具有的观感色差时，该级就作为试样的变色牢度级数，如果原样和实验后样品接近灰色样卡某两个等级的中间，则试样变色牢度级数评定为中间级数，只有原样和实验后样品之间没有观感色差时才可定为 5 级。

2. 蓝色羊毛标样 欧洲研制和生产的蓝色羊毛标样编号为 1~8，美国研制和生产的蓝色羊毛标样编号为 L2~L9，成分都是羊毛，都有 8 个级别，且每一较高编号蓝标的耐光色牢度比前一编号约高一倍。但这些标样使用的染料和制作工艺不同，蓝标 1~8 是分别用 8 种不同耐光色牢度的染料染成蓝色羊毛布片，如表 3-1-1 所示，适用于 GB/T 8427—2008 和 ISO 105-B02—2014 中规定的欧洲暴晒条件。

表 3-1-1　用于蓝色羊毛标样 1~8 的染料

标准级别	染料（染料索引名称）
1	CI 酸性蓝 104（CIAcid Blue 104）
2	CI 酸性蓝 109（CIAcid Blue 109）
3	CI 酸性蓝 83（CIAcid Blue 8a）
4	CI 酸性蓝 121（CIAcid Blue 121）
5	CI 酸性蓝 47（CIAcid Blue 47）
6	CI 酸性蓝 23（CIAcid Blue 23）
7	CI 可溶性还原蓝 5（ClSolubilized Vat Blue 5）
8	CI 可溶性还原蓝 8（CI Solubilized 1Vat Blue8）

而 L2~L9 这 8 个蓝色羊毛标样是用 CI Motdant Bule 1（染料索引，第三版，43830）染色的羊毛和用 CI solubilized Vat Blue 8（染料索引，第三版，73801）染色的羊毛以不同混合比特制，适用于 GB/T 8427—2008 和 ISO 105-B02—2014 中规定的美国暴晒条件，且适用于 AATCC TM 16。蓝标 1~8 和 L2~L9 之间不能混用，测试结果也不能互换。

3. 湿度控制标样 湿度控制标样是用红色偶氮染料染色的棉织物，通过测定它的耐光色牢度来反映试样表面的有效湿度。目前的耐光色牢度仪大都可以显示箱体内的相对湿度，但在 GB/T 8427—2008 和 ISO 105-B02—2014 中都规定每天需要用湿度控制标样校准箱体内的湿度。其原因是湿度控制标样校准的并非箱体内的相对湿度，它校准的是试样表面的水分含量，它由空气温度、试样表面温度和空气相对湿度综合决定的。有效湿度直接影响对湿度敏感样品的耐光色牢度测试结果，所以 GB 与 ISO 标准规定需每天检查箱体内湿度。具体校准方法如下：

将一块不小于 45mm×10mm 的湿度控制标样与蓝色羊毛标样一起装在硬卡上, 并尽可能使之置于试样夹中部。部分遮盖的湿度控制标样与蓝色羊毛标样同时进行暴晒, 直至湿度控制标样上暴晒和未暴晒部分间的色差达到变色样卡 4 级。此时用蓝色羊毛标样评定湿度控制标样与哪一级蓝色羊毛标样的色变一致。如, 在欧洲通用暴晒条件下, 湿度控制标样暴晒与非暴晒部分间的色差应与 5 级蓝色羊毛标样的色差一致, 即中等有效湿度, 如测试结果不一致则需参考湿度控制标样耐光色牢度与有效湿度的关系曲线 (图 3-1-1), 重新调节箱体湿度以保持试样的有效湿度为中等有效湿度。

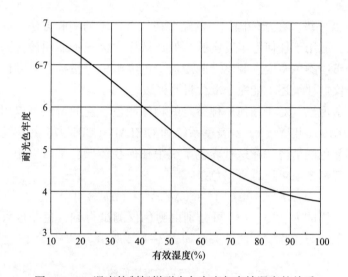

图 3-1-1 湿度控制标样耐光色牢度与有效湿度的关系

(三) 评级方法

1. 评定色牢度的照明条件 在不同光源的照明下, 人眼所感知的同一物体将呈现不同的颜色, 颜色差别的程度有时比较微小, 人眼难以察觉; 有时差别的程度比较大, 人眼能判别出是明显不同的颜色。在评级时根据实际情况选择合适的光源, 通常使用 D65。

2. 评级方法

(1) 打开标准灯箱, 选择适宜的光源, 关掉周围其他光源后, 眼睛至少在标准光照条件下调节 2min。评级时应先评冷色调, 再评暖色调。为了获得最佳精度, 对比的面积、尺寸、形状及经纬向应大致相同。

(2) 变色评级。将纺织品原样与实验后样品按同一方向并列紧靠置于同一表面, 灰卡也放于同一平面上。所有样品背景一致, 背景宜为中性灰颜色, 如需避免背衬对纺织品外观的影响, 可取原样两层或多层垫在原样与试样下面。入射光与纺织品表面呈 45°, 观察方向大致垂直于纺织品表面, 如图 3-1-2 所示。按照灰卡的级差来目测评定原样和实验后样品之间的色差。

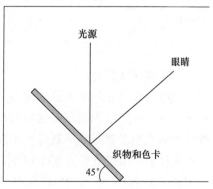

图 3-1-2 色牢度评级方法

（3）沾色评级。将一块未沾色的贴衬织物原样与色牢度实验中组合试样的一部分按同一方向并列紧靠置于同一表面，灰卡也放于同一平面上。所有样品背景一致，入射光与纺织品表面呈45°，观察方向大致垂直于纺织品表面。按照灰卡的级差来目测评定原贴衬和实验后贴衬之间的色差。

（4）评级时，在作出一批试样的评定之后，要将评定为同一级别的各对原样和实验后样品相互间再做比较。这样能看出评级是否一致，因为这时候评级上的任何差错都会显得特别突出。若某对的色差程度和同组的其他各对不一致时，要重新对照灰卡再作评定，必要时改变原来的色牢度级数。

（5）色牢度仪器评级。在新的国标中已经存在仪器评级的实验方法，试样变色或沾色程度的仪器评级方法，适用于任何色牢度实验，但是试样含荧光不能用该方法。测色仪是通过颜色的光谱功率分布、颜色密度、颜色三刺激值、色度坐标等指标，对颜色进行客观的表达和评价。不过目前仪器评级还不能完全取代目测评级。

根据现代色度学理论，对于任何一种给定的物体颜色，它的特性可以用各种表色系统来描述，常用的是 CIE1931 年 X、Y、Z 表色系统和 CIELAB（CIE1976 色差式）表色系统，后者更符合人们观察颜色的情况，在这种表色系统中任何物体颜色都可以用三刺激值表示。通过测色仪上测得的三刺激值可以计算出色差：

$$\Delta E = \left[(\Delta L^*)^2 + (\Delta a^*)^2 + (\Delta b^*)^2 \right]^{1/2}$$

式中：试样和标样的 L^*、a^*、b^* 可分别由测色仪测试得到，色差也可以直接从仪器测试结果给出。其中色差与色牢度之间的关系如表 3-1-2 所示。

表 3-1-2　色差与色牢度之间的关系

色牢度级别	变色色差 ΔE	沾色色差 ΔE
5	0+0.2	0+0.2
4-5	0.8±0.2	2.2±0.3
4	1.7±0.3	4.3±0.3
3-4	2.5±0.3	6.0±0.4
3	3.4±0.4	8.5±0.5
2-3	4.8±0.5	12.0±0.7
2	6.8±0.6	16.9±1.0
1-2	9.6±0.7	24.0±1.5
1	13.6±1.0	34.1±2.0

三、实验仪器简介

纺织品耐人造光色牢度测试设备主要分为空冷型和水冷型两大类。目前，虽然国内外多个品牌的耐光色牢度测试仪器的结构原理相似，但由于涉及同时控制多个参数，空冷型和水冷型设备的参数设置不具等效性，不同品牌设备的参数设置也存在较大差异。

本实验室使用的是美国 ATLAS 公司的 XENOTEST ALPHA_M 型日晒牢度仪（图 3-1-3）。XENOTEST ALPHA_M 采用气冷氙灯，保证了材料老化及色牢度测试的重复性和重现性，广泛应用于各种有色纺织品、皮革、人造革、塑料等有色材料的耐光、耐气候色牢度及光老化实验。通过设定实验舱内光照强度、温度、湿度、喷淋等参数，提供实验所需的模拟自然条件，以检测纺织品耐人造气候色牢度、耐人造光色牢度及耐光、汗复合色牢度。

实验时，将试样夹置于金属托架上，并按规定距离呈环形围绕在立式氙灯周围，氙灯作为辐射光源进行发光、发热，氙灯的辐射光经过滤热片，滤光片直接照射到试样表面。空冷式氙弧灯设备是鼓风机产生的气流直接经暴晒舱到达试样表面，从而达到冷却的作用。湿度是通过超声波给湿装置调湿。XENOTEST ALPHA_M 型日晒牢度仪由辐照系统、过滤系统、加湿加热冷却雨淋等系统组成，主要结构如图 3-1-4 所示。

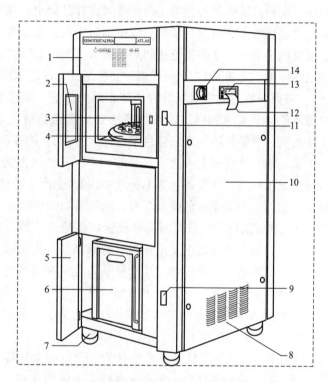

图 3-1-3 XENOTEST
ALPHA_M 型日晒牢度
仪外观图

图 3-1-4 XENOTEST ALPHA_M 型日晒牢度仪结构图
1—操作面板与触摸屏 2—测试箱门与观察窗 3—测试箱与旋转系统及辐照装置 4—旋转系统和试样架座 5—补水系统门 6—处理水水槽 7—高度调节架 8—冷却氙灯与电气部件的进气口 9—补水系统门卡 10—配电系统门 11—测试箱门卡 12—打印输出纸带（选配打印机） 13—打印测试数据的选配打印机 14—控制开机停机的主开关

四、实验操作步骤

（一）实验方法选择

GB/T 8427—2008 中提供了 5 种可选实验操作方法，各方法的暴晒时间截然不同。在正常使用的情况下，一般耐光色牢度达到 4 级以上的纺织、服装产品不容易发生褪色；而 3 级以下的极易因光线照射而发生颜色变化。因此，在进行耐光色牢度检测时，一般采用方法 3 进行测试。

方法 1：该方法被认为是最精确的，在评级有争议时应予采用。其基本特点是通过检查试样来控制暴晒周期，故每块试样需配备一套蓝色羊毛标样。将试样和蓝色羊毛标样排列在一起，将第一块遮盖物放在试样和蓝色羊毛标样的中段 1/3 处。按规定的条件暴晒。不时提起第一块遮盖物，检查试样的光照效果，直至试样的暴晒和未暴晒部分的色差达到灰色样卡 4 级。用第二块遮盖物遮盖试样和蓝色羊毛标样的左侧 1/3 处，继续暴晒，直至试样的暴晒和未暴晒部分的色差等于灰色样卡 3 级。如果蓝色羊毛标样 7 或 L7 的褪色比试样先达到灰色样卡 4 级，此时暴晒即可终止。

方法 2：该方法适用于大量试样同时测试。其基本特点是通过检查蓝色羊毛标样来控制暴晒周期，只需用一套蓝色羊毛标样对一批具有不同耐光色牢度的试样实验，从而节省蓝色羊毛标样的用料。试样和蓝色羊毛标样排列在样品架上，用第一块遮盖物遮盖试样和蓝色羊毛标样左侧总长的 1/5~1/4。暴晒过程中不时提起遮盖物检查蓝色羊毛标样的光照效果。当能观察出蓝色羊毛标样 2 的变色达到灰色样卡 3 级或 L2 的变色等于灰色样卡 4 级，并对照在蓝色羊毛标样 1、2、3 或 L2 上所呈现的变色情况，评定试样的耐光色牢度（这是耐光色牢度的初评）。将第一块遮盖物重新准确地放在原先位置，继续暴晒，直至蓝色羊毛标样 4 或 L3 的变色与灰色样卡 4 级相同。这时再将第二块遮盖物重叠盖在第一个遮盖物上，遮盖旁边 1/5~1/4 之间。继续暴晒，直到蓝色羊毛标样 6 或 L4 的变色等于灰色样卡 4 级。然后，放上最后一个遮盖物，遮盖剩下未遮盖部分的一半，其他遮盖物仍保留原处。继续暴晒，直到下列任一种情况出现为止：在蓝色羊毛标样 7 或 L7 上产生的色差等于灰色样卡 4 级或在最耐光的试样上产生的色差等于灰色样卡 3 级，此时暴晒即可终止。

方法 3：本方法适用于核对与某种性能规格是否一致，也是日常检测中使用最多的一种方法。允许试样只与两块蓝色羊毛标样一起暴晒，一块按规定为最低允许牢度的蓝色羊毛标样和另一块更低的蓝色羊毛标样。连续暴晒，直到在最低允许牢度的蓝色羊毛标样的分段面上等于灰色样卡 4 级（第一阶段）和 3 级（第二阶段）的色差。白色纺织品（漂白或荧光增白）晒至最低允许牢度的蓝色羊毛标样分段面上等于灰色样卡 4 级。在日常检验过程中，以 4 级蓝标作为最低允许牢度的耐光是最常见的。

方法 4：本方法适用于检验是否符合某一商定的参比样，允许试样只与这块参比样一起暴晒。连续暴晒，直到参比样上等于灰色样卡 4 级和（或）3 级的色差。白色纺织品（漂白或荧光增白）晒至参比样等于灰色样卡 4 级。

方法 5：本方法适用于核对是否符合认可的辐照能值，可单独将试样暴晒，或与蓝色羊毛标样一起暴晒，直至达到规定辐照量为止，然后和蓝色羊毛标样一同取出。该法的测定原理近似于 AATCC TM16，较为公正，但其对测试设备要求较高，需要日晒机能在参数设定程序中有规定辐照能量输入程序并进行自动控制。另外，这种方法可不用蓝色羊毛标准一起暴晒，但实验前应先用蓝标进行校正。

（二）仪器测试参数设定

（1）辐照强度。用辐照度计测得的单位面积辐照量表示，辐照强度按照标准中推荐的条件进行设置。在现行标准中，对光照强度和总辐射量的控制大都采用波长点或某一波段来测量。例如：ISO105-B02—2014、GB/T 8427—2008 和 AATCC 16 等标准规定水冷式设备在波长为 420nm 处的控制点的辐射量为 1.10W/m²，而空冷式是在 300~420nm 控制范围的辐射量为 42W/m²。由于灯管和滤光片老化导致辐射强度下降，试样表面吸收相同辐射能所需的时间相应延长。

（2）箱体内的相对湿度。实验发现，Atlas Alpha 空冷型日晒仪在舱体温度为（37±2）℃时，舱内湿度需控制在（50±2）%，有效湿度为中等有效湿度。当然和环境湿度也有很大关系，日常实验过程需要用湿度标样进行检验，尤其是对湿度敏感的样品更需要注意。

（3）样品架温度。在测试中，AATCC 16 Option E 规定为（63±1）℃，ISO 105 B02—2014规定为（45±2）℃，国标规定正常条件（由于我国大部分地区处于温带）测试时湿标 5 级，最高黑标温度（BST）50℃，或黑板温度（BPT）不超过 45℃，Atlas Alpha 空冷型日晒仪通常设定（48±2）℃。

（4）舱体温度。一般来说，在舱体温度比样品架温度低 10℃以下时，设备才能平稳运行，舱体温度可以根据实际使用环境设定，也可以不设定而通过保持实验室环境稳定来获取。总之，即使其他条件参数全部相同，仅舱体温度不同，所获得的测试结果也有差异，Atlas Alpha 空冷型日晒仪通常设定（37±2）℃。

（5）测试时间。GB/T 8427—2008 中提供了五种可选实验操作方法，各方法的暴晒时间截然不同。目前判定实验终点的通用做法大约有三种：能量累积法；标准物质对比法；定时法。至于具体采用哪种方法作为实验结束依据，则应视标准的具体规定来采用。能量累积法是通过监控某一波长处或某一波长区间内的能量控制点的能量累积来控制，该方法要求所用设备装有控制曝晒时间的定时装置和光照检测装置，只要达到设定的曝晒辐射能量就立即切断设备。标准物质对比法判断耐光实验终点采用将蓝色羊毛标准物质与试样一同暴晒并通过用变色灰卡检查蓝色羊毛的褪色程度来确定实验的暴晒终点，其中 ISO 105-B02—2014、ISO 105-B04—1994、AATCC TM 16D、GB/T 8427—2008 等标准都是采用此种方法判断耐光实验终点。定时法判断耐光实验终点是指在规定的温度、湿度和光谱条件下，暴晒规定的时间后终止暴晒的一种实验方法，其中实验时间是指有标准或客户约定的暴晒时间。当仪器所提供的实验条件是精确且可控制时，可按时间的长度来考核被试物的耐光色牢度，此法常与前法组合使用。

（三）仪器操作步骤

1. 试样安装　实验参照 GB/T 8427—2008 中的方法 3 进行，先将试样和蓝色羊毛标准按图 3-1-5 所示排列，并用遮盖物遮盖后固定在样品架上。为了使试样的被辐照部分与未被辐照部分有一个清晰的对比，设备提供不同孔隙的遮盖板，分别为 9mm、18mm 及 27mm，根据实验方法选择。把装好的样品夹安放于设备的试样架上，呈垂直状排列，试样架上所有空挡都要用没有试样而装有硬卡的试样夹全部填满。

2. 仪器程序操作　打开仪器电源开关，接通电源。检查水箱中水位，加入足够的蒸馏水。进入主菜单界面（图 3-1-6），选择过滤系统，具体操作如下：

（1）过滤系统选择。按 1，进入基本参数操作页面，按 1，用 "DATA" 键重复调出可用的滤镜系统，按 "ENTER" 键确认。出现 6IR+1UV filter 时按 "ENTER"。

（2）设置运行程序。在主菜单选择 "3"，按 "1" 输入程序编号，按 "ENTER"；再按 "2"，选择非转模式后按 "ENTER"，在界面中输入阶段编号，最大 10。然后依次输入对应的参数，辐照强度设置（E=42），温度标准选择（Both=CHT+BST，CHT=37，BST=48），RAIN=0，相对湿度（RH=50%），持续时间（例如 Phase Time=600min）。按 "1"，选择 "ENTER"，输入程序结束方式。当程序进行过程中要求多次停顿时，在 "Switch-off criterion" 中选择对应的程序运行停止方式。最后按 "ESC"，输入总时间（例如 Total Time=30h），

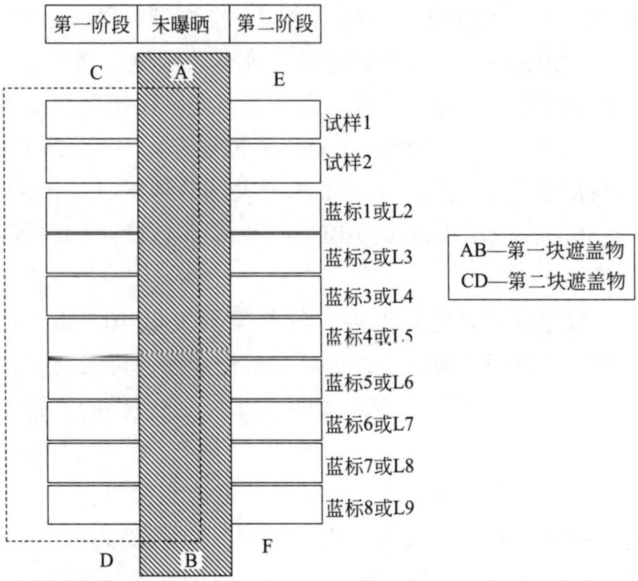

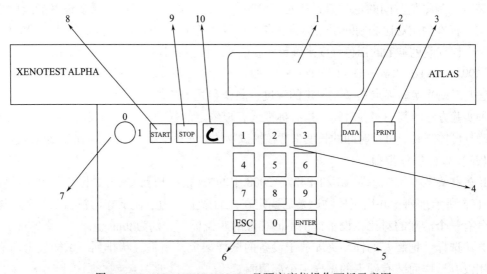

图 3-1-5 装样示意图

图 3-1-6 XENOTEST ALPHA 日晒牢度仪操作面板示意图

1—LCD 的屏幕显示用户指南与数据　2—用于显示数据的 DATA 键　3—打印程序、参数及系统状态的 PRINT 键　4—用于输入程序参数和实验值的数值键　5—确定输入值的回车键　6—退出键　7—系统运行时锁住键盘的开关　8—START（启动）键　9—STOP（终止）键　10—当运行的程序受到干扰时，控制试样夹旋转的键（门已关闭）

对应编号的程序设置完毕。

（3）开始运行程序。进入主菜单选择"2"，输入需要运行的程序编号，按"1"，按"START"开始程序，氙弧灯点亮，样品盘旋转，测试开始。实验过程中不时观察样品和标样的变色情况，当达到测试要求的变色级数时，停止暴晒，拿出样品和蓝色羊毛标样。程序中途需要停止时按"STOP"，运行结束或中止后，按"ESC"退回主菜单界面。实验结束待风扇停止转动后关掉机器电源，并拉好电闸。

3.耐光色牢度评级

（1）移开遮盖物，为了避免光致变色对耐光色牢度发生错评，试样应放在暗处保持24h后评级。

（2）在标准光源灯箱下比较试样和蓝色羊毛标样的变色，试样的暴晒与未暴晒部分间的色差和某蓝色羊毛标准的暴晒与未暴晒部分间的色差级数相当时，此级为试样的耐光色牢度级数。如果试样所显示的变色更近于两个相邻蓝色羊毛标样的中间级数，而不是近于两个相邻蓝色羊毛标样中的一个，则应给予一个中间级数。例如3-4级或L2-L3级。

（3）如果不同阶段的色差上得出了不同的评定，则可取其算术平均值作为试样耐光色牢度，以最接近的半级或整级来表示。当级数的算术平均值是1/4或3/4时，则评定应取其邻近的高半级或一级。

（4）如果对试样和规定的蓝色羊毛标样或参比样一起暴晒，最后评级时如果变色大于或小于规定的蓝色羊毛标准或参比样，则耐光色牢度为符合或不符合，同时注明所规定的最低允许牢度的蓝色羊毛标样级数。

五、实例分析

测试5块样品的耐光色牢度，测试方法参考GB/T 8427—2008的方法3，最低允许牢度为4级。将5个测试样品和1~5级蓝色羊毛标样同时进行暴晒，实验参数为 $E=42W/m^2$（300~400nm）；BST=48℃；RH=50%，CHT=37℃。最终实验第一阶段时间为22h时4级羊毛色卡变色达到灰卡4级，第二阶段时间为45h时4级羊毛色卡变色达到灰卡3级。

实验要求样品的耐光色牢度要达到4级才算合格品，那么实验中至少应使用4级蓝标和3级蓝标。实验分两阶段：第一阶段终止条件为4级蓝标暴晒部位和遮盖部位色差达到灰卡4级，第二阶段将第一阶段已暴晒部位遮挡一半，另一半继续暴晒，直至这一半经两阶段暴晒部位和未暴晒部位的色差达到灰卡3级时终止实验。终止实验，取出后在暗室放置一晚上后进行评级。测试结果如图3-1-7所示，其中图3-1-7（a）为标准羊毛经过实验后未暴晒、

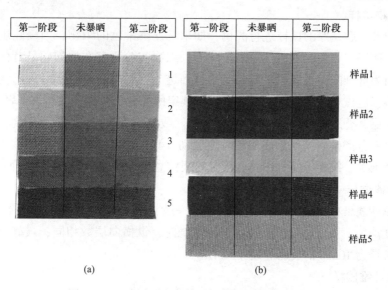

(a)   (b)

图3-1-7 实验后蓝色羊毛标样和试样测试结果

第一阶段、第二阶段测试结果。图 3-1-7（b）为 5 块试样经过实验后未暴晒、第一阶段、第二阶段测试结果，然后在标准灯箱下进行评级，结果如表 3-1-3 所示。结果显示 3 号样品的耐日晒色牢度最差，未达到 4 级，不满足要求。其他样品均具有较好的日晒牢度。

表 3-1-3　评级结果

样品名称	样品 1	样品 2	样品 3	样品 4	样品 5
原样变色（级数）	4	4	3	4	5

实验二　使用分光测色仪测试纺织品颜色

一、实验原理

颜色是由光源、物体的光学特性和人的颜色视觉特性这三大因素综合决定的，光作用于物体表面后，发生不同的反射，从而刺激人的眼睛，使人得到不同的颜色感觉。在颜色测量中，在可见光范围内的若干波长下，对物体以及参比物的反射光和透射光进行测量，测得其光谱反射率或透射率，进而计算出物体颜色的三刺激值和色度坐标的仪器称为分光光度仪。分光光度仪主要由光源、单色器、积分球、光电检测器和数据处理装置等部分组成。

分光光度仪的测色原理是：照明光线直接进入积分球，在积分球内形成漫反射的白光，这种漫反射白光照射在样品上，通过样品的吸收和色散作用，在与样品垂直的方向上射出积分球，进入单色器分光，最后由检测器测得分光后每一波长下的光能，以参比白标准的反射能量为基准，计算并输出样品的分光反射率。

二、样品准备

用于测色的纺织材料一般有织物、纱线和散纤维三种形式。

（一）织物试样

应选用匀染状态良好的试样进行测色，如果是连续染色的织物，因浸轧烘干后其正反面会出现色差，所以需要两面测色然后求平均值。织物实验所存在的问题是背面透光，组织疏松的织物，因为纤维间隙很大，更容易产生背面透光，必须折叠数层后进行测色，折叠的层数也不宜过多，应该在测色值无变动的条件下规定的最少层数。一般而言，轻薄织物叠 8 层，厚实织物叠 4 层，叠后样品尺寸 4cm×4cm 为宜。绒类、毛毯类、毛圈类织物，为了防止试样在积分球窗口部分产生内鼓现象而使测色值变动，测色前，在测色孔上加一块石英玻璃。有纹路的织物及绒类、线类等特种织物，测量时要注意标准样的放置方向与表面状态。

（二）纱线试样

为了避免纱线染色不匀而引起测色误差，一般将其平行卷绕在平板或圆筒上进行测色，要求卷绕密度均匀，张力尽可能一致。平板卷绕时，纵横向层数相同，最好绕 4 层；圆筒卷绕时，使用直径为 10mm 的筒管，绕 1~3 层。

（三）散纤维试样

如短纤维、毛条或棉条等，可均匀放置于定制的圆筒盒内，圆筒盒面向测色孔的一端装有薄玻璃板或透明塑料板，另一端是可施压的薄板，散纤维试样装入圆筒前，必须打松且均匀混合。

三、实验仪器简介

本实验使用的主要仪器为 Datacolor 650 台式分光测色仪，Datacolor 600 分光测色仪的操作也可以参考本实验的介绍。这两种型号的仪器都是采用 D65 脉冲氙灯照明，光学设计上称为"真双光束"方式。在仪器中，参比光束和试样反射光束分别经过凹面全息光栅色散，然后由彼此独立的 256 通道硅光敏二极管阵列检测器吸收。仪器采用 d/8°方式照明接收方式，仪器内有自动紫外线校正装置，照射孔径连续可调，波长 360~700nm，间隔 10nm 取样，测样时间少于 1s，光度测量范围为 0~200%（反射率），重复精度小于 0.01CIELAB ΔE，机内装有高性能的计算机控制和数据处理系统，使试样的测量更为精确，仪器操作更方便。与 Datacolor 600 分光测色仪相比，Datacolor 650 分光测色仪增加了投射测量功能，并设有液体测量装置，使用更为方便。Datacolor 650 分光测色仪如图 3-2-1 所示。

图 3-2-1 Datacolor 650 分光测色仪

四、实验操作步骤

（一）开机，运行 Datacolor TOOLS

先打开连接计算机，再打开 Datacolor 650 分光测色仪，然后双击计算机桌面 Datacolor TOOLS/Datacolor TOOLS Plus 图标，出现登录界面。键入用户名：纺织版本用户"dci"，原始密码为空白；颜料版本用户"user"，密码"CC3"（密码不区分大小写）。点击"确定"，运行 TOOLS 程序。

（二）仪器设定与校正

在工具栏中点选"仪器"，选择"校正"，弹出校正条件窗口，如图 3-2-2 所示。

校正条件的选择，需根据待测样品的特点来确定。镜面光泽，测色时设定分为"包含""不包含""G 光泽度"三种，可根据待测样品的特征及客户要求而定。测色孔径，分为"超大孔径""大孔径""中孔径""小孔径""超小孔径"和"超微小孔径"六种，一般根据待测样品的大小或客户要求而定，测量结果是测色孔径范围内颜色采集点的平均值，因此尽量选择大孔径，可以全面反映测色材料的颜色特征，结果相对更准确。自动调整，勾选"Z 自动调整"选项，仪器可自动识别当前孔径。UV 滤镜，测色时 UV 含量的选定，100%UV 是包含 UV，即不使用 UV 滤镜；0%UV 是不包含 UV，即使用 UV 滤镜滤去 400nm 以下的发射光谱；FL42 滤镜指滤去 420nm 以下的发射光谱；FL46 滤镜指滤去 460nm 以下的发射光谱；校正器指使用自定义的 UV 滤镜位置测量。标准白板，输入仪器的标准白板值。校正间隔时间，同一设定条件下的校正间隔时间。

在校正条件窗口选择所需要的仪器设定后，点选"C 校正"，即开始仪器校正程序。弹出

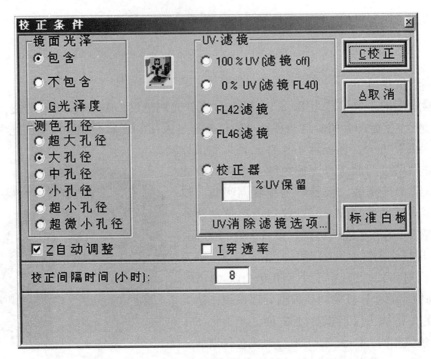

图 3-2-2　校正条件窗口

放置黑筒的提示，正确放置黑筒（字体向上）并点击"R 可继续"。黑筒校正完后，弹出放置白色校正板的提示，将黑筒取下，放置白色校正板，点击"R 可继续"。白板校正完后，弹出放置绿色诊断板的提示，将白板取下更换绿色诊断板，点击"R 可继续"。绿板校正完后，出现诊断测色结果窗口，如图 3-2-3，若判定"合格"，点击"确定"，完成校正程序，否则重新校正。

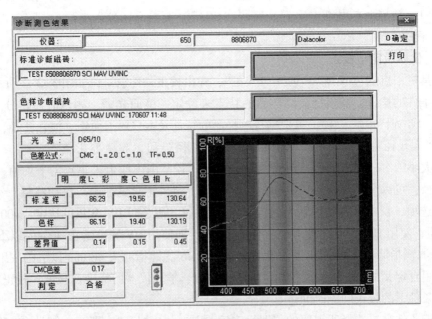

图 3-2-3　诊断测色结果窗口

（三）仪器常用项目设置

1. 编辑主菜单按钮　用户可以自定义主菜单显示的选项，选择软件左上方"TOOLS"按钮，点击"主菜单"按钮选项，弹出编辑主菜单按钮窗口，如图3-2-4所示。

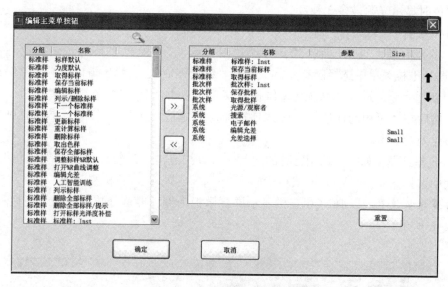

图3-2-4　编辑主菜单按钮窗口

在窗口左边栏目选择需要在主菜单显示的项目，点击右箭头移入右边栏目；在右边栏目选择不需要显示的项目，点击左箭头移走；在右边栏目点选项目，通过上下箭头选择显示项目的排列顺序。

2. 光源设定　点选工具栏选项中的"系统"，然后选择"光源/观察者"，然后弹出"光源/观察者"选择窗口，如图3-2-5所示。

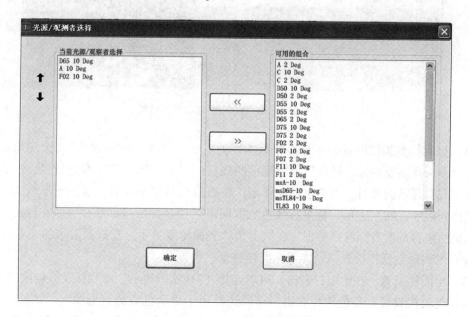

图3-2-5　光源/观察者选择窗口

从右边栏"可用的组合"选择要增加的光源，通过左箭头移入"当前光源/观察者选择"；从"当前光源/观察者选择"选择不需要的光源，通过右箭头移走；当前光源最多可以选择5种；在"当前光源/观察者选择"点选光源，通过上下箭头选择使用光源主光源与次光源，测色时显示光源最多3种。

3. 编辑允差

（1）编辑允差。点选"系统"，选择"编辑允差"，弹出"系统允差维护"窗口，在"允差模板"下拉菜单中选择已有允差，点击"编辑评估"，在弹出窗口进行允差编辑。

（2）新增允差。进入"系统允差维护"窗口，点击"新增"，在"允差模板"里键入允差名称，然后在"可用的评估"下拉选项选择评估体系，点击"增加"，然后在弹出窗口中进行新增允差的编辑。

（3）允差选择。如果要选用已有的允差，可直接点击"系统"选择"允差值"，然后在下拉列表中选择。

4. 屏幕模板设置 以DC QC三栏显示屏幕模板为例，屏幕分数据栏、绘图栏和色块栏，如图3-2-6所示。

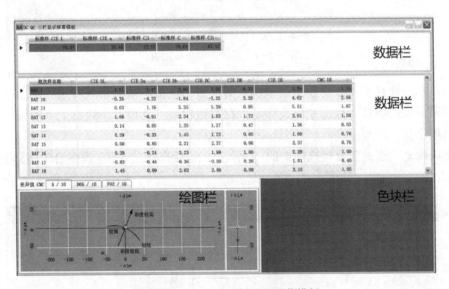

图3-2-6 DC QC三栏显示屏幕模板

（1）标准样数据栏设置。在标准样数据栏处右击，选择"网格设置"，会弹出窗口，从左边栏目中选择需要在标准样数据栏中显示的项目，点击右箭头移入右边栏目；从右边栏目中选择不需要显示的项目，点击左箭头移走；在右边栏目点选项目，通过上下箭头选择显示项目的排列顺序；在左上角"标准样颜色数据网络"中选择所有标准样，即在标准样数据栏中显示桌面包含的所有标准样数据；在右上角"光源重复显示"选择要显示的光源数量。

（2）批次样数据栏设置。请参考标准样数据栏设置。

（3）绘图栏设置。在绘图栏右击，可以选择"3D绘图显示"或切换至其他绘图方式。

（4）色块栏设置。在色块栏右击，可以选择用于显示色块的"光源""基材""布局"和"环境"等。以基材为例，右键点击选择"基材"，然后"应用至全部对象"，然后"Textile"，则颜色展现在相应的面料上。

5. 屏幕模板保存

（1）保存至资料库。在模板设置完成后，在模板的任何地方右击，选择"保存为模板"，则可将当前模板保存，在弹出窗口中输入保存信息则可。

（2）保存为起始模板。点击工具栏"系统"，选择"保存为起始屏幕"，则每次运行TOOLS 的时候就会显示该模板。

6. 测量标准样　在主菜单下点击"标准样"图标，输入标准样名称，则进入测色主视窗，根据需要选择单次测色或多次测色。以多次测色为例，点击"M 测色"，即开始测量动作，如需要再次测量色样，按需要移动色样位置后，再点击"M 测色"，如不需要再测量，则点击"接受目前资料"结束测量。若达到默认测量次数时，"M 测色"按钮会变成"A 接受"按钮，点击即可结束测量。一般在安装软件与仪器时，会将测量的次数设定为 4 次，即如果测量次数为第 4 次时，"M 测色"按钮会转变成"A 接受"按钮。

7. 测量批次样　在主菜单下点击"批次样"图标，进入测色主视窗，参考测量标准样相同操作，测量批次样。

8. 标准样或批次样的输入　除了仪器测量外，还可以在主菜单中点选标准样或批次样的下拉箭头选择样品的其他输入方式。例如，仪器代表单点测色，仪器平均值代表多点测色，标准样文件代表取出标准样等。选择了输入方式后，点击主菜单下的"标准样"或"批次样"图标即可生效。

9. 标准样和批次样默认值设定

（1）标准样默认值设定。点击"标准样"选择"标样默认"，弹出标准样默认值窗口，设置标准样的保存方法、输入方法和命名方法，"确定"后，再点击主菜单下的"标准样"图标即可生效。

（2）批次样默认值设定。请参考标准样默认值设定。

10. 标准样的保存与取出

（1）标准样的保存。点击"标准样"，选择"保存当前标样"，弹出选择文件夹窗口，选择要保存标样的文件夹，然后"确定"，则把标样数据保存至数据库中，也可以右键选择"新建文件夹"，然后"确定"保存。

（2）标准样的取出。点击"标准样"，选择"取得标样"，即取出曾经保存过的标样；选择"取出色样"，即取出任何曾经保存过的样品或者批次样作为标样。

11. 批次样的保存与取出

（1）批次样的保存。点击"批次样"选择"保存批样"，即保存当前批样；选择"保存全部批样"，即保存当前标样下的所有批样；选择"保存为标样"，即保存当前批样为标样。弹出选择文件夹窗口，选择要保存批样的文件夹，然后"确定"，则把批样数据保存至数据库中；也可以右键选择"新建文件夹"，然后"确定"保存（建议与其标样保存在同一文件夹）。

（2）批次样的取出。点击"批次样"，选择"取得批样"，即取出在当前标样下曾经保存过的批样；选择"取得标样为批样"，即取出曾经保存过的标准样作为批次样；选择"取得色样为批样"，即取出任何曾经保存过的样品作为批样。

12. QTX 导入和导出　在软件最上面功能栏中，有以下三个功能：导入桌面，可以选中对应的 QTX 文档导入颜色样；导出桌面，可以将 TOOLS 桌面上所有的标样和批样一起导出；导出当前标样/批样，导出当前选中的标样以及他所有批样。

13. 桌面数据管理 桌面浏览器列出了桌面包含的样品信息，包括标准样及批次样。

（1）桌面选项。右键点击"桌面"，下拉列表：取得标准样，取出曾经保存过的标样（与主题栏标准样下的选项一致）；取出色样，取出任何曾经保存过的样品作为标样（与主题栏标准样下的选项一致）；列示桌面标准样，可在弹出的窗口中选择在桌面显示的标准样或删除桌面的标准样数据；删除全部标样，删除桌面的全部标样；导入桌面，从计算机的指定位置导入 QTX 文件；导出桌面，导出当前桌面包含的所有数据至 QTX 文件；折叠所有窗口，折叠桌面目录下的所有窗口；显示所有，显示桌面目录下的所有窗口。

（2）标准样选项。右键点击"标准样"，下拉列表：保存当前标样，保存当前标样至数据库（与主题栏标准样下的选项一致）；取得批次样，取出该标样下曾经保存过的批次样；取出色样，取出任何曾经保存过的样品作为该标样的批次样；取得标准样为批次样，取出曾经保存过的标准样作为该标样下的批次样；保存全部批次样，保存该标样下的所有批次样；列示批次样，可在弹出的窗口中选择要在桌面显示的批次样或删除批次样数据；编辑桌面标准样数据，编辑该标准样的反射率或透射率数据；重命名标准样，重命名该标准样；删除当前标准样，在桌面中删除该标准样；标准样允差值，编辑用于该标准样的允差值。

（3）批次样选项。右键点击"批次样"，下拉列表：保存批样，保存该批次样；编辑桌面批次样数据，编辑该批次样的反射率或透射率数据；重命名批次样，重命名该批次样；删除当前批次样，在桌面中删除该批次样；交换标样/批样，用当前批次样作为标准样，并将标准样作为批次样。

（四）测试

1. 测试染色纺织品的颜色参数 染色纺织品的基本颜色参数包括反射率曲线，K/S 值，色度图，标准样（批次样）的 X、Y、Z、x、y、L^*、a^*、b^*、C^*、H^* 等，根据待测染色纺织品的特征或者客户来样要求进行具体项目测试。开机预热 30min 后，首先进行仪器校正，然后按要求进行项目设置，最后将待测染色纺织品按要求置于测色仪测色孔径处，点击"标准样"或者"批次样"按钮进行测色，并取得各颜色参数相对应的图表和数据，导出分析即可。

2. 测试白色纺织品的白度 白度，表示物体表面接近理想白的程度，其定义为光谱反射比为 100% 的理想表面的白度为 100 度，光谱反射比为零的绝对黑表面的白度为 0 度。Datacolor 分光测色仪所用的白度公式为 CIE 白度，其测试前仪器要经过特殊矫正。

（1）开机。进入系统预热 30min，然后校正仪器并设置各项参数。

（2）校正仪器。点击菜单栏"校正"按钮，弹出测色主视窗窗口，选择"镜面光泽"中的"不包含（SCE）"，"测色孔径"中的"大孔径（LAV）"，"UV 滤镜"中的"100% UV"，点选"校正"，开始校正仪器，用黑筒、白板、绿板诊断板做常规校验。

（3）UV 校正。用 UV 白板校正滤镜位置，点击菜单栏中的"CIE 白度校正（UV D65/10）"，弹出测色主视窗窗口，如图 3-2-7 所示。

核对测色条件后，输入荧光白板证书上的 CIE 白度值，将荧光白板放在测色孔径上，然后点击"自动校正"，再点击"确定"，此时分光测色仪开始连续地测色。当计算机自动停止测色时，会出现目前分光测色仪 UV 滤镜的位置，也会将目前分光测色仪所测量的白度值显

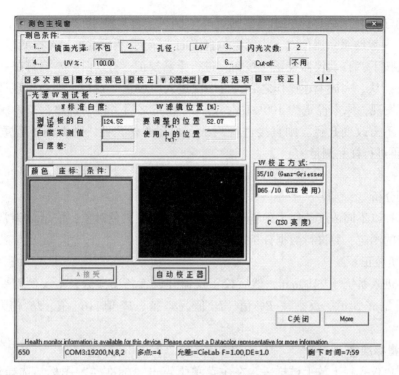

图 3-2-7 UV 校正前测色主视窗窗口

示于白度实测值的字段内，如图 3-2-8 所示。

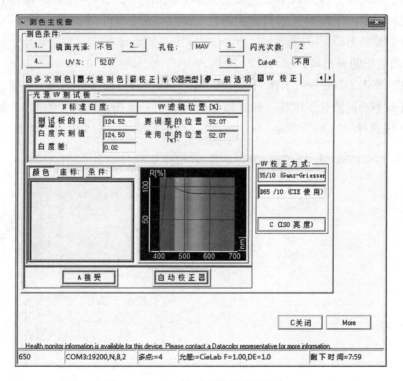

图 3-2-8 UV 校正后测色主视窗窗口

若目标值与实测值差控制在±0.4，则更改"测色条件"中的"镜面光泽"选项，选择"包含"（注：一般纺织品测色时，均设定包含镜面光泽），然后点击"A 接受"；若白度差超过±0.4，需再按下"自动仪器校正"按钮，进行重新校正，直到白度差控制在±0.4。

（4）条件确认。完成上述操作之后，再一次进入"校正"窗口，即会出现调整后的校正条件。此时可发现，原本设定为 100%UV，经 UV 校正之后，自动调整为 UV D65/10。若后面白度测试时不需改变孔径，则直接进行测试；若需调整孔径，则需调整后重新进行"校正"，完成后再进行样品测量。

五、实例分析

本实例选择以不同浓度茶树果染料染色的真丝织物为测色对象，演示最为常用的几种颜色参数与色差的测定，并进行数据分析。

（一）开机校正

开机后，进入系统预热 30min，然后校正仪器并设置各项参数，本实例需要获取的基本颜色参数主要是 K/S 值、反射率 $R\%$ 值、L^* 值、a^* 值、b^* 值、C^* 值、H^* 值及 ΔE^* （即 DE^*）值等。

（二）测量标准样

在分光测色仪孔径上放上试样一，在主菜单下点击"标准样"图标，选择仪器平均值，输入标准样名称"1"，调整样品进行多次测色，得到试样一的基本颜色参数。

（三）测量批次样

在分光测色仪孔径上放上试样二，在主菜单下点击"批次样"图标，选择仪器平均值，输入批次样名称"2"，调整样品进行多次测色，得到试样二的基本颜色参数及与试样一相对比的各项颜色参数的差值。

（四）各项数据的导出与分析

1. K/S 值 单击工具栏中"DTC-KS"按钮，然后点击桌面文件名为"K/S 值"的 Excel 快捷方式，可得到不同波长下试样一和试样二的 K/S 值；点击工具栏中的"&P 绘图"，选择"曲线绘图"，再选择"（K/S/吸收）vs. 波长"，可得到波长—K/S 值图，如图 3-2-9 所示。

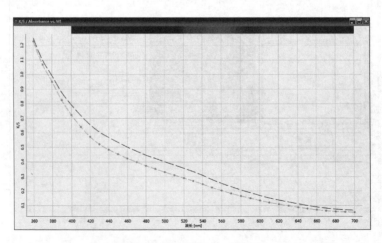

图 3-2-9　波长—K/S 值图

2. 反射率 $R\%$ 值　单击工具栏中"$R\%$"按钮，然后点击桌面文件名为"R 值"的 Excel 快捷方式，可得到不同波长下试样一和试样二的反射率值；点击工具栏中的"&P 绘图"，选择"曲线绘图"，再选择"%R/%T"，可得到波长—反射率图，如图 3-2-10 所示。

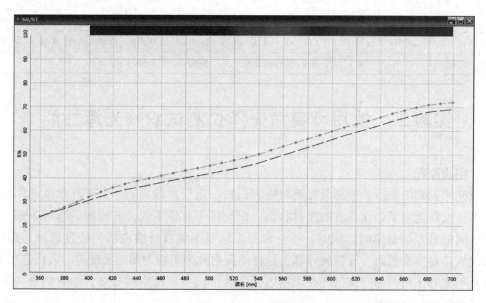

图 3-2-10　波长—反射率图

3. Lab 值　单击工具栏中"Lab"按钮，然后点击桌面文件名为"Lab 值"的 Excel 快捷方式，可得到试样一和试样二的 L^*、a^*、b^*、ΔE^*（即 DE*）值，如表 3-2-1 所示。

表 3-2-1　试样 L^*、a^*、b^*、ΔE^* 值

ID	L^*	a^*	b^*	ΔE^*
1	75.41	6.27	13.73	—
2	77.54	5.67	13.90	2.22

4. Lch 值　单击工具栏中"Lch"按钮，然后点击桌面文件名为"Lch 值"的 Excel 快捷方式，可得到试样一和试样二的 L^*、C^*、h^*、ΔE^* 值，如表 3-2-2 所示。

表 3-2-2　试样 L^*、C^*、h^*、ΔE^* 值

ID	L^*	C^*	h^*	ΔE^*
1	75.41	15.10	65.45	—
2	77.54	15.01	67.83	2.22

5. 数据导出　在标准样数据栏中右击，选择"Export"，会导出试样一的各项数据，同理，在批次样数据栏中右击，选择"Export"，会导出试样二作为批次样与标准样对比后的各项数据；在标准样数据栏或者批次样数据栏中右击，选择"Export all"，都会导出试样一作为标准样和试样二作为批次样各项数据，如表 3-2-3 所示。另外，也可通过点击菜单栏中的

"保存当前标样""取得标样""保存批样""取得批样"等按钮来将各项数据保存或者取出。

表 3-2-3　试样的各项数据值

ID	CIE L	CIE a	CIE b	CIE C	CIE h	CIE X	CIE Y	CIE Z	K/S's	
1	75.41	6.27	13.73	15.10	65.45	48.64	48.93	39.94	0.79	
ID	CIE DL	CIE Da	CIE Db	CIE DC	CIE DH	CIE DX	CIE DY	CIE DZ	K/S's	CIE DE
2	2.13	-0.61	0.17	-0.08	0.62	3.20	3.50	2.99	0.72	2.22

实验三　使用可变角光泽仪测试织物光泽性能

一、实验原理

当一束光照射到织物后，一部分光被织物表面按一定反射角反射，由于纤维或纺织品表面粗糙不平，反射光将呈四面八方的漫射状态，织物的平整性不同，其漫射的程度不同，即反射光在空间的分布状态不同。同时，另一部分光透过织物或纤维内部，经过选择性地吸收，残余的光线经过多次折射、反射到外部，这样的反射称为织物内部的漫反射。表面正反射光、表面漫反射光和来自内部的反射光在织物表面汇合形成一定的空间分布，当它们进入人眼后就引起了色泽的综合感觉。

对光泽评价时应该同时考虑反射光的反射量大小和反射光的分布状态。如果反射量很大，但分布不均匀，产生镜面反射，很强的反射光大都集中在局部的范围内，其他各个方向只有少量散射。相反，如果反射光量很大，并且分布又比较均匀，主要产生漫反射。

为了测量表面反射光的空间几何分布，一般采用变角光度计，用表面反射特征来表征光泽的特性。光源的光谱功率应为 A 光源或标准的 D65 光源。试样的均匀性和方向性在测量时应给予充分考虑。

目前织物光泽的评定方法主要有感官评定法和织物光泽仪测试法。感官评定法是依靠人的主观视觉感受来评价织物的光泽，故有人为因素影响，而且与各检验人员熟练程度和心理状态有关，所以不能准确地测定出织物的光泽度，只能相对地比较出织物的光泽强弱。用织物光泽测试仪将平行光以不同角度照射到试样上，检测器分别在不同位置上，测得来自织物的正反射光和漫反射光，来测试织物的光泽度。光泽仪测试法能直观地对织物的正、漫反射光强度和光泽度进行测量和表征。

二、样品准备

测试前保证测试样品平整，干净整洁。样品尺寸：最小 50mm×50mm，最大尺寸 130mm×110mm。最大厚度 10mm。

样品测试前请恒温恒湿（20℃，65%）放置，平衡 10h 以上。

三、实验仪器简介

本实验使用的仪器为日本村上色彩技术研究所制造的型号为 GP-200 的三次元可变角光

泽仪，如图 3-3-1 所示。仪器主要由光源、受光器、试样架、信号放大系统等部分组成，GP-200 光学系统通过数据线与 GPU-12 系统连接，将光学信号通过光电倍增管传递给 GPU-12 系统，GPU-12 系统与计算机连接，计算机通过软件控制显示数据，并与打印机连接打印数据。

图 3-3-1　GP-200 变角光泽仪

GP-200 可变角光泽仪的入射角和接收角均可独立改变。一般情况下，多采用入射角固定，接收角在一定范围内变角来进行测量。本仪器入射角的变更采用手动方式调节，接收角可以在 -90°~+90°（精度 1°）范围内设置并自动旋转。目前入射角固定接收角变角的方法使用最多，因为光源和织物固定，这与常规外观评定方法最为接近。但当织物的纹理结构和纱支粗细对光泽影响较大，最好采用三次元光泽度，当布样放在竖直面内作反射光量测定时，不仅可使入射角和受光角在水平面内任意调节，而且可使布样绕其法线方向作 360°旋转，如图 3-3-2 所示，图

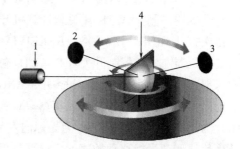

图 3-3-2　GP-200 变角光泽仪结构示意图

中 1 是光源，2 是反射光线接收器，3 是透射光线接收器，4 是样品光学系统。

仪器由发射器和接收器组成，发射器由光源和一组透镜组成，它产生一定要求的光通量，接收器接收从样品表面反射回来的光强。其中光源装置由灯泡、两个双凸透镜、视场光阑和准直透镜组成，光源的光束通过聚光镜聚集到小孔，并通过准直透镜转换为平行光束。测量光泽属性必须在一定光源下进行，ASTM 等标准中规定采用辐射光谱相当于标准照明体 C 的光源。但一般工业应用中以采用 A 光源居多。

接收器由凸透镜、接收器视场光阑和检测器组成。场阑的孔径标准中都有具体的规定。光束样品表面发生反射（或透射）后，分别通过视场光阑、聚焦透镜和接收器视场光阑聚焦在检测器上。受光单元中的光电倍增管是将微弱光信号转换成电信号，经适当的处理转换，最后变成数字供计算机处理得到相应的数值，具体如图 3-3-3 所示。

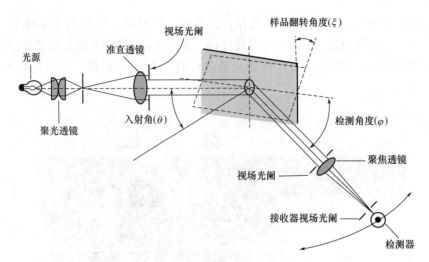

图 3-3-3　GP-200 可变角光泽仪光学系统示意图

四、实验操作步骤

（一）准备工作

将机器 Iris Diaphragm（VS1）设置为 3，对应入射光束直径为 10.5mm，Aperture Stop（VS3）设置为 4，对应接收光束直径为 9.1mm。这种组合与人眼最相似，适合测试织物光泽。其中 SENSITIVITY ADJ 显示 750 并锁紧。

打开机器左侧 POWER 开关和计算机开关，打开光源开光 LAMP，机器预热 30min。

依次打开 HIGH VOLT ON、RECEIVING ANGLE 及 INCIDENT ANGLE 对应的白色开关按钮，并将机器左侧的控制开关开在 AUTO 位置。

入射角调节（手动）：打开照明灯 ANGLE SCALE LAMP 开关，向前推进机器前方黑色把手。此时可在机器中间的角度观察窗口观察到入射角度。利用 INCIDENT ANGLE 的方向开关（BWD 为光标向右移动，FWD 为光标向左移动）来移动光标确定所需要的入射角度数，同时用速度旋钮调节光标移动的速度。设置好后关闭 ANGLE SCALE LAMP 开关。

（二）反射模式测试（以入射角 45°为例）

双击桌面软件 GP-MEASURE for Windows，参照上节准备工作中第四个入射角调节方法，手动调节入射角度为 45°，单击"Set up"按钮。

在"MENU1"界面，选择测试模式为"Reflection"，测试选项选择"Gonio"。入射角 IA=45°，样品旋转角度 FA=0.0，接收角开始测试角度 R1=-90°，接收角结束测试角度 R2=90°；

在"MENU2"界面，设置显示在测试窗口中的数据和图谱保存路径；

在"MENU3"界面，输入样品的名称和相关信息；

在"MENU4"界面，输入 SENSITIVITY、HIGH VOLT 值和是否装载对应 ND 滤光片。

设置好后点"OK"，再点"Measure"按钮，根据屏幕提示放入测试样品。检查屏幕显示的入射角度数与机器设置的是否一致。确认无误单击"Next"。

开始 Sensitivity Check，等待数秒，调节 High Volt 使其为 170%。如果 HIGH VOLT 最低时还大于 170%，则在减光器插口处插入 ND-10 filter 或 ND-1filter，使 High Volt 为 170%，调整

后点击"Recheck"，使 GPU-12 显示在 170 左右。调节好后出现如图 3-3-4 所示的界面。

　　点击"Confirm"输入机器显示的两个电压值，点击"OK"。点击"Next"开始测试。注意测试时不能打开测试门。根据接收角范围等待不同时间，出现如图 3-3-5 所示的测试数据界面。

　　测试结束，点击"Save"按钮，对话框中下拉选择要保存的数据双击，点击"Save"，点击"Change"改变保存路径。

　　实验结束依次关掉软件、光源、机器开关及计算机。

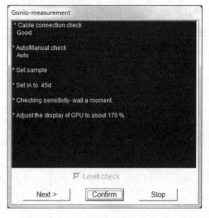

图 3-3-4　测试敏感度调节页面

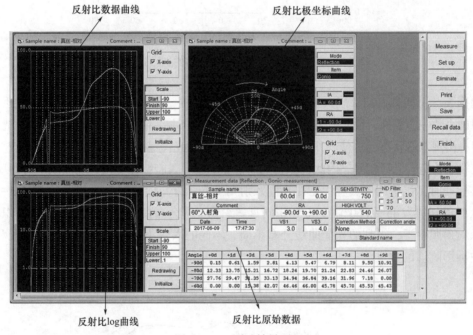

图 3-3-5　测试结果页面

（三）透射模式测试（以入射角 0°为例）

　　参照入射模式测试方法，先设置入射角刻度 180°，即入射角为 0°，单击"Set up"按钮，在"MENU1"界面，选择测试模式为"Transmission"，测试选项选择"Gonio"。入射角 IA = 0°，样品旋转角度 FA = 0.0，接受角开始测试角度 R1 = −90°，接收角结束测试角度 R2 = 90°。实验结束依次关掉软件、光源、机器开关及计算机。

五、实例分析

　　测试当入射角为 45°时，真丝（平纹，60g/m²）、棉（平纹，115g/m²）、涤纶（平纹，130g/m²）三种织物在接收角从 −90° 到 90° 的光泽分布情况。测试得到三种织物的反射比曲线。测试条件：IA：45.0d，FA：0.0d，RA：−90.0d to +90.0d，VS1：3.0，VS3：4.0，SENSITIVITY ADJ：750，HIGH VOLT ADJ：−556，ND Filter None。入射角为 45°时，接收角

在−90°至90°之间连续变角测到的反射比数据及在空间的分布（X轴为接收角度，Y轴为反射比，Y轴由于是反射比所以是没有任何单位的）如图 3-3-6 所示。

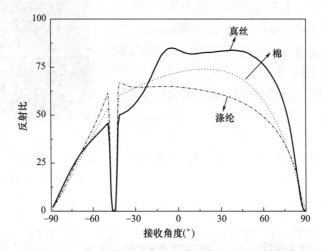

图 3-3-6　入射角为 45°时三种织物的光泽分布曲线

由图 3-3-6 可以看出，当入射角为 45°时，真丝、棉、涤纶三种织物的变角曲线形状、高低及峰的个数完全不同，说明三种织物的光泽分布完全不同。在相同的入射角下真丝光泽反射峰明显，出现双峰状态，这使丝织物明亮，具有闪烁状光泽感；棉和涤纶织物曲线较为平坦，无明显峰状构造，光泽较差。因此，织物光泽性能的差异，能够在变角光度曲线上得到反映。

实验同时测试了相同真丝织物在不同入射角下光泽分布曲线的变化情况，如图 3-3-7 所示。入射角分别为 45°和 60°测试得到相同真丝织物光泽分布曲线，可以看出，相同织物在不同的入射角照射下，得到的光泽曲线分布不同，不同的入射角不仅影响反射峰的位置和高低，有时也会影响峰的数目。

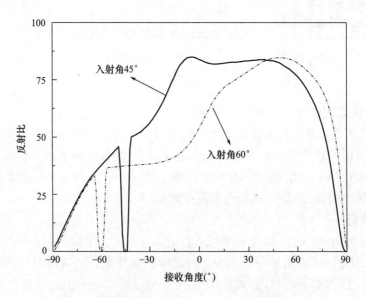

图 3-3-7　真丝织物在入射角为 45°和 60°的光泽分布曲线

实验四 使用紫外透射测试仪测试纺织品耐紫外光防护性能

一、实验原理

照射到地面的太阳光紫外线（简称 UV）的波长范围为 200~400nm。可以分为近紫外线、远紫外线和超短紫外线，近紫外线称为 A 段（UVA：320~400nm），能量较小，能够穿透玻璃、人的表皮，占紫外线总量的 95%~98%，照射过度会损伤真皮及皮下组织，促使皮肤变黑，造成皮肤老化。A 段参与光敏感反应及免疫抑制，也参与皮肤瘤的形成。远紫外线简称 B 段（UVB：280~320nm），占紫外线总量的 2%~5%，能量大，它是引起晒伤、基因突变和肿瘤的罪魁祸首。超短紫外线简称 C 段（UVC：200~280nm），能量最大，但几乎被臭氧层完全吸收，对人类不会造成伤害，因此在地面上对人体皮肤构成伤害的主要是太阳光中 UVA 和 UVB 波段。

当紫外线照射到织物上后，会产生反射、吸收和透射等现象和规律。紫外线透过织物的主要途径有两个：第一直接通过织物中的纱线的交织间孔洞透过；第二经过织物中的纱线透过，在此过程中，材料对紫外线产生反射、吸收等。纺织品抗紫外性能测试原理就是用单色或多色的 UV 射线照射试样，通过单色仪将紫外线辐射能量色散，积分球收集总的光谱透射射线，测出总的光谱透射比，然后通过试样的反射和漫反射紫外光辐射通量，再由探测器接收，并转换成电信号，传送给计算机处理，得出各项特征值。

二、样品准备

对于匀质材料，至少要取 4 块有代表性的试样，距布边 5cm 以内的织物应舍去。对于具有不同色泽或结构的非匀质材料，每种颜色和每种结构至少要实验两块试样。

样品要在温度为（21±2）℃，相对湿度为（65±2）%的环境中调试，最好实验也在此环境中进行。如果实验装置未放在标准大气条件下，调湿后试样从密闭容器中取出至实验完成应不超过 10min。

试样尺寸应保证充分覆盖住仪器的孔眼。使试样在无张力或在预定拉伸状态下保持平整放入样品架。因为是有限次数的测量，所以测试样品的选择、制取对测试结果影响非常大。选样应具有代表性，在制样过程中防止样品被扭曲、折边等现象。

除此之外，在测试开始还需要特别注意以下影响织物抗紫外性能测试的因素：

（1）纤维种类。纤维种类不同，其紫外线防护系数（UPF）也不同。涤纶因具有苯环结构，对 300nm 以下的紫外线有很强的吸收能力，防紫外线性能好；蛋白质分子中的芳香族氨基酸对紫外线也有较强吸收性，因此在织物密度、厚度相同的情况下，羊毛、蚕丝的防紫外性能不如涤纶，但好于纤维素纤维。

（2）纤维形态结构的影响。纤维线密度小，防护效果好，异形截面较圆形截面防护效果好，短纤维织物的防护效果优于长丝织物。

（3）织物结构。影响紫外线透过量的主要因素是织物的紧密度。织物的紧密度越高，即表示经纬密度高，覆盖度就高，透射率则低。轻薄、稀疏织物紫外线易透过，防护效果差。织物表面平坦光滑度越高，对光线的反射能力越强，则防护效果越好。

（4）织物颜色。用于织物着色的染料，可以对织物 UPF 产生很大的影响。然而，对同一种织物结构和染料，较深的色泽通常会增大织物的 UPF 值，如黑色、深蓝色。而浅色对织物的 UPF 值只有微小的改善，浅淡颜色织物紫外线透过率高，蓝、绿色透光率小，荧光染料染色、荧光增白织物紫外防护性能好。

三、实验仪器简介

本实验采用美国 Labsphere 公司生产的 UV-1000F 紫外线透射分析仪（图 3-4-1），能有效和可靠地测定纺织品总的光谱透射比，然后用紫外光谱透射率计算试样的紫外防护系数 UPF 值，从而评估织物对 280～400nm 波长范围紫外线的阻挡能力，即纺织品的紫外防护性能。UV-1000F 紫外线透射分析仪采用先进的 d/0°照明系统及二极管阵列双光束光谱检测系统，测试快捷、准确、稳定。其中主要技术参数，波长精度为 2nm，数据间隔为 1nm，样品光束直径是 10mm，透射率测量范围为 0～100%。符合 AATCC 183—2014、AS/NZS 4399—2017、GB/T 18830—2009 标准。

仪器主要由 10W 的闪烁氙灯作为紫外光源（提供 250～450nm 间充足能量），二极管阵列光谱仪，积分球、光学耦合光纤、光学头，滤光片、透镜、样品架、参比光纤、样品光纤等构成。UV-1000F 紫外线透射分析仪的主要结构如图 3-4-2 所示，当光源点亮，紫外光从光学头的上工作室中发出，垂直向下穿过织物，入射光的光谱辐射率通过一个光纤束采集积分球中的光束传达到二极管矩阵光谱仪并计算得到。穿透织物的入射光（没有被织物吸收或反射）被光学头的下工作室中的反射镜反射聚焦在光纤上并传达给 2 号光谱仪并计算得到。织物的紫外透过率就等于穿透织物的光通量与入射的光通量之比。

图 3-4-1　UV-1000F 紫外线透射分析仪

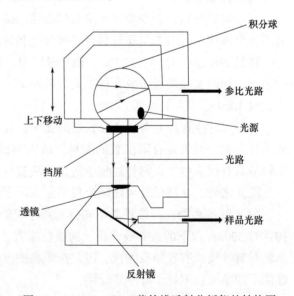

图 3-4-2　UV-1000F 紫外线透射分析仪的结构图

四、实验操作步骤

（一）开机

依次打开 UV-1000F 紫外线透射分析仪和计算机，预热约 30min。

运行桌面软件"UV1000F"，在 File 菜单下点击"System parameters"进行参数设定，输入波长，选定标准。测试界面如图 3-4-3 所示。

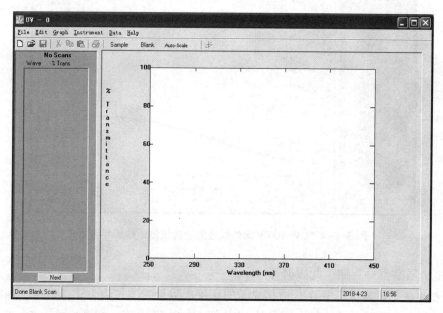

图 3-4-3　UV-1000F 紫外线透射分析仪测试界面图

(二) 仪器校准

每月进行一次仪器校准，如不需要校准，可直接进行测试，校准按以下步骤完成。

移开样品架上的活动盖板，从菜单栏里选择"Instrument Validation"，在跳出的对话框中输入机器的序列号，点击"OK"。对话框提示移开样品台样品后，点击"OK"，仪器自动进行空白扫描。

根据对话框提示在样品架上放入标准盒中编号为 A 的滤光片，并在对话框中输入滤光片对应的透过率值，确保滤光片平面朝上，然后点击"OK"。

根据对话框提示重复以上滤光片 B（透过率＝4.3%）、滤光片 C（透过率＝7.8%）、滤光片 D（透过率＝23.4%）和滤光片 E 操作。完成以上操作后屏幕出现校准测试报告，所有测试项目都是 Passed，代表校准成功。

(三) 样品测试

1. 空白扫描　移走样品台上所有样品，保证样品架上板和下板直接接触，按工具条中的"Blank"键（或 F4 键）做空白照射，UV-1000F 采用空白扫描的透射作为 100% 透射。

2. 样品测试　完成空白照射后，使用仪器旁边的控制杆升起光学头的上部，将被测样品平铺放进样品架，将穿着时远离皮肤的织物朝向 UV 光源。放下控制杆，光学头的上部分压在样品上。确保样品完全覆盖测试孔径并使光学头上部和下部紧密接触，然后点"Sample"键开始扫描测试，每个样品测试 4 次（或更多次）。测试结果界面如图 3-4-4 所示。

(四) 数据处理

1. 数据保存　在 File 菜单下点击"Export data"，将透射率数据存储到 Excel 文档，在 File 菜单下点击"Export report"，将 UPF 数据存储到 Excel 文档。也可以用 Data 菜单下首项

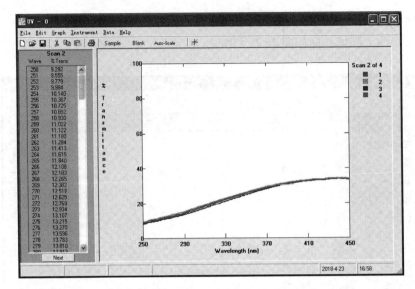

图 3-4-4　UV-1000F 紫外线透射分析仪测试结果界面图

Report 功能查看数据并存储，此数据可打印。

2. 查看数据并计算　其中 Data 数据显示的是每次测量的波长为 290~450nm、间隔 1nm 的穿透数据，Report 数据中显示每次测量的 UPF 值、UPF 平均值、标准方差 STD，T（UVA）、T（UVB）、变异系数 COV，UPF 等级和临界波长 λ_S 等。

最后样品的 UPF 值按以下公式进行修正计算：

$$\text{UPF} = \text{UPF}_{\text{AV}} - t_{\alpha/2, n-1} \frac{\text{STD}}{\sqrt{n}} \tag{3-4-1}$$

式（3-4-1）中，$t_{\alpha/2, n-1}$ 按表 3-4-1 根据测试样品数量查得。

表 3-4-1　试样数量对应 $t_{\alpha/2, n-1}$ 值

试样数量	$n-1$	$t_{\alpha/2, n-1}$
4	3	3.18
5	4	2.77
6	5	2.57
7	6	2.44
8	7	2.36
9	8	2.30
10	9	2.26

样品防紫外性能评定：当 UPF>40，且 T（UVA）$_{\text{AV}}$<5% 时，可称为防紫外线产品。

标识：当 40<UPF≤50，标为 UPF40+。当 UPF>50 时，标为 UPF50+。

五、实例分析

分析一块纯棉白色织物经过紫外屏蔽整理剂整理后织物抗紫外性能变化情况。用 UV-

1000F 紫外透射分析仪分别测试原样和处理样各 4 次并求平均值，测试的穿透数据结果如图 3-4-5 所示，测试得到的 T（UVA）$_{AV}$、T（UVB）$_{AV}$ 和用公式计算样品得的 UPF 值见表 3-4-2。由图 3-4-5 数据可以看出，织物经过抗紫外处理后，对 UVA 波段即 320~400nm 的紫外波长起到很好的屏蔽作用，处理后穿透率基本都小于 0.5%。

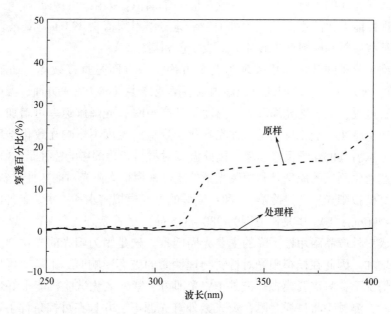

图 3-4-5　织物抗紫外性能穿透曲线

再由表 3-4-2 具体数据可以看出，未处理样品 UVA（320~400nm）的透射比 T（UVA）$_{AV}$ 达到 16.06%，T（UVB）$_{AV}$ 为 1.07%，样品经过抗紫外屏蔽剂处理后，两个值分别降低至 0.31% 和 0.19%，最终计算得到的 UPF 值也从原来的 29 增加至 467，说明处理后的样品具有很好的抗紫外性能，完全符合抗紫外产品指标要求。

表 3-4-2　织物抗紫外性能穿透曲线测试结果

测试结果	UPF$_{AV}$	T（UVA）$_{AV}$	T（UVB）$_{AV}$	UPF
原样	29.83	16.06%	1.07%	29
处理样	481.42	0.31%	0.19%	467

实验五　使用紫外老化加速实验箱测试织物抗紫外老化性能

一、实验原理

纺织品长期暴露在自然大气条件下，受到光照、高低温、水分等因素的冲击，会出现强度下降、色泽变化等老化现象，从而导致使用性能下降，寿命降低。纺织品作为一种高分子材料，影响其老化性能的主要有光辐射、温度、氧气、水分和大气中有害化学物质几方面。其中最重要的是光照、温度和湿度这三个因素，这三个因素中的任何一个都会引起材料老化，它们的共同作用大于其中任一因素造成的伤害。

太阳光谱分布于 295~2500nm，其能量主要集中在可见光区和红外区，紫外光区能量较少。虽然紫外光量很少，但其光子能量很大，对纺织材料的破坏性很大。近紫外线（波长为300~400nm）已经足够引起一般纺织纤维分子发生化学键的断裂。高分子材料的化学键对于太阳光中不同波段光线的敏感性不同，一般对应一个阈值，太阳光的短波段紫外线是引起大部分聚合物物理性能老化的主要原因，如 C—N 键的作用阈值是 393nm。长波段紫外线甚至可见光也会对某些染料和颜料产生破坏，造成变色和褪色。

温度对纤维大分子的破坏作用表现为两个方面：一方面是直接破坏，如羊毛在加热到110℃时即变黄，强度下降。高温还可使聚丙烯裂解或产生双键；另一方面，温度会促进其他因素引起的降解过程，如加速光降解等，温度每升高 10%，光降解速率可增加一倍。温度越高，化学反应速率越快，老化反应是一种光致化学反应，温度不影响光致化学反应中的光致反应速率，却影响后续的化学反应速率。因此温度对材料老化的影响往往是非线性的。

紫外光加速老化测试的原理是利用荧光紫外线灯来模拟太阳光对耐久性材料造成的伤害。利用荧光紫外灯模拟阳光，通过冷凝或/和水喷淋的方式模拟露水和雨水。紫外区分 UV-A 波长范围为 315~400nm；UV-B 波长范围为 280~315nm。尽管紫外光（UV）只占阳光的 5%，但是它却是造成户外产品耐用性下降的主要光照因素。这是因为阳光的光化学反应影响随着波长的减少而增加。因此在模拟阳光对材料物理性质的破坏影响时，不需要再现整个阳光光谱。在大多数情况下，只需要模拟短波的 UV 光即可。紫外老化试验机能很好地模拟太阳光中的紫外线波段，测试中将试样暴晒在荧光紫外灯光源下，并且在可控条件下定期加湿、加热。根据参比标准和暴晒标准，在标准纺织测试条件下评定材料，其耐降解性表示为强力损失百分率或者强力残余百分率（断裂或者胀破）或颜色变化。

二、样品准备

（一）样品数量

为确保结果的准确性，待测材料和参比标准应复制多个样品。建议在每次测试中，每种材料至少制备三块样品，以便进行结果的统计评估。

（二）样品尺寸

某些材料在暴晒后可能出现尺寸变化。根据需要评定材料性能变化的测试方法，如顶破强力、断裂强力、颜色变化等测试。确保样品的尺寸适用后续的测试程序。

（三）实验条件

确定测试循环应根据试样的特性、最终使用的影响因素而定，尤其是特殊的气候条件。正常纺织类材料则是可参考 GB/T 31899—2015 中纺织品耐候性测试单循环实验条件选择合适的单循环实验条件及循环次数，如表 3-5-1 所示。

光强设定值对织物老化速率有明显的影响，如需要最快可以使用最大值，但辐照度越大灯管寿命越短。黑板温度是由空气加热器控制的，但光强设置也影响温度的稳定，因为灯管辐射出相当大的热量，强度越大热量也越大，所以要使黑板温度达到 75℃，就要设置较强的光强，要使黑板温度低于 55℃，就要设置较低的光强。冷凝温度最低应为 40℃来确保足够的热传递产生冷凝。由于完全产生冷凝需要 1h，因此控制器至少要进行 2h 的冷凝循环。

表 3-5-1 GB/T 31899—2015 中纺织品耐候性测试单循环实验条件

实验条件	灯管类型	波长（nm）	辐照量（W/m²）	单循环实验条件	适用的产品
实验条件 1	UVA-340	340	0.89	8h 暴晒，60℃ +4h 冷凝，50℃	遮阳用织物
实验条件 2	UVA-340	340	0.89	8h 暴晒，60℃ +0.25h 喷淋，3.75h 冷凝，50℃	建筑用织物
实验条件 3	UVA-340	340	0.89	8h 暴晒，70℃ +4h 冷凝，50℃	机动车外饰件材料等
实验条件 4	UVB 型	310	0.71	4h 暴晒，60℃ +4h 冷凝，50℃	耐候性要求更高的产品

三、实验仪器简介

本实验使用的是美国 Q-LAB 公司生产的 QUV/spray 紫外光加速老化试验机，外观如图 3-5-1 所示。QUV/spray 加速老化试验机是一台模拟气候老化的实验室仪器，可以再现阳光、雨水和露水所产生的破坏，用于预测材料暴露在室外环境下相应的耐久性能实验。QUV/spray 加速老化试验机可以在几天或几周内再现户外几个月甚至几年的老化效果，仪器符合 ASTM G154—2016《非金属材料暴露用荧光紫外线灯的操作规程》、ISO 4892-3—2016《塑料实验室光源暴露方法 第 3 部分：UV 荧光灯》、SAE J2020—2016《使用荧光紫外线和冷凝装置的汽车外饰材料的加速曝光》、AATCC 186—2015《纺织品耐气候性的紫外光和湿态暴晒标准》和 GB/T 31899—2015《纺织品 耐候性试验 紫外光暴晒》等测试标准。

紫外老化试验机由耐腐蚀材料制成。装有八只紫外荧光灯，可加热的水盘，水喷淋系统，样品架以及用于控制和显示操作时间和温度的装置。QUV 紫外光老化试验机结构截面示意见图 3-5-2。

图 3-5-1 QUV/spray 紫外光加速老化试验机

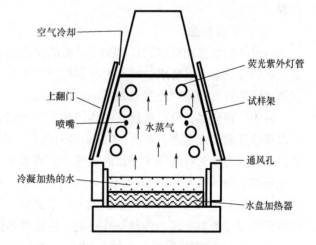

图 3-5-2 QUV 紫外光老化试验机结构截面示意图

四、实验操作步骤

（一）仪器校准

为确保仪器相关参数的标准性和准确性，应对紫外传感器、平板温度传感器进行定期校准，以确定实验结果的重现性，而且校准应该能够追溯到国家或国际标准。QUV/spray 紫外光加速老化试验机每 500h 后出现紫外传感器校准提示，校准工作通过 CR-10 校准仪（外置辐照度校准仪）完成，可以测量 UVA 灯管在 340nm 波长处的能量（单位为 W/m^2），UVB 灯管在 310nm 波长处的能量（单位为 W/m^2）。

当出现传感器校准信息时，找到 QUV/spray 样品安装区中放置四个太阳眼传感器的位置，两个在前部，另外两个在后部。并将传感器的窗口擦拭干净确保得到准确的数据。

当 QUV/spray 已经达到设定的温度和辐照度后，将校准连接线分别插入校准仪和 QUV/spray 控制面板上的太阳眼控制器端口，校准仪由太阳眼控制器提供电源。通过校准仪上的"Lamp Type"按钮选择 UVA 或 UVB 灯型。确保所选的型号与机器所用灯型一致。

将光强传感器放入校准窗口 1，校准仪会显示样品区实际光强。按住"Cal 1"键直到该键旁的两个 LED 灯闪烁，并且听到鸣叫。几秒后，QUV/spray 显示的光强值应和 CR10 显示的一样，1 号传感器校准完成。其他三个传感器重复上述过程，确保 Cal 键要对应于 CR10 传感器所在的校准窗口，即校准时 QUV 显示的光强值应和 CR10 显示的一样，也要按下 Cal 键，否则校准时间不会重置，校准提醒信息一直存在。

每隔 6 个月要对平板温度传感器校准一次，按 Stop 键终止测试，找到固定在 QUV/spray 紫外光加速老化试验机后部样品区的黑色传感器面板。松开螺丝，移开传感器外壳，将温度传感器穿过面板并放入一个盛有热水的容器中（最好是可控温的装置）。同时放入校准过的参考温度计。水温应与测试循环中最高温度大致相同。等待数分钟后温度稳定，比较温度计和温度传感器读数。

如果温度传感器和温度计读数不一样，则按下 Program 键进入编程模式，按上下键显示 P4，按 Enter 键，利用上下键操作直到显示的温度与参考温度相对应。按 Enter 键保存设置。

（二）安装样品

将样品安装在测试箱的样品架上，样品是由绷紧的环扣在样品架上。并将试样夹放置在试验机的样品架上，要求试样不受任何应力，无论是机织物、针织物还是非织造织物，应确保测试样品以直接面对光源暴晒的一边为正面。

对于织物样品，可以缠裹在一块铝板上，然后用环形弹簧夹固定。对于纱线样品，首先可以将纱线缠绕或附在长度为 150mm 的铝板上，然后将板固定在标准样品架上。只有那部分直接面对辐射能的纱线用来测试断裂强力，可以测试单纱或多根纱。当测试多根纱线时，卷绕到框架上的纱线必须紧密排列，宽度为 2.5cm。控制样的纱线根数和暴晒试样的纱线根数需相同。暴晒结束后，将纱线从框架上取下之前，用一个宽 2.0cm 的遮盖物或者其他合适的丝带将那部分面对光源的纱线捆在一起，使这些纱线紧密地排列在暴晒架上。

当样品架没有装满时，空白地方用空白板将其填满，以保持测试箱内的测试条件。

（三）仪器操作

图 3-5-3 为仪器控制器按键的界面。按下"Program"键进入编程模式，然后用上下键

选择六个程序进行参数设置和程序运行。其中程序 1（Program 1）：设置/重置测试时间；程序 2（Program 2）：选择一个测试循环；程序 3（Program 3）：修改或创建一个测试循环；程序 4（Program 4）：校准温度传感器；程序 5（Program 5）：改变报警音量；程序 6（Program 6）：设置网络地址。按 Enter 键选择当下程序的菜单，使用方向键改变参数，按 "Enter" 键进入下一级菜单，保存改变的程序，使用 "Escape" 键回到上一程序或退出。

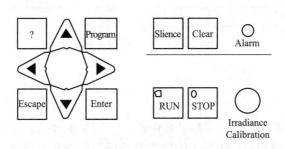

图 3-5-3 仪器控制器按键界面

1. 程序设置 以 GB/T 31899—2015 中测试实验条件 1 为例创建一个测试循环，按下 "Program" 键进入编程模式，按上下键显示 P3，按 "Enter" 键，利用上下左右键为程序设置代码和名字。如 RUN CYCLE H NAME＝GB 31899 CYCLE 1，设置好后按 "Enter" 键，按上下键选择需要开始的步骤，按左右键分别移动设置温度、光强或时间位置，并用上下键选择需要的值。如 A/STEP 1 UV 60℃ 0.89 W/m^2 8：00，A/STEP 2 CONDENSATION 50℃ 4：00，A/STEP 3 FINAL STEP GO TO STEP1。最后按 "Enter" 确认并保存程序。

2. 时间设置 按下 "Program" 键进入编程模式，按上下键显示 P1，按 "Enter" 键，利用上下键设置运行整个测试的总时间（TEST TIME SET＝72），如果想重新设置已用时间，用左右键移到已用时间上更改（ELAOSED＝0000 hours），按 "Enter" 键确认，然后在 ACTION AT END OF TEST：STOP 界面使用上下键选择测试结束时控制器需要进行的操作，有 STOP（停止）、STOP+ALARM（停止+报警）、ALARM（报警）、MESSAGE ONLY（只有信息）或 NONE（无任何操作）。按 "Enter" 键确认以上设置。

3. 选择运行程序 按下 "Program" 键进入编程模式，按上下键显示 P2，按 "Enter" 键，按上下键选择已经设置好的 10 个程序中的 1 个来运行。按 "Enter" 键，按上下键选择需要开始的步骤，按左右键选择步骤开始的时间，再按上下键设置想要的时间。如 A/STEP 1UV 60℃ 0.89W/m^2 0：00/8：00，按 "Enter" 键确认后按 "RUN" 键运行程序。灯管点亮，仪器 LED 屏幕发亮，分别显示设置和当前辐照度、设置和当前温度、测试时间等参数。

4. 样品位置调整 当样品安装在样品槽上，置于最左边和最右边的样品远离灯管，所以它们接收的 UV 光照比其他样品少。所以样品不多的时候尽量将样品放在中间位置。为了补偿温度或紫外光变化对测试的影响，建议用如图 3-5-4 所示的方式至少每星期重新摆放样品一次。最好的方法是从左边尽头移除 2 片样品架，把所有其他的样品面板滑到左边，随后在右边放上刚才取下的 2 片样品架。

5. 性能测定 实验结束后，比较原样和老化实验后实验的强力变化、颜色变化、外观变化等。

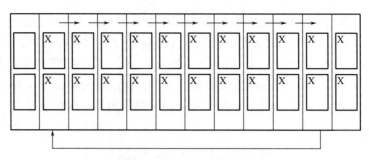

图 3-5-4　样品轮转示意图

五、实例分析

QUV/spray 紫外光老化加速实验箱只是提供一个实验的环境，加速模拟户外纺织品的一个老化过程。因此实际应用中首先需要确定样品是通过测试什么性能来反应老化的程度。如断链强度、颜色变化、热性能变化等，再根据样品用途或者科研需要设置参数运行程序，然后对样品测试前后或测试过程进行性能比较。

实例 1：实验需要比较编号为 1、2、3 三块染色棉织物经过紫外光照射后 K/S 值的变化情况，实验测试条件为：辐照度 $0.89W/m^2$，温度 60℃，无冷凝无喷淋，测试总时间为 100h。实验过程中在 20h、40h、60h、80h、100h 分别取样测试样品的 K/S 值并与原样进行比较。测试结果如图 3-5-5 所示。从图中可以看出，三种纤维随着紫外辐照时间的增加，纤维的 K/S 值都不同程度地降低，说明随着时间的增加这三种织物的颜色发生不同程度的褪色。

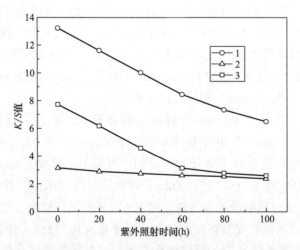

图 3-5-5　紫外光老化辐照时间对织物 K/S 值的影响

实例 2：实验需要比较原样 UV-KF 与 UV-1、UV-2、UV-3、UV-4 四种不同处理方式的凯夫拉纤维经过紫外光照射后拉伸性能的变化情况，实验测试条件为：辐照度 $1.1W/m^2$，温度 60℃，无冷凝无喷淋，测试总时间为 168h。实验过程中在 24h、72h、120h、168h 分别取样测试纤维的拉伸强度保持率并与原样进行比较。测试结果如图 3-5-6 所示，从图中可以看出，五种纤维随着紫外辐照时间的增加，纤维的拉伸强度保持率都不同程度地降低，说明随着时间的增加这几种材料发生不同程度的老化。同时未处理试样 UV-KF 的拉伸强度保持率下降程度最大，处理后的样品下降程度都有所减少，UV-1 减少最小，说明该种处理方式最能提高材料的抗老化性能。

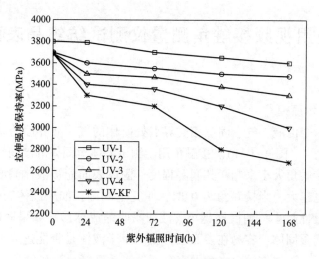

图 3-5-6　紫外辐照时间对处理和未处理
凯夫拉纤维拉伸强度保持率的影响

第四章 纺织材料功能性测试实验

实验一 使用视频接触角测量仪测试纺织品表面润湿性能

一、实验原理

(一) 接触角基本原理

接触角是指在一个由液、气、固三相交界点处所作的气—液界面的切线穿过液体与固—液交界线之间的夹角 θ（图 4-1-1）。接触角用于测试液体对固体的浸润性能，即通过液体对固体材料所形成的接触角大小来判断其润湿程度。固体表面能被液体润湿，接触角越小，润湿性越大，铺展性也越大，当接触角为 0° 时，叫完全润湿；如果固体表面不能被液体润湿，则接触角越大，润湿性越小，辅展性越小，液面易收缩成球形。如果固体表面是疏水性的，那么液体就不容易润湿固体，容易在表面上移动。至于液体是否能进入毛细管，这个还与具体液体有关，并非所有液体在较大夹角下完全不进入毛细管。当接触角等于 180° 时，叫完全不润湿。

接触角现有测试方法通常有两种：其一为外形图像分析方法；其二为称重法。后者通常称为润湿天平或渗透法接触角仪。但目前应用最广泛、测值最直接与准确的还是外形图像分析方法。外形图像分析法的原理为，在样品台上放置样品后，将液滴滴于固体样品表面，通过显微镜头与相机获得液滴的外形图像，再运用数字图像处理和一些算法将图像中液滴的接触角计算出来。接触角如图 4-1-1 所示。

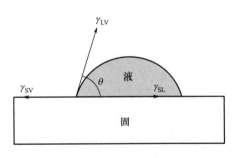

图 4-1-1 接触角图

材料表面存在以下几种润湿情况：

当 $\theta = 0°$，完全润湿；

当 $\theta < 90°$，部分润湿或润湿，其接触角越小，润湿性越好；

当 $\theta = 90°$，是润湿与否的分界线；

当 $\theta > 90°$，不润湿；

当 $\theta = 180°$，完全不润湿。

液滴的形状是由三相的界面张力控制的。θ 是一种液体相对于一种固体的润湿性的定量表征，也可以用于表面处理和表面清洁的质量控制手段。

(二) OCA 视频接触角测量仪测定纺织品表面接触角原理

纺织材料润湿是固体表面上的一种流体被另一种流体所取代的过程，实际上往往是指液体取代气体的过程。纺织品在日常使用中会接触到各类液体，表面润湿性是其表面性质的重要特征之一，是与其实际使用要求密切相关的一项性能，是评价其拒水性/亲水性的项目之一。例如，医用防护服、手术单、户外运动服、墙布、桌布、雨衣等产品都对表面润湿性有不同的要求，以确定其能否满足实际环境的应用。视频接触角测量实验方法通过测量纺织品表面与液体之间的接触角大小，得到可量化的接触角值来表征纺织品表面润湿性。

二、样品准备

在开始测试接触角前，先确认样品要如何制备，接触角测试对于样品材质的均匀度以及平整性均有较高的要求。

固体的表面或液体样品对于实验结果的准确性非常关键，因此除需要测试不同样品之间的差异外，都必须确保使用相同的方式对样品进行处理。

对于固体样品，如果实验的结果作为参照平行实验，则需要用完全相同的方式准备样品。

取有代表性的待测样品（纺织品面料、静电纺和丝素膜等材料），要求样品没有褶痕，表面平整不起翘，样品整洁。

将样品裁成 15mm×15mm 的待测样品，将待测样品编号后整齐排列在载玻片上，每块载玻片上放置三个样品。

制作样品时注意样品表面不能混有其他材料，可以用洗耳球吹扫样品表面。

浸润：实验前要将注射器、剂量管、注射针置于待测液内进行彻底浸润。

排气泡：注射器在待测液内需要反复快速抽送，确保注射器内盛满液体，而且注射器中无任何气泡。

在注射器中加入液体时，必须保证液体的清洁性，在使用表面活性物质时尤其注意，任何微小的污染都可能降低液体的表面张力，尤其是水的表面张力。任何微小的表面活性物质对固体表面的污染，都会降低液体的表面张力。

三、实验仪器简介

该实验所用 OCA 视频接触角测量仪是德国 Dataphysics 公司研发生产的接触角测量仪器，该视频接触角测量仪采用先进的光学视频测量技术、微定量供液系统（图 4-1-2）和各类专用的分析软件，是专业的接触角测量仪。测试纺织品表面接触角的实验系统主要由电源、OCA 视频接触角测量仪、微定量自动注射单元、计算机和 SCA20 专业软件等组成（图 4-1-3）。

OCA 视频接触角测量仪系统部件及连接：该系统设备主要由微定量供液系统（剂量单元和注射单元）、光源系统、影像拍摄系统（高清数字摄像头）、样品定位系统（三维精确定位实验平台）、电源控制器等组件组成。OCA 视频接触角测量仪由 SCA 专业分析软件实现测试控制。

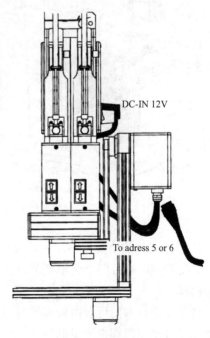

图 4-1-2 微定量供液系统

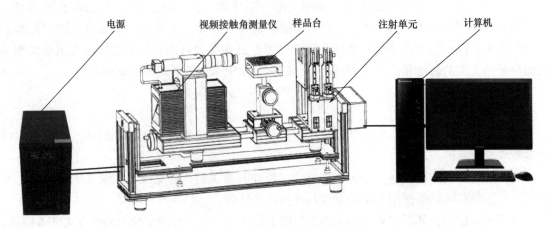

图 4-1-3　纺织品表面接触角测试仪

四、实验操作步骤

（一）OCA 视频接触角测量仪的调整和使用方法

1. 仪器调整

（1）样品台的位置调整。通过设置在 OCA 视频接触角测量仪上的三个手轮可以在 X、Y、Z 方向调整样品台的位置，让注射单元的针尖处于测试样品的中央位置（图 4-1-4）。

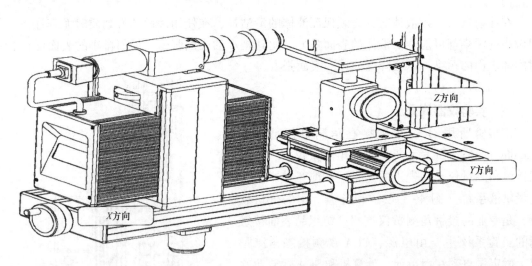

图 4-1-4　X、Y、Z 方向调整样品台的位置

（2）注射针的位置调整。一共有三种计量单元：单一计量单元、直接计量单元和多计量单元。支架可以通过两个精细调节旋钮在光轴的水平和垂直方向进行调整，针架在 X 轴方向不能移动。

针架在垂直方向可以做快速调整（直接计量单元没有快速调节旋钮）。它可以和温度控制单元联合使用以调整测量的精确位置，在适宜的测试温度时快速进行测试。

（3）光源的调整。通过光源后部的旋钮可以调节光源的强弱。为了得到非常清晰的液滴图像，需要调整图像在屏幕上的满屏比例。如果没有辨识到液滴的外型，软件不能检测到接触角。所以"三相点"的亮度识别对仪器测试结果的影响非常重要（图4-1-5）。

（4）CCD镜头的调整。控制摄像头的调整有三个旋钮：水平—倾斜转轮、焦距旋钮、精调旋钮。

2.使用方法

（1）开机。打开仪器主机电源开关，打开光源开关，开启计算机并进入操作系统。打开SCA20操作软件，图4-1-6为OCA应用程序界面，启动图像辨识系统，软件将自动识别OCA视频接触角测量仪主机及其附件。

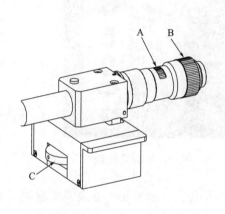

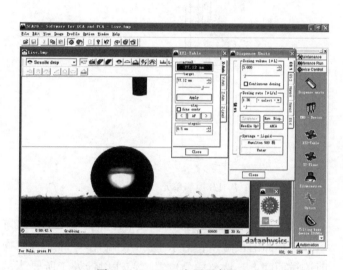

图4-1-5　变焦镜头的控制　　　　　　　　　图4-1-6　OCA应用程序界面

（2）排气泡。注射器在液体内反复快速抽送，确保注射器内盛满液体，无任何气泡。避免有气泡混入计量单元中。

（3）安装辅助设备。安装好所有实验需要的注射器、计量管及需要的测试液。必须使用SNS的注射针进行测量，超疏材料最好使用SNS021/011的注射针。

单计量单元的安装：在计量单元的座上部拧开A处的螺丝，将单一计量单元的轴推入其中，锁紧C活塞夹。使用电动计量单元的程序如下：

A键，下移注射器平台的位置（图4-1-7）。

C键，将注射器小心推入固定器中，使其与注射器活塞相接触。

B键，上移注射平台位置，直到针头处出现液滴为止。

D键，锁紧C活塞夹，用固定器固定注射器的活塞。

不要将固定器的螺钉旋入过紧，否则会挤碎注射器，注意针尖不能触及固体样品。

（4）测试方法。坐滴法是一种测量接触角的基本方法，坐滴被另一侧的光源照射后被摄像、观察。SCA20软件可以定义四种不同的测量方法。环（速度快但相比较而言精度稍差）、三相点做切线，正切值、椭圆法（快速通用法）、Young-Laplace法（速度慢但最准确），如果有足够的实验时间，选用最准确的Young-Laplace法。

（5）液滴选择。在做好所有准备工作后，首先需要选择基础液滴形式。右击鼠标，点击液滴类型（图4-1-8），然后用鼠标左键确定所选取的液滴形式。

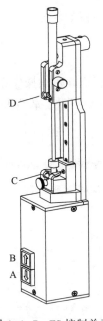

图 4-1-7　ES 控制单元

图 4-1-8　液滴类型菜单

（6）放置样品。在将样品置于样品台上之前，先降低样品台，升起针架，如果需要测试空气中样品的接触角，沿水平方向将制作好的放有织物面料的载玻片置于样品台上，装试样时测试面朝上，调整样品位置，使注射针处于所要测试的样品的中心位置，根据样品高度调整样品与针尖到合适的距离，注意针尖不能触及样品。如果要使用斜板附件，则必须固定住样品（例如使用磁性片）。

（7）选择测试参数。根据样品类型和测试方法选择相应的样品的测试参数。静态接触角测量时，使用 Sessile drop 进行计算；动态接触角测量时，使用 Sessile drop（needle）进行计算。

（8）开始测试。按注射单元设置按钮，在使用推荐的电动注射单元时，注射单元的设置，首先选择与所使用的计量针相应的注射单元，然后调整注射体积（推荐使用5μL）。

调整液滴图像：第一步，调节焦距使注射针的图像清晰，通过调节注射针位置的微调旋钮将针的位置移到视野范围的中央，再通过内部的聚焦微调旋钮聚焦。

按 dispanse 键，注射器单元注射一个液滴，液滴大小设定为5μL，将水滴滴在织物面料表面上，控制样品台和注射针的位置可以通过设置 SCA 中 move to 控制样品台的参数来加以调整，以调节液滴的大小。如果液滴在样品表面的反射图像不够清晰，不能检测出基线，就需要做以下额外的调整：一是倾斜镜头，二是调节亮度，接着重新调整液滴图像的焦距。在实验过程中，需要依据样品润湿的具体情况随时对光源进行微调，使图像始终处于最清晰状态。

如果有效果清晰的图片，可以通过拍摄功能做临时拍摄，拍摄纺织品面料表面承接一定量的液体后的影像，将拍摄到的纺织品面料表面的影像保存在专用文件夹内。但对于该图片，仍需要做振动或风力等因素的修正。

使用选取基线按钮，针对纺织品面料表面承接一定量的液体后的影像，在多数情况下，基线均可以被自动检测。如果没有调整镜头的斜度、亮度和焦距，则需要手动调节选取基线。基线不必完全水平，基线的水平调整可以通过左右方向键来控制。

点击检测液滴轮廓按钮，检测液滴的外型轮廓，通过液滴图片上的黑白对比，自动识别液滴的外型轮廓。使用接触角计算键，针对确定的轨迹计算纺织品面料的接触角数值，按照预先设置模式计算接触角。

通过自动键，上述的三步可以自动进行。但软件的设置应该预先完成。

按键操作顺序：📷 → ⚫ → 🖼 → 🗒 ——静态测量；⚫ → 🖼 → 🖼 → 🗒 → 🗒 → 🗒 ——动态测量。

对于样品的动态接触角测试，其输入液滴量选择起始量的四倍，延迟时间选择 4s，利用软件测量技术，采用 E-F 法可以测得动态接触角，如前进角/后退角等。

进行滚动角实验时，需要松开固定器，在四周无障碍物时再进行测试，计算滚动角时，其计算模式选择切线法。

五、实例分析

主要选择改性混纺织物为测试对象，分析不同参数、固体和液体的性质、杂质、表面污染和计算模式等对接触角的影响。

（一）液滴成像相关参数的调整

接触角测试过程中，影响测量正确性的因素主要是注射针尖与样品表面的距离、基线轨迹的选取、成像的质量、拍摄的时间点等方面，针对不同的样品需要通过调整仪器参数进行准确的测试。在测试混纺织物的接触角时，对于 OCA，需要调整的参数如下。

1. 注射针与样品表面的距离 注射针与样品表面的距离，由于不同功能的织物厚度不尽相同，因此需要根据混纺织物的实际厚度做出合适的调整。注射针与样品表面的距离太小，则注射针尖会刺入样品内部，有时还会造成注射针变形弯曲，甚至折断；注射针与样品表面的距离太大，样品台升到最高点，样品和液滴距离不够，液滴不能承接到样品上（图 4-1-9）。一般注射针与样品表面的距离控制在 1~2.5mm。

图 4-1-9 针/织物距离过大

2. 注射针的位置和液滴量 OCA 系统有三种计量单元：单一计量单元、直接计量单元和多计量单元。支架可以通过两个精细调节旋钮在光轴的水平和垂直方向进行调整，针架在 X 轴方向不能移动。针架在垂直方向可以做快速调整（直接计量单元没有快速调节旋钮）。要求调整混纺织物位置，使得注射针处于混纺织物的中心位置，否则液滴注射处在混纺织物的边缘，影响测试结果。测试混纺织物接触角时，液滴量的大小一般选择 3μL。液滴量过大，液滴容易变形，液滴图片清晰度也会下降，不利于接触角的计算，从而影响测试结果的准确性。

（二）影响液滴注射质量的主要因素

提高注射管路系统的密封性能，实验装置的设置与安装对于实验结果的准确性和重复性有重要影响。影响因素如下。

（1）使用正确的样品台试配器（斜板、wafer 台）；

（2）成像的质量光源的亮度；

（3）注射器的选取；

（4）测试液的黏性与所使用的计量管和注射针的内径是否匹配；

（5）注射针的外径与所选择的测试方法是否匹配；

（6）注射针与混纺织物的位置是否在视野范围内；

（7）依据混纺织物调整焦距，图像层次清晰，液滴表面部分比较清晰、细节丰富，轨迹容易确定。

（三）提高图像基线检测可靠性的有效方法

固体和液体含有的杂质、添加物，固体表面的粗糙程度、不均匀性，表面污染等，都会影响基线的检测工作，有时往往造成检测不到图像基线。因此，需要非常重视样品处理等工作。

1. 混纺织物样品的制作　裁取 15mm×15mm 有代表性的混纺织物，将其正面朝上，固定在载玻片上，样品对于实验结果的准确性非常关键，因此除需要测试不同样品之间的差异外，都必须确保使用相同的方式对样品进行处理。对于混纺织物样品，如果实验的结果作为参照平行实验，则需要用完全相同的方式准备样品。要避免样品表面不干净，杂质黏在液滴表面。将载玻片推入样品台，调整位置，使针尖处于混纺织物中心位置。

图 4-1-10　针管清洗不干净

实验前要将注射器、剂量管、注射针进行彻底清洗。注射器、剂量管和注射针属于消耗品，可以采用超声波清洗机清洗。若进液为胶水等洗不掉的样品，则建议一次性使用，以免交叉污染。测试接触角的供液的各个部分，如针管、顶针、针头、密封件、导管等都要彻底清洗干净。在注射器盛满液体时，要确保注射器无任何气泡。图 4-1-10 是由于注射针上留有残液没有清洗干净造成的。

在注射器中加入液体时，必须保证液体的清洁性，在使用表面活性物质时，任何微小的污染都可能降低液体的表面张力，尤其是水的表面张力。

2. 图像调整拍摄　在注射窗口上按 dispense 按钮，注射单元按设定的剂量自动注射定量液滴，将液滴注射到混纺织物上，调整好图像后，按拍摄按钮，系统自动采集图像，然后将图像保存在指定的位置。光学系统的好坏对液滴形态的清晰与否很重要，而液滴形态是否清晰对接触角测量计算非常重要。清晰的液滴形态对于接触角测量分析方法中减少人为误差非常重要，尤其在需要手动找基点和轮廓线时，不够清晰的液滴产生的人为误差越大，不利于后接触角测量计算。为了得到清晰的图像，可以考虑以下几方面：

（1）通过光源后部的旋钮可以调节光源的强弱。如果没有辨识到液滴的外型，软件不能检测到接触角。所以"三相点"的亮度识别对仪器测试结果的影响非常重要。图 4-1-11 成像光源过亮和图 4-1-12 成像光源过暗软件都不能检测出基线。

（2）调整控制摄像头的水平—倾斜转轮、焦距钮和精调旋钮，使得液滴在样品表面的影

图 4-1-11　基线检测不到的图像（过亮）

图 4-1-12　基线检测不到的图像（过暗）

像清晰，系统就能自动检测基线和自动计算接触角
（图 4-1-13）。对于检测不出基线的图像就需要通过
对镜头做进一步的调整，通过调节注射针位置的微
调旋钮将针的位置移到视野范围的中央，再通过内
部的聚焦微调旋钮聚焦，调节焦距使注射针的图像
清晰。

图 4-1-13　自动检测和计算

3. 计算模式的选择　对于混纺织物的图像，这里
选择 Ellipse Fitting 模式来计算其接触角，首先将其基
线定位在三相点，检测轨迹后按计算按钮，软件自动计算出混纺织物的接触角为 131.8°。图
4-1-14 为混纺织物测试结果的显示界面。

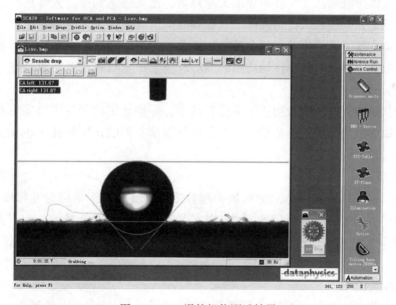

图 4-1-14　混纺织物测试结果

　　根据液滴类型，选择合理的计算模式也是一项需要注意的工作。接触角的计算方法主要
有 Ellipse Fitting、Circle Fitting、Tangent Leaning、Laplace-Young Fitting。SCA20 软件可以定义
四种不同的计算方法。其中 Ellipse Fitting 适用于接触角为 20°~120°范围内的材料；Circle Fit-

图 4-1-15　Ellipse Fitting 计算模式

ting 适用于接触角为 20° 以下的材料；Laplace - Young Fitting 法适用于接触角为 120° 以上的材料，其可以用于超疏水材料的接触角的测定，拟合度非常高，但是对于小接触角，因采用的拟合边缘不够，精度一般，而且 Laplace-Young Fitting 对外形的清晰度要求很高，外观轮廓不清晰会影响到测试数据的精度；Tangent Leaning 用于液滴不对称时的计算。图 4-1-15 是采用快速通用的 Ellipse Fitting 模式计算。

实验二　使用精密瞬间热物性测试仪测试纺织面料热传递性能

一、实验原理

热传递性能是纺织面料重要的性能指标，是纺织面料热物理性能描述以及人体着装感觉描述的重要指标，对纺织面料的服用性能评价及纺织面料的性能设计有着重要意义。通过精密瞬间热物性测试仪能够对纺织面料的热传递性能进行客观的量化评价，检测指标有瞬间接触冷暖感、热传导率和保温率。

（一）接触冷暖感

接触热舒适性描述的是织物与人体接触时人体的冷暖感。尤其是在环境温度比较低的情况下，织物与人体接触时从皮肤表面导走大量热量，使人感觉到冷。人体皮肤表面热量散失越多，织物冷感越强。随着织物与人体皮肤接触时间的延长，人体与织物间温差减小，冷感逐渐消失。人体皮肤损失的热量一部分被织物吸收，使织物温度升高，一部分通过织物传递到外部环境而散失。因此，织物接触冷感的强弱取决于织物对热量的吸收性能与热量通过织物的传递性能。

描述织物接触热舒适性的常用描述指标有两个，分别是织物的热吸收能力和织物与人体接触瞬间人体损失的最大瞬态热流量。两个指标分别从不同的角度描述了织物与人体接触瞬间人体表面热量散失的情况。

（二）热传导率

热传导率又称导热系数，是织物的热物理参数，数值上等于单位温度梯度下的热通量。织物的热传导率表示织物传导热量的能力，热传导率越低，导热性越差，保暖性越好。热传导率与材料的组成结构、密度、含水率、温度等因素有关，材料含水率较低时，导热系数较小。

（三）保温率

保温率这一指标主要是对织物的保暖性能进行评价，一般由恒温法测得。保温率越高，保暖性能越好。

二、样品准备

KES-F7 对纺织材料热物性测试没有经纬测试之分，适合各种厚薄的纺织面料。接触冷暖感 Qmax 和热传导率测试用试样规格为 10cm×10cm；保温率用试样规格为 20cm×20cm。通常实验前需将试样在标准大气中平衡 24h。并且使用 KES-F7 测试试样热传导率之前，需要测试试样的厚度。

三、实验仪器简介

精密瞬间热物性测试仪，型号：KES-F7；厂家：日本加多技术有限公司。仪器如图 4-2-1 所示。

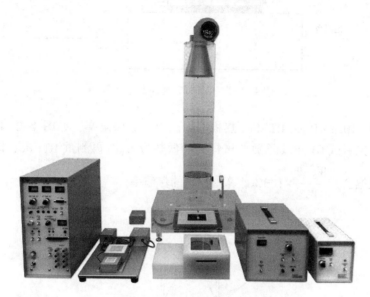

图 4-2-1　KES-F7 实验仪器

KES-F7 采用与人体温度相同的热板模仿人体皮肤。如图 4-2-2 所示，当低温的试样与热板 T-Box 接触时，由于热流向织物，热板 T-Box 在短时间内将降温，随着热板 T-Box 热能的补充，热板 T-Box 温度继而上升。测出此温度变化过程即可得到反映织物接触冷暖感的测试指标——最大瞬态热流量（W/cm²）。

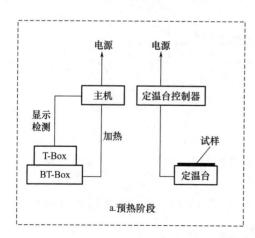
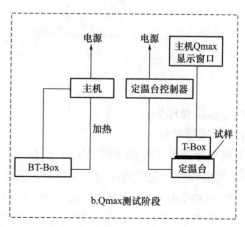

图 4-2-2　KES-F7 测试接触冷暖感 Qmax

如图 4-2-3 所示，KES-F7 采用 5cm×5cm BT-Box 热板来测试织物的热传导率，BT-Box 与试样的接触面积为 25cm²，试样放在定温台上，BT-Box 直接扣压在试样上，试样内外表面产生温差，等待热量平衡即可计算试样的热传导率。

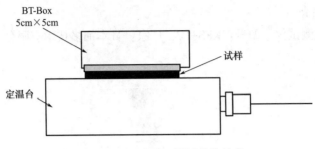

图 4-2-3　KES-F7 测试热传导率

KES-F7 采用 10cm×10cm BT-Box 热板来测试织物的保温率，如图 4-2-4 所示，风动装置可提供风速，先测试 BT-Box 不放置试样时的散热量 W_0，再测试 BT-Box 上放置试样后的散热量 W，再根据公式 $\dfrac{W_0-W}{W_0}\times100\%$ 计算出织物的保温率。

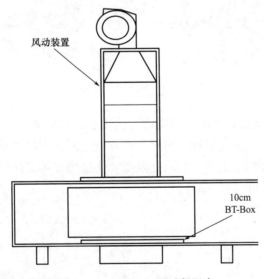

图 4-2-4　KES-F7 测试保温率

四、实验操作步骤

(一) 准备检查

开机顺序：电子控制主机 POWER ON→定温台控制器 POWER ON→风洞控制器 POWER ON→计算机开机。关机顺序与开机顺序相反。

主机 POWER-ON，预热 15 min，HEATER 部位的 GUARD 和 BT 开始必须在 OFF 位置。白色小扳手 Qmax Hot Cool 应该下拨到 Cool 位置。

在不加热的条件下，主机和定温台控制器查零。主机 ZERO CHECK 按下的同时看主机上部的三个数字显示窗口 GUARD TEMP、BT TEMP、T 是否都为 0，如果偏差在正负 0.03 以上，用小螺丝刀调节 ZERO ADJ 区的三个小孔（顺时针大，逆时针小）。确认好后再把右上部的 T/Qmax 黑色键按下到 Qmax 位，确认是否为 0，如果偏差在正负 0.03 以上，用小螺丝刀调节 qm ZERO 小孔（顺时针大，逆时针小）。确认为 0 后 T/Qmax 黑色键按回 T 档。定温台控制器查零：ZERO CHECK 按下的同时看 BASE TEMP 数字显示窗口是否为 0，如果偏差在正负 0.03 以上，用小螺丝刀调节 ZERO ADJ 小孔（顺时针大，逆时针小）。

双边查零结束后，根据 T 数字窗口显示的室温+10℃的原则，例如 T 数字窗口显示的温度为 20℃，GUARD TEMP 和 BT TEMP 的加热目标温度就定为 30℃。

确认定温台控制器上的 TEMP SET 小转盘平常固定在 2-0 的状态（20℃），打开 COOLING ON 和 FAN ON，定温台里面的电热和风冷装置开始工作。

确认 WRANGE 在 20 档，INTEG TIME 在下位（60 SEC），Qmax 和热传导率测试时主机下部的 BT 切换在 5cm BT 档，保温率测试时 BT 在 10cm BT 档。

打开计算机上的 F7 测量软件。

（二）实验操作

1. 接触冷暖感 把 T-Box 吻合到 BT-Box 上面，主机上 BT TEMP 窗口与 T 窗口的温度开始走向一致（热平衡）。这时把待测试样放到定温台上，定温台的温度要稳定在 20℃。

达到热平衡后，如图 4-2-5 所示，在计算机软件的菜单上点"Selection of model"→"Qmax"→"Start display"→"Start"，如果是第一次实验，会被要求输入样品编号、温度、湿度等，输入完毕后点"OK"。

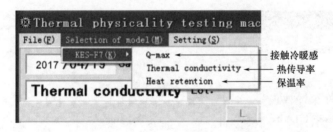

图 4-2-5　KES-F7 测试接触冷暖感

Start 之后，计算机屏幕上开始实时显示 T、BT、Q 的三根水平线的画面，主机上"T/Qmax"黑色键按下到 Qmax 位后，迅速（2s 内）把 T-Box 平移放到定温台上的试样上，这时计算机画面上出现如图 4-2-6 所示的 Qmax 的波峰（峰值即为 Qmax）。波峰出现 2s 后点击 stop，软件上 Qmax 值被显示出来，再把 T-Box 平移回到 BT-Box 上面。点击"stop display"，保存数据，点击"Save"输入文件名即可。

如果需要重复测试，重复上述步骤。结束 Qmax 测试，把 T-Box 和 BT-Box 分开，都朝上放置。

2. 热传导率 热传导率测试不动用 T-Box，只用定温台和 BT-Box。要确认"T/Qmax"黑色键按下到 T 位。把要测试样放到定温台上。计算机软件的菜单上点"Selection of model"→"Thermal conductivity"→"Start display"，计算机上显示 T、BT、W 的水平线。

把 BT-Box 倒扣吻合在试样上，调节 BT TEMP SET 使 BT 温度恢复到 30℃。

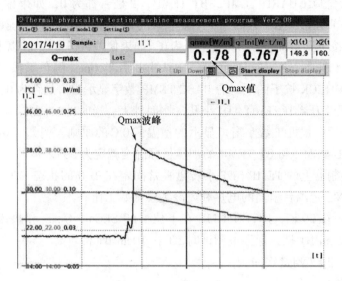

图 4-2-6　接触冷暖感 Qmax 的波峰值

W 窗口数字稳定（达到热平衡）后，计算机软件上的积分时间定为 60s，点击"Average"（求平均），弹出如图 4-2-7 所示的窗口，需输入试样的厚度值、BT-Box 面积、试样温度等参数。积分完成后出现热传导率 K 和平均热功 Ave.W 的值。保存数据，点击"Save"输入文件名即可。

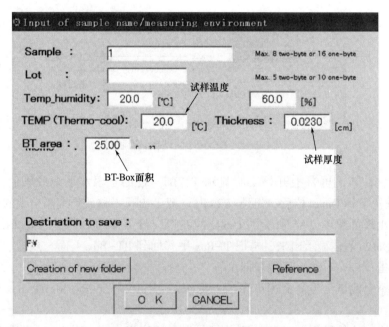

图 4-2-7　热传导率测试参数设置

如果需要做重复测试，重复上述步骤。结束 K 测试，把 BT-Box 放回原处，朝上放置。

3. 保温率　保温率测试不用 T-Box、定温台和 5cm 的 BT-Box，必须切换到风洞下面的

10cm 大的 BT-Box。三根电缆切换：11 号和 12 号电缆（BT/GRD 控制盒背面的）卸下接到大的 BT-Box，主机背面的 HEAT OUT 孔插上 9 号电缆（BT/GRD 控制盒前面的）。主机下部的 BT 切换开关打在 10cm BT 档。连接好后，计算机软件的菜单上点"Selection of model"→"Heat Retention"→"Start display"，计算机上显示 T、BT、W 的水平线。

温度设定：根据 T 数字窗口显示的室温+10℃的原则，例如 T 数字窗口显示的温度为 20℃，GUARD TEMP 加热目标温度就定为 30.3℃，BT TEMP 的加热目标温度就定为 30℃。

空板测试（W_0 测试）：在 10cm BT-Box 上没有任何物体的条件下，在计算机软件的菜单上点 Selection of model→Heat Retention→Start display，计算机上显示 T、BT、W 的水平线。

打开风洞控制器，黑色小转盘的小窗口设为 2~4 位，即 765RPM = 0.3m/s（标准风速），开始吹风。等 W 窗口数字稳定（达到热平衡）后，计算机软件上的积分时间定为 60s，点击 Average（求平均），积分完成后出现空板热功 Ave. W 的值，双击 W_0（W），弹出 Arbitrary input 窗口，把这个值输入软件上的空板热功 W_0 数字窗口。

试样测试（W 测试）：把用双面胶贴好的试样放到 10cm BT-Box 上，等 W 窗口数字稳定（达到热平衡）后，点击 Average（求平均），积分完成后软件出现热功 Ave. W 的值和保温率 α，保存数据，点击 Save 输入文件名即可，如图 4-2-8 所示。

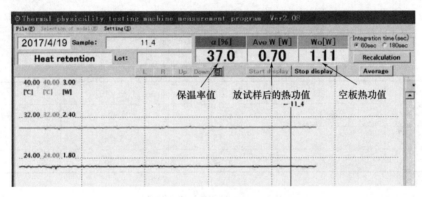

图 4-2-8　保温率测试 W 和 α 值

如果需要做重复测试，重复上述步骤。

结束保温率测试，需要把 10cm BT-Box 的三根电缆重新切换回到 5cm BT-Box 原处。

五、实例分析

选择两块织物，试样 1 是桑蚕丝和天丝的混纺织物，试样 2 是棉织物。根据 GB/T 6529—2008《纺织品　调湿和实验用标准大气压》，将这两块试样提前放置在规定的标准大气条件下进行调温调湿。使用 KES-F7 分别测试它们的接触冷暖感、热传导率和保温率。

（一）接触冷暖感测试

测试是在恒温恒湿条件下进行的，环境相对湿度为（65±4）%，温度为（20±2）℃。定温台温度设置为 20℃，将 10cm×10cm 的试样放置在定温台上，BT-Box 温度设置为 30℃，为了保证 BT-Box 温度维持在 30℃，设置 GUARD 温度为 30.3℃，将 T-Box 放置在 BT-Box 上可获取温度。T-Box 和试样之间的温差是 10℃。由于织物正反两面表面肌理不同，需要测试试样正反两面的接触冷暖感，各测 3 次，取平均值，测试结果见表 4-2-1。

表 4-2-1 Qmax 实验记录

试样编号	Q_{max} 最大瞬态热流量（W/cm^2）							
	正面				反面			
	实验 1	实验 2	实验 3	平均值	实验 1	实验 2	实验 3	平均值
1	0.178	0.180	0.179	0.179	0.179	0.180	0.179	0.179
2	0.108	0.110	0.109	0.109	0.124	0.122	0.123	0.123

从表中数据可知，Q_{max} 值越大，冷感越强。试样 1 桑蚕丝天丝混合织物正面和反面的冷感差不多，试样 2 棉织物的反面凉感明显比正面强。桑蚕丝天丝混合织物的凉感比棉织物强。

（二）热传导率测试

测试之前需要先测试试样 1 和试样 2 的厚度，试样 1 厚度为 0.23mm，试样 2 厚度为 0.46mm。测试也是在恒温恒湿条件下进行的，定温台温度设置为 20℃，将 10cm×10cm 的试样放置在定温台上，不需要使用 T-Box，直接将 5cm BT-Box 扣在试样上，设置 BT-Box 温度为 30℃。为了保证 BT-Box 温度维持在 30℃，设置 GUARD 温度为 30.3℃，BT-Box 和试样之间的温差是 10℃。试样测 3 次，取平均值，测试结果见表 4-2-2。

表 4-2-2 热传导率实验记录

试样编号	热传导率［W/（cm·℃）×10^{-4}］			
	实验 1	实验 2	实验 3	平均值
1	3.79	3.75	3.78	3.77
2	3.51	3.48	3.46	3.48

热传导率越低，织物的保温性能越好。从表中数据可知，试样 2 棉织物的热传导率比试样 1 桑蚕丝和天丝混纺织物的低，说明两者相比，试样 2 棉织物的保暖性能更好。

（三）保温率测试

保温率测试之前需要换三根电缆，前面操作步骤中有提到。保温率测试不用 T-Box、定温台和 5cm 的 BT-Box，使用风洞下面的 10cm 大的 BT-Box。主机下部的 BT 切换开关打在 10cm BT 档。风洞控制器黑色小转盘的小窗口设为 2~4 位，即 765RPM = 0.3m/s（标准风速）。主机上调 BT-Box 的温度为 30℃，GUARD 温度为 30.3℃。环境温度为 20℃，此时温差也为 10℃。

试样大小为 20cm×20cm，将试样用双面胶粘贴在试样放置框的反面，粘贴方法如图 4-2-9 所示。在本次实验过程中，测得空板热功为 1.11W。试样测 3 次，取平均值，测试结果见表 4-2-3。

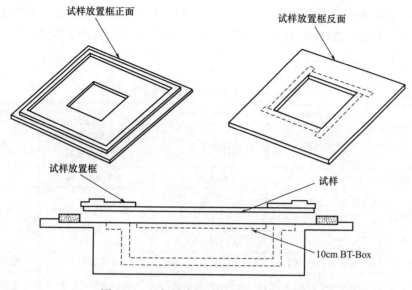

图 4-2-9 保温率测试试样粘贴放置方法

表 4-2-3 保温率实验记录

试样编号	保温率			
	实验 1	实验 2	实验 3	平均值
1	30%	29.3%	29%	29.4%
2	38.2%	40.7%	39.8%	39.6%

保温率的值直接表征试样的保暖性能，保温率的值越大，保暖性能越好。从表中数据可知，试样 1 桑蚕丝天丝混纺织物的保温率为 29.4%，试样 2 棉织物的保温率为 39.6%，两者相比，棉织物保温性能更好。

实验三 使用暖体假人在人工气候室中测试服装的热湿传递性能

一、实验原理

随着人们对服装舒适性和功能性的日益重视，假人技术被越来越多地应用到服装热湿舒适性能测试评价中。假人在设定的环境条件下，能够对服装各个部位以及整体的热湿性能进行测试，并且可在真人无法实验的极端环境条件下进行服装的热湿传递性能实验。假人可以避免人体实验中个体差异的影响，实验精度高，可重复性好，回避人体实验中心理和生理因素的影响。目前，假人已在服装保暖性能评价及机理研究、透湿性能评价和职业防护服开发中发挥了重要的作用，被公认为是人类工效学研究必不可少的先进设备。

假人的热湿传递性能方面的测试标准主要包括服装热阻、湿阻测试和舒适性评价。有关服装热阻测试方法的标准有 GB/T 18398—2001《服装热阻测试方法 暖体假人法》，ASTM

F1291—2016《使用加热人体模型测量服装隔热性的试验方法》，EN 342—2017《防护服-冷防护服装装备》和 ISO 15831—2004《服装-生理学效果-暖体假人测定热绝缘》。各种标准的比较见表 4-3-1。

表 4-3-1　服装热阻测试标准的比较

标准	GB/T 18398	ASTM F1291	EN 342	ISO 15831
适用范围	各类服装	配套服装	用于防寒的单件服装和配套服装	配套服装
假人体表面积	—	$(1.8+0.3)$ m²	$(1.7±0.3)$ m²	$(1.7±0.3)$ m²
假人身高	应符合真人群体统计数据的平均值	$(1.7±0.1)$ m	$(1.7±0.15)$ m	$(1.7±0.15)$ m
假人皮肤温度	32~35℃	$(35±0.2)$℃	$(34±0.2)$℃	$(34±0.2)$℃
假人姿势	站立和动态步行	站立	站立或动态步行	站立或动态步行
环境条件 温度	至少比平均体表温度低 10℃	至少比平均体表温度低 12℃	至少比平均体表温度低 12℃	至少比平均体表温度低 12℃
环境条件 相对湿度	30%~50%	30%~70%	30%~70%	30%~70%
环境条件 风速	0.15~8m/s	$(0.4±0.1)$ m/s	$(0.4±0.1)$ m/s	$(0.4±0.1)$ m/s
热阻计算方式	串行法	并行法	并行法或串行法	并行法或串行法

这些标准测试服装热阻的原理基本相同，但所使用的暖体假人的大小、测试条件以及热阻的计算表示方法均有所不同。热阻计算方法，并行法是先将假人各区段的皮肤温度按面积加权平均，各区段加热功率求和后再计算服装的总热阻，而串行法是分别求出假人各区段对应的服装各部分的热阻值，再按假人各区段体表面积加权平均得到服装的总热阻。Kalev Kuklane 等认为当服装各部分热阻分布均匀时，由两种方法计算的服装总热阻相同。当服装各部分热阻不相等，且分布极不均匀时，采用串行法计算得到较高的热阻值，过高估计了服装的保暖性能，会导致防寒服使用者难以接受的冷感，会将使用者置于潜在的危险中。使用并行法得到的热阻结果更接近人体真实实验的结果，更为合理。

有关服装湿阻测试方法的标准：ASTM F2370—2016 是目前唯一论述服装湿阻测试方法的标准。ASTM F2370 规定假人体表面积为 $(1.8±0.3)$ m²，身高为 $(1.7±0.1)$ m，皮肤温度设定为 $(35±0.5)$℃，环境相对湿度为 $(40±5)$%，风速为 $(0.4±0.1)$ m/s。该标准中对于湿阻的计算方式有两种，对应的环境温度设置也不一样，即如果采用等温条件，环境温度应控制在 $(35±0.5)$℃，与皮肤温度一致；如果采用非等温条件，空气温度与测量该服装热阻时的空气温度一致。然而，该标准只是对出汗假人的大小、测试程序和条件做了规定，并没有限制模拟人体出汗的方法，因此可以采用各种不同方式模拟出汗，而且对于假人发汗量的设置也没有作出明确规定。正因为如此，目前世界各国研制的出汗假人的测试结果差异较大，测试的重复性和再现性较差。

有关舒适性评价的标准有 BS EN ISO 7730—2005《热环境的人类工效学：通过计算 PMV 和 PPD 指数及局部热舒适度标准对热舒适度作分析性预测和解释》。该标准综合了影响人体热舒适度的 6 大因素，即 4 个气候参数（空气温度、平均辐射温度、相对湿度和风速）、人体活动量和服装热阻，通过定量函数关系来预测平均热反应指标 PMV、PMV 值与七级热感觉相对应，即冷（−3）、凉（−2）、稍凉（−1）、中性（0）、稍暖（1）、暖（2）、热（3）。PMV=0 时意味着室内热环境为最佳热舒适状态。ISO 7730 对 PMV 的推荐值为−0.5～+0.5。该标准还提供了预测不满意百分数 PPD，即对热环境感到不满意的人数占总人数的比例。但是关于假人评价服装舒适性的标准尚未出台。

二、样品准备

根据标准，制作适合假人穿着的服装，并且实验前需要将实验服装放在温度（20±5）℃、相对湿度（50±20）%的条件下调温调湿 12h。测试三套相同面料、相同款式和相同尺寸的配套服装时，每套测一次。测试一套服装时，进行三次重复实验，每次实验结束，应脱下服装，再重新穿上，进行另一次实验。

三、实验仪器简介

NEWTON 暖体假人是美国西北测试科技公司研制的出汗假人，型号 NEWTON-34，是一种以金属传导性为原理设计的铝制导热器，用氧化碳做外壳深入加热，有 34 个独立的发热区，各区段皮肤温度发汗量可分别设置，用于模拟人体的热湿传递过程。NEWTON 暖体假人系统是根据 ASTM 和 ISO 标准建立的，符合检测机构、服装和睡袋生产厂家对服装评价的要求。NEWTON 暖体假人有计算机控制热流的、可选的、可移动的人造织物发汗皮肤，滚轮支撑和机械化步行系统，而且自带自动模型控制软件程序 ThermDAC®。NEWTON 暖体假人在设定的环境条件下，能够对服装各个部位以及整体的热湿性能进行测试，并可在真人无法实验的极端环境条件下进行热湿传递性能实验。通过 NEWTON 暖体假人可以进行的实验有热阻、湿阻和舒适性测试。应用暖体假人，有利于随时测试服装整体或局部的热湿性能参数，为选择服装材料和改进结构设计提供实验参考依据。如图 4-3-1 所示是一个拥有 34 个独立发热区的动态出汗假人，能够模拟人体步行，活动部位主要是肩关节、肘关节、膝关节和踝关节。动态出汗假人可用于研究人体运动、风速等对服装热湿舒适性能的影响。

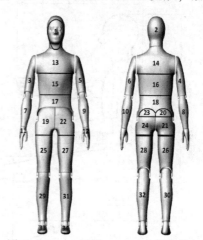

图 4-3-1　34 区段 NEWTON 暖体假人

本文中 NEWTON 暖体假人是亚洲体型，其身高为 168.5cm，总体表面积为 1.697m²，其他各部位尺寸见表 4-3-2 和图 4-3-2。

日本 ESPEC 步入式（人工气候室）的温度范围：−20～+50℃，温度波动范围±0.3℃；湿度范围：15%～95%，湿度波动范围±2.5%。人工气候室内有效空间为 4m×4m×2.5m。利用人工气候室可以在不同的温湿度条件下进行实验。纺织品等材料测试：普通面料、特殊功能性面料及其他材料的功能测试扩展到多种特定的环境条件；人体着装热湿舒适性：人穿着生活服装以及特殊作业或功能性服装，在模拟的各种自然环境及特殊环境中，更真实地评价着装舒适性及安全性；人体实验：研究人体在各种特殊环境下的安全性、舒适性，适应应用生理、空调等方面研究的需要。人工气候室作为暖体假人的外部支持设备，为暖体假人的应用提供了所必需的测试环境条件，保证可以获得满意测试实验结果。

表 4-3-2 NEWTON 暖体假人各部位尺寸

编号	部位	单位		编号	部位	单位	
		inch	cm			inch	cm
A	肩胛骨凸点到中指指尖的水平距离	27.7	70.3	J	腋下高	47.8	121.3
B	坐高	37.2	94.5	K	身高	66.3	168.5
C	坐姿颈椎点高	14.3	36.2	L	足长	10.1	25.6
D	肘点到中指指尖的水平距离	18.1	46.0	M	上臂最大围度	11.3	28.7
E	下腹部最大厚度	8.0	20.2	N	胸围	35.7	90.8
F	坐姿膝高	19.7	50.1	O	腰围	28.8	73.2
G	臀膝距	23.1	58.6	P	臀围	36.1	91.8
H	坐姿下肢长	38.1	96.9	Q	大腿最大围度	20.9	53.2
I	会阴高	29.7	75.4	R	小腿肚围	13.9	35.2

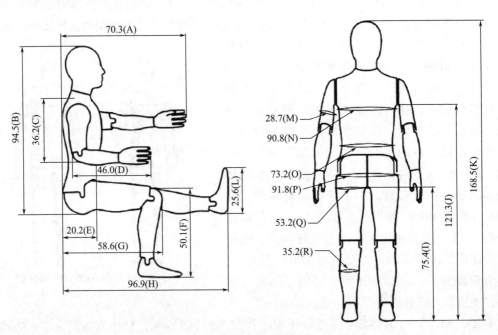

图 4-3-2 NEWTON 暖体假人各部位尺寸

四、实验操作步骤

(一) 热阻

运行人工气候室，设置所需温湿度，等待环境稳定。打开插线板电源，然后打开计算机，将灰色的数据线插在计算机的 USB 接口上。打开电源箱开关 I/O，开关位于电源箱右侧，I 为开启状态。

打开计算机桌面上 ThermDac 软件，软件上 COMM 绿灯亮，显示正常工作，如图 4-3-3 所示。

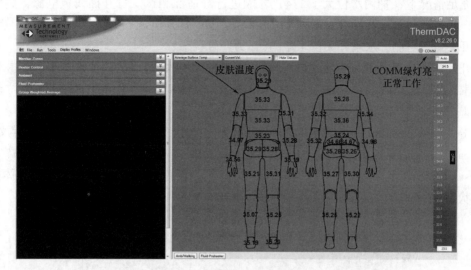

图 4-3-3　暖体假人软件测试界面

点击 ThermDac 软件工具栏上"Run"→"DRY TEST"，弹出 Test Parameters 窗口，可以看见所设置的假人皮肤温度，点击屏幕右下角的 Start test，然后保存文件名，点击"Save"，最后等到出现 Test completed 字样，实验自动结束。或者根据标准取实验条件稳定后 20min 或者 30min 的数据，手动结束实验保存数据，然后根据公式计算分析实验数据。

所有实验结束，先关闭 ThermDac 软件，再关闭计算机和电源箱开关，最后关闭总电源。

（二）湿阻

运行人工气候室，设置所需温湿度，等待环境稳定。

将白色水桶装去离子水，只有在去离子水充足情况下（桶内水位大于1/4）才能进行湿阻测试。打开插线板电源，然后打开计算机，将灰色的数据线插在计算机的 USB 接口上。打开电源箱开关 I/O 和水箱开关 I/O，电源箱开关位于右侧，水箱开关位于左侧，I 为开启状态。

打开计算机桌面上 ThermDac 软件，软件上 COMM 绿灯亮，显示正常工作。点击 Therm-Dac 软件工具栏上"Run"→"WET TEST"，弹出 Test Parameters 窗口，可以看见所设置的假人皮肤温度，点击屏幕右下角的"Start test"，保存文件名，点击"Save"。然后再点击工具栏"Windows"→"Main Screen"→"Manikin Zones"→"Flow Setpoint"，输入假人各个部位的发汗量，点击"Apply"。最后等到出现 Test completed 字样，实验自动结束，或者根据标准取实验条件稳定后 30min 的数据，手动结束实验保存数据，然后根据公式计算分析实验数据。

湿阻实验全部结束后，必须再做一次热阻实验，烘干假人里面的水，以免对设备造成损害。所有实验结束，先关闭 ThermDac 软件，再关闭计算机、电源箱和水箱开关，最后关闭总电源。

(三) 舒适性

运行人工气候室，设置所需温湿度，等待环境稳定。将白色水桶装去离子水，只有在去离子水充足情况下（桶内水位大于1/4）才能进行舒适性测试。打开插线板电源，然后打开计算机，将灰色的数据线插在计算机的 USB 接口上。打开电源箱开关 I/O 和水箱开关 I/O，电源箱开关位于右侧，水箱开关位于左侧，I 为开启状态。

打开计算机桌面上 ThermDac 软件，软件上 COMM 绿灯亮，显示正常工作。点击 ThermDac 软件工具栏上 "Display Profiles" → "Application State" → "Model Control"，建立新的工具 Model Control。点击软件工具栏上 "Model Control" → "34 zone Thermoneutral"。

点击工具栏上 "Run" → "Model initialization"，弹出对话框点击 Start test，保存文件名，点击 "Save"。然后再点击工具栏 "Run" → "GUARD ZONE TRACKING" → "Start"。等待出现 Test completed 字样，如图4-3-4所示，实验自动结束。该部分实验目的是使暖体假人达到中性状态。

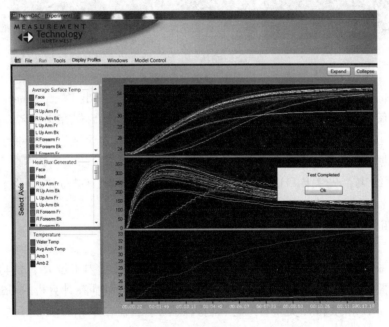

图4-3-4 暖体假人测试舒适性——初始化

关闭 Experiment 窗口后，点击工具栏上 "Run" → "Guard Zone Tracking" → "Start"；再点击工具栏上 "Model Control" → "Start Model Control"，弹出新的窗口，将其最小化，不能关闭。

点击工具栏上 "Run" → "Model Control"，弹出对话框点击 "Start test"，保存文件名，点击 "Save"。设定 ActLvl（MET）代谢量，也可设置行走速度 ActType，如图4-3-5所示。最后需要自己手动结束实验（点击 "End Test"）。关闭软件前需要点击 "Save Report"，实验数据才会保存。

待实验结束后，点击工具栏上 "Run" → "Guard Zone Tracking" → "Stop"；再点击工具栏上 "Model Control" → "Stop Model Control"。

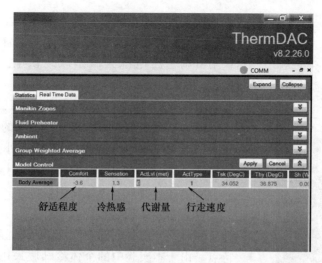

图 4-3-5　暖体假人测试舒适性——设置代谢量或行走速度

舒适性实验全部结束后，必须再做一次热阻实验，烘干假人里面的水，以免对设备造成损害。所有实验结束，先关闭 ThermDac 软件，再关闭计算机、电源箱和水箱开关，最后关闭总电源。

(四)　行走系统

以上实验如需使用行走系统，按如下步骤操作。

先将假人按实验需要穿好实验样衣，然后确保行走系统开关开启前，手部和脚部的行走系统连接杆连接牢固。

打开行走系统开关前保证开关位置在 OFF 档，检查急停开关状态，确保没有开启。

确认以上无误后打开行走系统开关，可观察到显示屏数码管亮，此时可以选择 manual 手动控制或者 auto control 软件远程控制，手动控制有 1~10 个档位，档位为非线性控制，选择 auto control 时可以在软件界面输入步数值进行行走步速控制，步速要缓慢向上调，防止系统步速突然增大，注意行走系统最大步速不要超过 60 双步每分钟。

实验结束后将手脚行走系统连接杆拆下，行走系统开关置于 OFF 档，以免误操作引起故障。

五、实例分析

(一)　试样准备

人体长期暴露在高温环境中作业，会出现身体储热增加、体温升高、出汗增多、心率加快等一系列生理变化，使得工作效率降低，症状加重者继而出现体温过高、热痉挛、中暑等热疾病，最终可能会导致个体死亡。由于许多行业需要进行高温作业，且生产效率需要保证，所以对于环境因素和劳动强度调整是困难且不太现实的。而最经济、最便捷可行的解决办法，是采用个体冷却服。个体冷却服主要分为主体服装及制冷装置两大部分。微型风扇制冷，通常是将微型风扇嵌于服装上，通过将环境中的空气不断吸入服装内部，加速人体体表蒸发散热，从而达到使人体降温的作用。通风服在热环境条件下能够有效降低人体皮肤温度，提升人体整体的热舒适感。本实验使用暖体假人研究了微型风扇通风服的制冷效果。

图 4-3-6 新型便携式个体
风扇冷却服实物图

本实验中的个体混合冷却服采用上下衣分体结构,上衣款式为长袖特种夹克衫,裤子为合体长裤。进行实验时采用可调稳压电源为微型风扇供电。实物如图 4-3-6 所示。

个体冷却服的面料选择应需满足以下几点。

(1) 吸湿透气性好,以保证良好的舒适性。

(2) 具有一定隔热性,以减少外接高温环境向人体传热。

(3) 便于穿脱,方便使用。

(4) 成本低廉,适用人群广。

穿着于冷却服下的内衣应满足吸湿透气、轻薄柔软的特点。由于本实验中的个体冷却服采用微型风扇制冷,过于透气的面料将导致通风面积变小,降低制冷效果,故选用半透气涤/棉斜纹布作为面料,同时也保证一定的隔热性能。其基本面料特性见表 4-3-3。所使用风扇直径为 10cm,最大通风量为 10L/s,额定电压为 6V。

表 4-3-3 冷却服面料的特性

面料厚度 (mm)	0.338
透气性 [L/ (m² · s)]	31.172
克重 (g/m²)	205

(二) 服装热阻测试

根据国际标准 ISO 15831—2004《服装 生理学效果 采用暖体假人测定热绝缘》,测试服装热阻时,环境温度设定为 (20±0.5)℃,相对湿度为 (50±5)%,风速为 (0.4±0.1) m/s;实验环境所用通风是由三个垂直安装的变频式风扇提供的,单只风扇的直径是 0.6m,其旋转风速受 440Hz 的变频器 (德国慕尼黑西门子公司,慕尼黑市) 控制。风扇到假人的距离设定为 1.45m,假人正面面向风道,假人正前方 0.45m 的平面上,选取距地面不同高度的两个位置,用风速计 SWA 31 (瑞典斯威玛有限公司,法斯塔市) 测量风速,每次测试连续 3min,取测试平均值。

个体混合冷却服的热阻测试实验选取了两种场景:微型风扇关闭 (对照组)、微型风扇开启。除此之外,还测试了假人的裸态热阻,即假人不穿着任何衣物的情况下假人表面一层稀薄的空气层热阻。测试前,先将个体混合冷却服放置于测试环境下调节 12h,然后再将以上服装穿着于假人身上进行实验。测试个体混合冷却服的热阻时,假人保持站立姿势,采用假人表面温度恒定模式,表面温度设定为 34.0℃,假人不穿织物"皮肤",运行干态测试,假人不出汗,由 ThermDAC 软件每 1min 记录一次假人每个区段的表面温度和热流量,其稳态时间至少持续 20min。测试时,每种场景下重复测量三次。测试结果如表 4-3-4 所示。

表 4-3-4 服装热阻 （K·m²/W） 测试结果

测试场景	1	2	3	平均值
裸态	0.0770	0.0788	0.0790	0.078
微型风扇关闭	0.1659	0.1708	0.1648	0.167
微型风扇开启	0.0857	0.0869	0.0876	0.087

在微型风扇关闭、微型风扇开启这两种工况下，个体混合冷却服的总热阻及各区域局部热阻在风扇开启情况下均显著低于微型风扇关闭情况下，即开启微型风扇显著降低了个体混合冷却服的总热阻及各区域局部热阻。

风扇冷却服在微型风扇开启和关闭两种工况下的总热阻 （It） 分别为 0.087K·m²/W 和 0.167K·m²/W，开启微型风扇则显著降低了个体混合冷却服的总热阻，这主要是由于微型风扇的开启增强了个体混合冷却服内的空气对流，促进了假人体表散热，最终导致该工况下的服装总热阻显著下降。微型风扇开启工况下，总热阻与假人的裸态热阻无显著差异，说明微型风扇通风制冷效果显著，显著降低了个体冷却服的热阻，接近裸体时的状态。

（三） 服装湿阻测试

根据国际标准 ASTM F2370—2016 《用出汗假人测量服装耐蒸发性的试验方法》，测试服装热阻时，环境温度设定为 （35±0.5）℃，相对湿度为 （40±5）%，风速为 （0.4±0.1） m/s；实验环境采用通风风扇、风扇与假人的距离以及测量风速的方式，均与测定热阻时一致。

个体混合冷却服的湿阻测试实验选取的两种工况也与测定热阻时一致：即微型风扇关闭（对照组）、微型风扇开启。除此之外，同样测定假人的裸态湿阻。测试个体混合冷却服的湿阻时，假人穿上完全湿润的涤纶织物"皮肤"，运行湿态测试，出汗量设定为 1200mL/（h·m²），以保证在测试过程中假人的"皮肤"完全湿润。假人表面温度采用恒温模式，设定为 35.0℃，供应假人出汗的水流温度也设定为 35.0℃。由 ThermDAC 软件每 1min 记录一次假人每个区段的表面温度和热流量，其稳态时间至少持续 30min。

测试前，先将个体混合冷却服放置于测试环境下调节 12h，然后再将以上服装穿着于假人身上进行实验。测试时，每种工况下重复测量三次，所测热流量的误差应在 10% 以内。服装湿阻测试结果如表 4-3-5 所示。

表 4-3-5 服装湿阻 （Pa·m²/W） 测试结果

测试场景	1	2	3	平均值
裸态	8.641	8.671	8.683	8.665
微型风扇关闭	23.705	22.388	21.922	22.672
微型风扇开启	9.848	9.346	9.777	9.657

由表 4-3-5 中数据可知，在微型风扇关闭和开启这两种工况下，个体冷却服在微型风扇开启情况下的湿阻均显著低于微型风扇关闭情况下的湿阻，开启微型风扇显著降低了个体混合冷却服的总湿阻。

将假人裸态湿阻与微型风扇开启工况的湿阻进行对比发现，服装湿阻与假人的裸态湿阻均无显著差异，表明微型风扇开启通风增加了蒸发散热，使得服装湿阻接近裸体时的状态。

（四）服装舒适性测试

使用热生理模型测试服装舒适性时，环境温度设定为（30±0.5）℃，相对湿度为（47±5）%，风速为（0.4±0.1）m/s；实验环境采用通风风扇、风扇与假人的距离以及测量风速的方式，均与测定热阻与湿阻时一致。

个体混合冷却服的舒适性测试实验选取的两种工况也与测定热阻时一致：即微型风扇关闭（对照组）、微型风扇开启。测试时假人穿上完全湿润的涤纶织物"皮肤"，运行 model control 模式测试。测试前，需要将假人加热到热中性，热中性状态时假人各区域的温度如表4-3-6所示。当假人达到热中性状态后，为假人穿上特定服装并运行 model control 模式进行测试，设置新陈代谢量为 1.5METs。测试开始后，由 ThermDAC 软件根据假人实时状态预测并记录平均皮肤温度与核心温度的变化趋势，每1min记录一次假人预测的平均皮肤温度与核心体温变化过程。测试时间为 1h。本次模拟了办公室场景，因此设定的新陈代谢量为 1.5METs，测试时，每种工况下重复测量三次。

表 4-3-6　热中性时假人各区域皮肤温度

部位	温度（℃）	部位	温度（℃）
1 区：面部	35.50	17 区：腰部	34.49
2 区：头部	35.24	18 区：后背下部	34.70
3 区：右上臂-前	33.48	19 区：右股-前	34.25
4 区：右上臂-后	33.48	20 区：右股-后	34.81
5 区：左上臂-前	33.32	22 区：左股-前	33.91
6 区：左上臂-后	33.32	24 区：左股-后	35.00
7 区：右前臂-前	33.27	25 区：右大腿-前	33.86
8 区：右前臂-后	33.27	26 区：右大腿-后	33.95
9 区：左前臂-前	33.33	27 区：左大腿-前	33.79
10 区：左前臂-后	33.33	28 区：左大腿-后	34.05
11 区：右手	34.69	29 区：右小腿-前	33.78
12 区：左手	34.58	30 区：右小腿-后	33.66
13 区：上胸腔	34.79	31 区：左小腿-前	34.10
14 区：后背上部	34.85	32 区：左小腿-后	33.49
15 区：中胸腔	34.48	33 区：右足	30.73
16 区：后背中部	34.70	34 区：左足	30.77

实验结束后，两种场景下平均皮肤温度与核心温度的变化如图4-3-7、图4-3-8所示。图4-3-7中，测试开始后的5min内，两种测试场景下皮肤温度从34℃分别下降到各自的最低点。从第5min到测试结束，两种测试场景下的平均皮肤温度一直处于上升的状态。从测试第5min开始，两种测试场景下的平均皮肤温度开始出现显著区别，直到测试结束，微型风扇开启测试场景下的平均皮肤温度一直显著低于微型风扇关闭测试场景下的平均皮肤温度。测试结束时，微型风扇关闭测试场景下的平均皮肤温度为35.2℃左右，微型风扇开启测试场景下的平均皮肤温度为34℃左右，明显低于微型风扇关闭测试场景。

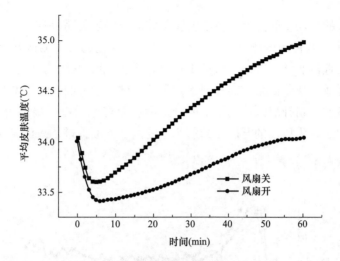

图 4-3-7 平均皮肤温度随时间变化曲线

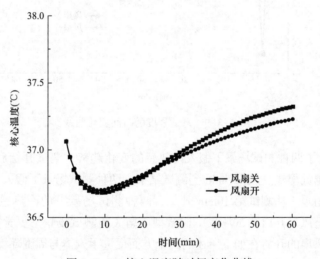

图 4-3-8 核心温度随时间变化曲线

图 4-3-8 显示了两种测试场景下核心温度的变化趋势。与平均皮肤温度类似，测试开始后的 5min 内，两种测试场景下核心温度从 37.2℃ 左右分别下降到各自的最低点。从第 5min 到测试结束，两种测试场景下的核心温度一直处于上升的状态。从测试第 45min 开始，两种测试场景下的核心温度开始出现显著区别，直到测试结束，微型风扇开启测试场景下的核心温度一直显著低于微型风扇关闭测试场景下的核心温度。测试结束时，微型风扇关闭测试场景下的核心温度为 37.5℃ 左右，微型风扇开启测试场景下的核心温度为 37.2℃ 左右，低于微型风扇关闭测试场景下的核心温度。造成这种结果的主要原因是因为风扇的开启在两个方面促进了人体与周围环境的热交换：

（1）风扇的出现增加了皮肤表面与周围环境的热对流，从而促进了从皮肤表面向周围环境的对流散热；

（2）风扇的出现促进了皮肤表面汗液的蒸发，而汗液蒸发又带走了一部分热量，从而造成风扇开启时假人的平均皮肤温度与核心温度总体低于风扇关闭时。

图 4-3-9 显示了两种测试场景下假人舒适程度的变化趋势。测试开始后的 5min 内，两种测试场景下假人觉得非常不舒适。从第 5min 到测试结束，两种测试场景下的舒适程度稍好一点，但还是不舒适。从测试第 45min 开始，两种测试场景下的舒适程度开始出现显著区别，直到测试结束，微型风扇开启测试场景下的舒适程度要好于微型风扇关闭测试场景。造成这种结果的主要原因是因为风扇的开启在如前所述的两个方面促进了人体与周围环境的热交换。

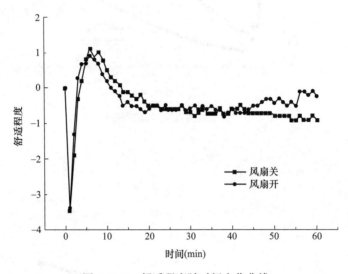

图 4-3-9 舒适程度随时间变化曲线

图 4-3-10 显示了两种测试场景下假人冷热感的变化趋势。测试开始后的 5min 内，两种测试场景下假人越来越觉得热。从第 5min 到测试结束，两种测试场景下假人先是觉得有凉意，然后稍凉，最后觉得稍暖。从测试第 10min 开始，两种测试场景下的冷热感开始出现显著区别，直到测试结束，微型风扇开启测试场景下比微型风扇关闭测试场景下更觉得凉。造成这种结果的主要原因是因为风扇的开启在如上所述的两个方面促进了人体与周围环境的热交换。

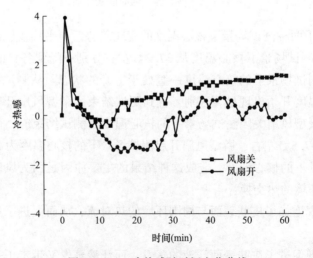

图 4-3-10 冷热感随时间变化曲线

实验四 使用氧指数测试仪测试纺织品极限氧指数

一、实验原理

材料燃烧时，需要消耗大量的氧气，不同的材料在燃烧时需要消耗的氧气量不同，通过对材料燃烧过程中消耗最低氧气量的测定，计算出氧指数值，可以评价材料的燃烧性能。氧指数是用来评价材料燃烧性能的一个重要指标，是指在规定的实验条件下，在氧、氮混合气流中材料保持平稳燃烧状态所需要的最低氧浓度，以氧所占的体积百分数的数值表示，英文称 LOI 值，即 limit oxigen index，单位为%。在实际多数情况下，我们说的氧指数就是极限氧指数。

在测试纺织材料极限氧指数时，将试样垂直固定在向上流动的氧、氮混合气体的透明燃烧筒里，点燃试样顶端，观察试样的燃烧特性，把试样连续燃烧时间或试样损毁长度与给定的极限值相比较，通过在不同氧浓度下的一系列实验测得维持燃烧时以氧气百分含量表示的最低氧浓度值，受试试样中要有 40%～60% 超过规定的续燃和阴燃时间或损毁长度。在得到最低氧浓度值前，在其他氧浓度下材料的燃烧特性，称为在该氧指数下的燃烧特性。

用氧指数来评价材料的燃烧性能，氧指数越高表示材料越不容易燃烧，氧指数越低表示材料越容易燃烧。该指标作为判断材料在空气中与火焰接触时燃烧的难易程度非常有效，一般认为，LOI<27 的属易燃材料，27≤LOI<32 的属可燃材料，LOI≥32 的属难燃材料。

二、样品准备

（一）取样要求

确保测试试样（样品）合格规范，纺织品试样应从整块布料上取样，取样位置要有代表性，不可为了简便直接从布料边缘裁取。试样应从距离布边 1/10 幅宽的部位剪取，每个试样的尺寸为 150mm×58mm，也可根据不同仪器所配套的试样夹的尺寸大小适当增大或者减小尺寸，但最小不得小于 80mm×58mm。对于一般织物，经（纵）纬（横）向至少各取 15 块，试样数量要充足，留出余量。虽然根据测试经验，大多数织物经纬向测试结果很是接近，但是对于经纬向所用纤维不同、经纬向纺织纹理差异很大，以及较厚的织物，经向和纬向的测试结果可能有很大差异，所以要严格按标准方法取样测试。

另外，纺织品制样后往往会有毛边、毛刺，这些毛边、毛刺甚至试样缺口等，会改变试样被点燃的难易程度和火焰的传播特性，从而带来实验误差。因此，要尽量使样品边缘整齐，无毛边、无毛刺。

（二）试样调湿及实验环境

根据试样厚薄程度的不同，测试前将试样放置在标准大气环境条件下调湿 8～24h，待吸湿平衡后取出，放入密闭容器内待测，也可按预先商定的大气条件进行处理。试样从恒温恒湿箱取出并进行测试的时间间隔要尽量短，若恒温恒湿箱与测试地点较远或测试过程较慢时，最好每次只取一个试样，测完记录后再取下一个试样。实验时在温度为 10～30℃ 和相对湿度 30%～80% 的大气中进行。为提高测试精度和可比性，测试环境尽量统一或选取标准要求中间值附近进行。

还需要注意的是，纺织品氧指数测试通入的氧、氮混合气体最好控制在（23±2）℃，GB/T 5454—1997 中虽然没有明确作此要求，但是 GB/T 2406.2—2009《塑料　用氧指数法测定燃烧行为　第 2 部分：室温实验》、GB/T 8924—2005《纤维增强塑料燃烧性能实验方法　氧指数法》和 ASTM D2863—2017a 中都明确作了要求。

三、实验仪器简介

本实验所用仪器为英国 FTT 公司 FTT0080 氧指数测试仪，如图 4-4-1 所示，主要由燃烧筒、试样夹、气源、气体减压计、点火器、气体流量计、压力调节计、混合气体供给器、混合气体温度计等配件构成。本仪器规定试样只能是置于垂直的实验条件下，在氧、氮混合气流中，试样刚好维持燃烧所需要的最低氧浓度。可测定各种类型的纺织品（包括单组分或多组分）的燃烧性能，如机织物、针织物、非织造布、涂层织物、层压织物、地毯类等（包括阻燃处理和未经处理），但是熔融性纺织品除外。

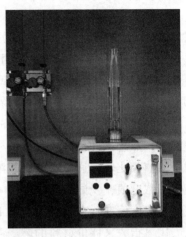

图 4-4-1　FTT0080 氧指数测试仪

本仪器适用于 GB/T 5454—1997（纺织品）、GB/T 2406.2—2009（塑料）、GB/T 10707—2008（橡胶）、GB/T 8924—2005、ISO 4589—2017、ASTM D2863—2017a 等标准中对测试仪器的各项要求。

氧指数测试仪装置原理如图 4-4-2 所示，U 形试样夹如图 4-4-3 所示。

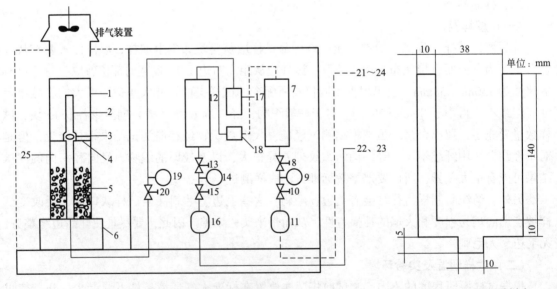

图 4-4-2　氧指数测试仪装置原理图　　　　图 4-4-3　U 型试样夹

1—燃烧筒　2—试样　3—试样架　4—金属网　5—玻璃珠　6—燃烧筒支架　7—氧气流量计　8—氧气流量调节器　9—氧气压力计　10—氧气压力调节器　11、16—清净器　12—氮气流量计　13—氮气流量调节器　14—氮气压力计　15—氮气压力调节器　17—混合气体流量计　18—混合器　19—混合气体压力计　20—混合气体供给器　21—氧气钢瓶　22—氮气钢瓶　23、24—气体减压计　25—混合气体温度计

四、实验操作步骤

(一) 开机

保证电源 230V/50~60Hz，瓶装氮气、氧气和丙烷气体上都有减压装置。连接电源，按"Power"键后确保"Power"按键上灯亮，温度和氧气浓度显示屏有数字显示。

(二) 检查仪器

分别打开氮气、氧气、丙烷气体的总阀和分阀，并任意选择混合气体浓度，流量在 10.6L/min 左右，再关闭气阀，并记录氮气、氧气和丙烷气体的压力及流量，仪器预热 30min后，再观察各压力计及流量计的数值，与之前记录值比较，如无变动，则说明装置没有漏气，等仪器表盘上的氧气浓度稳定后测试。

(三) 调节气体压力

气体压力需满足标准规定的测试要求，调节氮气、氧气减压阀，保证氮气压力在 0.2MPa左右，氧气压力在 0.25MPa，不超过 0.35MPa，以防压力过大损坏仪器。

(四) 参数设置

将氧指数测定仪面板上的氧气阀于"OFF"位置，缓缓开启氮气阀于"ON"，调节仪器背部阀使气体流速在 10.6L/min 左右，调节氮气针阀（氮气微调钮）到大约一半的位置。用螺丝刀调节"Zero"钮使氮气浓度为 0；氮气阀于"OFF"位置，缓缓开启氧气阀于"ON"，调节氧气针阀（氧气微调钮）到完全打开的位置。调解仪器背部阀使气体流速在 10.6L/min。用螺丝刀调节"Span"钮使氧气浓度为 99.5%。

(五) 安装试样

将试样装在试样夹中间并加以固定，然后将试样夹连同试样垂直安插在燃烧筒内的试样支架上，样品顶端至玻璃筒顶端至少 100mm，试样暴露部分最下端离筒底气体分配装置顶面至少 100mm。试样尽可能平整和垂直，确保试样边缘整齐，没有毛边、毛刺和缺口等，否则会改变试样被点燃的难易程度和火焰的传播性能，从而影响测试结果的准确性。

(六) 开始测试

根据经验选择开始测试的氧气的浓度。当被测试样的氧指数值完全未知时，可将试样在空气中点燃，如果试样迅速燃烧，则氧浓度可以从 18%左右开始；如果试样缓和燃烧或者燃烧不稳定，选择初始氧浓度大约在 21%；如果试样在空气中不能继续燃烧，选择初始氧浓度应大于 25%。变化氧浓度时应注意混合气体的总流量在 10~11.4L/min。

慢慢打开氮气、氧气阀于"ON"。调节氧气针阀到所需的氧气浓度，如果测试样品时氧气浓度超过 50%，氧气针阀置于约半开状态，使用氮气阀获得所需要的氧气浓度，让调节好的气流在试样点火之前流动冲洗燃烧至少 30s，在点火和燃烧过程中保持此流量不变。

打开丙烷气体，使气体压力在 0.1~0.2MPa，将点火器管口朝上，慢慢调节点火器上的旋钮，点火后调节火焰高度为 15~20mm，用点火器从试样顶端点燃试样，待试样上端全部点燃（点火时间应注意控制在 10~15s），若在 15s 内不能点燃，则应增大氧浓度，继续点燃，直到点燃为止。

撤掉点火器，并立即开始测定续燃和阴燃时间，随后测定试样的损毁长度。实验过程中要注重试样的燃烧特征细节，及时记录，如炭化、熔融、滴落、收缩、卷曲、阴燃、烧通等燃烧特征。

（七）初始氧浓度的确定

以任意间隔为变量，以升—降法实验。

试样点燃后立即自熄，续燃、阴燃或续燃和阴燃时间不到 2min，或者损毁长度不到 40mm 时，都是氧浓度过低，记录反应符号为"○"，则必须提高氧浓度。

试样点燃后续燃、阴燃或续燃和阴燃时间超过 2min，或者损毁长度超过 40mm 时，都是氧浓度过高，记录反应符号为"×"，则必须减小氧浓度。

重复上述步骤直到所得两个氧浓度相差≤1.0，其中一个反应符号为"○"，另一个反应符号为"×"，氧浓度中反应符号为"○"的就是初始氧浓度（C_0）。

（八）极限氧浓度的测定

用初始氧浓度，同时 C_0 保持 $d=0.2\%$ 氧浓度间隔，重复上述（七）操作，测得一系列氧浓度值及对应符号，其中最后一个反应符号"○"或"×"，则为氧指数测定 N_L 系列中的第一个数据。

继续以 $d=0.2\%$ 氧浓度间隔重复（七）操作，再测四个试样，记下各次的氧浓度及其所对应的反应符号，最后一个试样的氧浓度用 C_F 表示。

（九）关机

关闭氧、氮气钢瓶阀门，排尽管内氧气、氮气残余气体后，仪器面板上氧气和氮气阀置于"OFF"状态，关闭仪器"Power"。关闭丙烷钢瓶阀门，排进管道内残余丙烷气体。整理仪器，清理玻璃筒、金属网上结炭及实验台。

（十）计算和结果表示

1. 极限氧指数的计算　以体积百分数表示极限氧指数 LOI，按下式计算：

$$\text{LOI} = C_F + Kd \tag{1}$$

式中：LOI——极限氧指数，%；

　　　C_F——步骤（八）中最后一个试样的氧浓度，取一位小数，%；

　　　d——两个氧浓度之差，取一位小数，%；

　　　K——系数，查表4-4-1。

报告 LOI 时，取一位小数，计算标准差 σ 时，LOI 应计算到两位小数。

2. K 值的确定

（1）如果按步骤（七）进行实验测得的最后五个氧指数值，第一个反应符号是"×"，在表 4-4-1 第一栏中找出所对应的最后五个测定的反应符号，从表 4-4-1（a）项中再找出"○"数目相应的 K 值数。

（2）如果按步骤（七）进行实验测得的最后五个氧指数值，第一个反应符号是"○"，在表 4-4-1 第 6 栏中找出所对应的最后五个测定的反应符号，从表 4-4-1（b）项中再找出"×"数目相应的 K 值，但 K 值数的符号与表中正负数的符号相反。

3. 氧浓度间隔的校验　氧浓度间隔校验按式（2）计算：

$$\frac{2}{3}\sigma < d < \frac{3}{2}\sigma \tag{2}$$

式中：d——所用的氧浓度大小的间隔，%；

　　　σ——标准偏差。

表 4-4-1 *K* 值

1	2	3	4	5	6
最后五个测定的反应符号	（a）				
	○	○○	○○○	○○○○	
×○○○○	-0.55	-0.55	-0.55	-0.55	○××××
×○○○×	-1.25	-1.25	-1.25	-1.25	○×××○
×○○×○	0.37	0.38	0.38	0.38	○××○×
×○○××	-0.17	-0.14	-0.14	-0.14	○××○○
×○×○○	0.02	0.04	0.04	0.04	○×○××
×○×○×	-0.50	-0.46	-0.45	-0.45	○×○×○
×○××○	1.17	1.24	1.25	1.25	○×○○×
×○×××	0.61	0.73	0.76	0.76	○×○○○
××○○○	-0.30	-0.27	-0.26	-0.26	○○×××
××○○×	-0.83	-0.76	-0.75	-0.75	○○××○
××○×○	0.83	0.96	0.95	0.95	○○×○×
××○××	0.30	0.46	0.50	0.50	○○×○○
×××○○	0.50	0.65	0.68	0.68	○○○××
×××○×	-0.04	0.19	0.24	0.25	○○○×○
××××○	1.60	1.92	2.00	2.01	○○○○×
×××××	0.89	1.33	1.47	1.50	○○○○○
	（b）				最后五个测定的反应符号
	×	××	×××	××××	

标准偏差计算如式（3）所示：

$$\sigma = \left[\frac{\sum (C_i - \mathrm{LOI})^2}{(n-1)} \right]^{\frac{1}{2}} \tag{3}$$

式中：σ——标准偏差；

C_i——步骤（八）中最后 6 个试样氧浓度；

n——次数；

LOI——按公式（1）计算所得的氧指数值。

如果按式（3）计算测定的标准差 σ 符合下列公式：$2\sigma/3 < d < 3\sigma/2$ 或 $d = 0.2$ 时，则 LOI 有效，按照式（1）计算的结果得到极限氧指数。

若 $d > 3\sigma/2$ 或 $d < 2\sigma/3$，重复步骤（七），直到满足式（2）为止。除特殊材料规定的要求外，一般 d 值不低于 0.2%。

4. 精密度 对于易点燃和燃烧稳定的材料，本方法具有表 4-4-2 所示的精确度。

表 4-4-2　精确度

95%置信度近似值	实验室内	实验室间
标准偏差 σ	0.2	0.2
重复性 r	0.5	—
再现性 R	—	1.4

五、实例分析

选取经阻燃整理后的真丝织物，按取样要求经（纵）纬（横）向各取 15 块，试样的尺寸为 150mm×58mm，预先进行调湿处理，在温度为 24℃，相对湿度为 62%的环境条件下进行测试，其实验结果如表 4-4-3 所示。

表 4-4-3　初始氧浓度

氧浓度（%）	25.0	35.0	30.0	32.0	31.0
燃烧长度（mm）	10	>40	30	>40	>40
燃烧时间（s）					
反应符（"○"或"×"）	○	×	○	×	×

（一）初始氧浓度的确定

氧浓度间隔小于 1%的一对"○"和"×"中，"○"反应符号对应的氧浓度 $C_0 = 30.0$ 就是初始氧浓度，将其作为接下来的第一个氧浓度测试值。

（二）极限氧指数测定

保持 $d = 0.2\%$ 氧浓度间隔，按照上述步骤（七）方法进行测试，测得一系列氧浓度值及对应符号，如表 4-4-4 第二列所示，其中最后一个反应符号"○"为氧指数测定表 4-4-4 第三列中的第一个数据。继续以 $d = 0.2\%$ 氧浓度间隔重复（七）操作，再测四个试样，记下各次的氧浓度及其所对应的反应符号，最后一个试样的氧浓度用 C_F 表示。

表 4-4-4　实验结果记录

氧浓度（%）	30.0	29.8	29.6	29.4	29.4	29.6	29.4	29.6	29.8
燃烧长度（mm）	>40	>40	>40	32	32	>40	30	37	>40
燃烧时间（s）									
反应符（"○"或"×"）	×	×	×	○	○	×	○	○	×

根据最后测定的五个数据，查表得 $K = -1.24$。

最终计算可得：$LOI = C_F + Kd = 29.8 + (-1.24 \times 0.2) = 29.55\%$

（三）氧浓度间隔 d（%）的验证

根据标准差公式 $\sigma = \left[\dfrac{\sum (C_i - LOI)^2}{(n-1)} \right]^{\frac{1}{2}}$，计算结果如表 4-4-5 所示。

表 4-4-5 氧浓度间隔验证

最后6次 实验结果	氧浓度（%）			
	C_i	LOI	C_i-LOI	$(C_i$-LOI$)^2$
1	29.8	29.55	0.25	0.0625
2	29.6	29.55	0.05	0.0025
3	29.4	29.55	-0.15	0.0225
4	29.6	29.55	0.05	0.0025
5	29.4	29.55	-0.15	0.0225
6	29.6	29.55	0.05	0.0025

$\sigma = 0.152$，$2/3\sigma = 0.101$，$d = 0.2$，$3/2\sigma = 0.228$，经验证符合公式 $2/3\sigma < d < 3/2\sigma$，LOI = 29.5 有效。

实验五 使用垂直燃烧测试仪测试纺织品阴燃、续燃时间和损毁长度

一、实验原理

将一定尺寸的试样垂直放置于规定的燃烧器下，用规定的点火器产生的火焰对试样底边中心进行点火，测量试样的续燃时间、阴燃时间以及损毁长度。

续燃时间是指在规定的实验条件下，移开火源后材料持续有焰燃烧的时间，以秒（s）表示。阴燃时间是指在规定的实验条件下，当有焰燃烧终止后，或者移开火源后，材料持续无焰燃烧的时间，以秒（s）表示。损毁长度是指在规定的实验条件下，材料损毁面积在规定方向上的最大长度，以厘米（cm）表示。

二、样品准备

（一）取样要求

试样应从距离布边至少 100mm 处剪取，取样位置要有代表性，试样的两边分别与织物的经向（纵向）或纬向（横向）平行。经向试样不能取自同一经纱，纬向试样不能取自同一纬纱。经向和纬向（纵向和横向）都要各取对应数量并分别测试，对于经纬向所用纤维不同、经纬向纹理差别较大以及较厚织物，经向和纬向的测试结果可能有很大差异，所以要严格按标准方法取样测试。试样表面应平整、无沾污、无褶皱，尽量使样品边缘整齐，没有毛边、缺口等会改变试样被点燃的难易程度和火焰的传播特性的情况。若测试成品，则试样中可包含接缝或者装饰物。确认织物单位面积质量，根据织物单位面积质量的不同要用不同重量的重锤，测试前就需要确定所需重量的重锤。

（二）试样调湿及实验环境

条件 A：试样应放置在 GB/T 6529—2008 规定的标准大气条件下进行调湿，视样品厚薄

程度放置 8~24h 直至达到平衡,然后取出,放入密封容器内,也可按有关各方面商定的条件进行处理。样品尺寸为 300mm×89mm,每个样品经(纵)向及纬(横)向各取 5 块,共 10 块试样进行测试。

条件 B:试样放置在(105±3)℃的烘箱内干燥(30±2)min,然后在干燥器内冷却 30min 以上。样品尺寸为 300mm×89mm,经(纵)向取 3 块,纬(横)取 2 块,共 5 块试样进行测试。

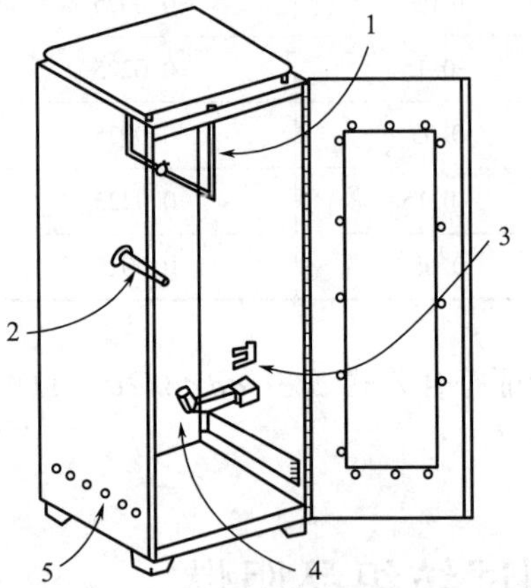

在温度为 10~30℃,相对湿度为 30%~80% 的大气环境中进行实验。

三、实验仪器简介

本实验采用的 YG815B 型织物垂直燃烧测试仪,是由耐热、耐烟雾和耐腐蚀材料制成,主要由试样夹支架、试样夹持器、高压点火器、燃烧器、火焰高度尺、气源等部件构成。

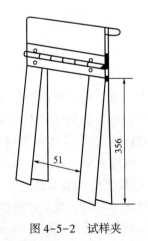

图 4-5-1　垂直燃烧测试仪
1—试样夹支架　2—试样夹固定装置　3—焰高指示器　4—点火器　5—通风孔

YG815B 型织物垂直燃烧测试仪装置如图 4-5-1 所示,箱体前部设有观察门,箱顶和箱体两侧设有均匀排列的排气通风孔,防止箱体外部气流的影响。箱顶支架可承挂试样夹,试样夹侧面被试样夹固定装置固定,使试样夹与前门垂直并位于实验箱的中心位置。箱底放置一块可承受熔滴或者其他碎片的钢板或丝网。将一定尺寸的试样垂直放置于燃烧器下,通过调节燃气瓶和输出气压调节装置,用点火器产生的火焰对试样底边中心进行点火,测试试样的续燃时间、阴燃时间及损毁长度。

1. 试样夹　由两块厚 2.0mm、长 422mm、宽 89mm 的 U 形不锈钢板构成,其内框尺寸为 356mm×51mm,如图 4-5-2 所示。试样固定于两板之间,两边用夹子夹紧。

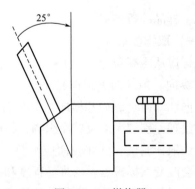

图 4-5-2　试样夹

图 4-5-3　燃烧器

2. 燃烧器　燃烧器管口内径为 11mm,管头与垂线成 25°,如图 4-5-3 所示,试样夹的底部位于点火器管口最高点之上 17mm,火焰高度为(40±2)mm,点燃器入口气体压力为

（17.2±1.7)kPa，可控制点火时间精确到 0.05s。火焰的长度要符合标准要求，燃烧器稳定火焰高度可在 15~65mm 内调节。不同的测试人员对火焰高度的认定可能会有偏差，要尽量做到统一规范。

3. 气体　燃烧类测试都离不开火焰，因此测试中火焰的精准控制是最为重要的一点。首先，要确定燃气的种类，甲烷、丙烷、丁烷、液化石油气或煤气的热值是不一样的。根据调湿条件选用气体，条件 A 选用工业用丙烷或者丁烷气体；条件 B 选用纯度不低于 97% 的甲烷，纯度不足的燃气燃烧热量会降低。

4. 重锤　配有 5 种不同重量的重锤，每一个重锤附以挂钩，挂钩由直径为 1.1mm、长度约 76mm、在末端弯曲 13mm 成 45° 的钢丝制成。根据表 4-5-1 中织物不同单位面积质量与重锤质量的关系选择使用。

表 4-5-1　织物单位面积质量与重锤质量的关系

织物单位面积质量（g/m²）	重锤重（g）
101 以下	54.5
101~207 以下	113.4
207~338 以下	226.8
338~650 以下	340.2
650 及以上	453.6

四、实验操作步骤

（一）调节气压

先将输出气压调节把手按逆时针方向旋转到底，然后打开气瓶总开关，按顺时针方向缓慢旋转输出气压调节把手，此时气压逐渐增大，直到气压为（17.2±1.72)kPa。

燃气输出压是指经过减压阀减压后，燃气与气压表相连通，但没有与大气相连通，即在常断电磁阀未接通（气源按钮灯未亮）的状态下，气压表所指示的气压值。

常断电磁阀接通（即气源按钮按下，气源按钮灯亮），火焰调整旋钮逆时针方向适当开一些，此时燃气与大气相连通，可以点火燃烧，但此时燃气已与大气相连通，燃气输出气压会有压降，气压表显示的气压值会变小，这属于正常现象，此时的气压表所显示的气压值不是燃气输出气压。

在常断电磁阀未接通的状态下，通过输出气压调节把手调节气压，以获得所需要的燃气输出气压，而且必须从小到大调节燃气输出气压，此时气压表所显示的气压值并不是燃气输出气压。

（二）接通电源，设置施燃时间

按下仪表上的"power"键，接通电源。按施燃时间表上的左右循环按钮设置时间，直到设置到所需时间后按按钮"MD"，施燃时间设置完毕。

（三）清零

按红色"清零"按钮，使燃烧时间和阴燃时间复位归零。

（四）调节焰高

按"气源"按钮，此时造作人员千万不能离开，应马上按动"点火"按钮不放开，直到燃烧器被点着为止。顺时针旋转"火焰调整"旋钮，火焰高度变小；逆时针旋转"火焰调整"旋钮，火焰高度变大，小幅度调节使火焰高度至（40±2）mm，待火焰稳定。在开始第一次实验前，火焰在此状态下稳定地燃烧至少1min，然后熄灭火焰。

（五）装试样

将试样从干燥器中取出，装入试样夹中，试样应尽可能保持平整，试样的底边应与试样夹的底边相齐，试样夹的边缘使用足够数量的夹子夹紧，然后将安装好的试样夹上端承挂在支架上，侧面被试样夹固定装置固定，使试样夹垂直于实验箱中心。

（六）开始测试

关闭箱门，按动"开始"按钮，燃烧器移动到悬挂位置后，施燃时间开始计时，当计时到达设定时间后，已接通的常断电磁阀自动断开，气源指示灯熄灭，燃烧器也熄灭并移回至初始位置。此时燃烧时间表开始计时，观察续燃情况，待续燃结束后，马上按动"续燃"按钮，燃烧时间表停止，紧接着观察阴燃时间，待阴燃结束后，马上按动"阴燃"按钮，阴燃时间表停止计时。记录续燃时间和阴燃时间，如果试样有烧通现象，进行记录。

当测试熔融性织物时，如果被测试样在燃烧过程中有熔滴产生，则应在实验箱的箱底平铺上10mm厚的脱脂棉。观察熔融脱落物是否引起脱脂棉的燃烧或者阴燃，并记录。

（七）排烟

打开风扇，将实验过程中产生的烟气排出。注意实验过程中不能打开风扇，以免影响实验结果。

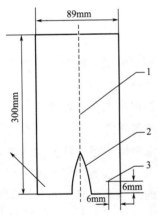

图4-5-4　试样损毁长度测量

（八）取样及实验结果

打开箱门取出试样夹持器，卸下试样，先沿着试样长度方向炭化处对折一下，然后在试样的下端一侧，距离其底边及侧边6mm处，挂上选用的重锤，再用手缓缓提起试样下端的另一侧，让重锤悬空，再放下，测量并记录试样撕裂的长度（损毁长度），精确到1mm，如图4-5-4所示，图中1是折线，2是损毁区域，3是重锤挂钩插入位置。对燃烧时熔融又连接到仪器的试样，测量损毁长度应以熔融的最高点计算。

（九）实验结束

实验结束及时关闭气瓶总开关，按下气源按钮，按点火按钮使燃烧器继续燃烧，耗尽管路内燃气，最后关闭电源。清除实验箱内的碎片，关闭风扇，再测下一个试样。

（十）结果计算

根据试样调湿及实验环境的不同，分别计算经、纬向的续燃时间、阴燃时间和损毁长度的平均值。结果精确到0.1s和1mm。

五、实例分析

按照标准测试方法选取经阻燃整理后的棉织物，选取条件A：试样预先放置在GB/T

6529—2008 规定的标准大气条件下进行调湿 8~24h，直至达到平衡，然后取出并放入密封容器内。样品尺寸为 300mm×89mm，每个样品经（纵）向及纬（横）向各取 5 块，共 10 块试样进行测试。阻燃棉织物燃烧情况如图 4-5-5 所示，图中（a）是测试前的试样，（b）是燃烧后的试样，（c）是损毁长度测试的试样。燃烧过程中没有熔融和滴落物，没有烧通，燃烧后炭化。

该阻燃棉织物试样的单位面积质量小于 $101g/m^2$，所以选择重锤重量为最小的 54.5g，用手缓缓提起燃烧后试样下端的另一侧，让重锤悬空，再放下，按照图 4-5-5 操作要求测量并记录试样撕裂的长度，即为试样的损毁长度。实验结果如表 4-5-2 所示。

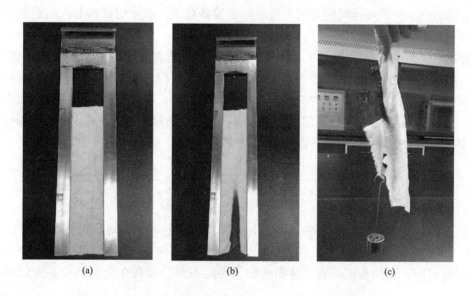

(a)   (b)   (c)

图 4-5-5   燃烧前后棉织物试样及损毁长度测试

表 4-5-2   阻燃棉织物燃烧实验结果

样品编号	经向					纬向					平均值
	1	2	3	4	5	1	2	3	4	5	
续燃时间（s）	1.2	1.5	1.3	1.2	1.4	1.3	1.6	1.2	1.5	1.4	1.4
阴燃时间（s）	0	0	0	0	0	0	0	0	0	0	0
损毁长度（cm）	14.4	14.0	14.6	14.3	14.5	14.0	14.6	14.8	14.4	14.6	14.4

实验过程中观察试样的燃烧情况，及时记录如熔融、滴落、收缩、卷曲、炭化、阴燃、烧通等燃烧特征。在平时大量测试过程中经常会遇到因为阻燃整理过程中涂层不匀等原因造成试样燃烧结果差异较大，或者有试样烧通的情况发生，在记录和计算测试结果时应区分对待，不能只是计算几组试样的平均值，应说明情况，说明为烧通试样的续燃时间、阴燃时间及损毁长度的实测值和平均值，并说明几块试样烧通。对于聚酯等化纤涂层织物，燃烧时因熔融连接到一起，测量其损毁长度是应以熔融的最高点为准。

实验六　使用燃烧试验机测试纺织品易点燃性能和火焰蔓延性能

一、实验原理

火焰蔓延性能测定即用规定点火器产生的火焰，对垂直方向的试样表面或者底边点火10s，测定火焰在试样上蔓延至三条标记线分别所用的时间。点火时间是指点火源的火焰施加到试样上的时间；火焰蔓延时间是指在规定的实验条件下，燃烧的材料上火焰扩展一定距离或表面面积所需要的时间，以秒（s）表示。

试样易点燃性测定即用规定点火器产生的火焰，对垂直方向的试样表面或者底边点火，测定从火焰施加到试样上至试样被点燃所需要的时间。点燃是指燃烧开始；续燃时间是指在规定的实验条件下，移开火源后材料持续有焰燃烧的时间；持续燃烧是指续燃时间大于或者等于5s，或者在5s内续燃到达顶部或垂直边缘；最小点燃时间是指在规定的实验条件下，材料暴露于点火源中获得持续燃烧所需的最短时间。

二、样品准备

（一）取样要求

试样火焰蔓延性能测定：远离布边选取具有代表性的试样，每块试样的尺寸为（560±2）mm×（170±2）mm。剪取6块试样，长度方向和宽度方向各取3块。对于表面点火，如果试样的两面不同，且预备实验表明两面的燃烧性能不同，那么在表面点火实验时应两面分别实验。

试样易点燃性测定：远离布边选取具有代表性的试样，每块试样的尺寸为（200±2）mm×（80±2）mm。一般剪取12块试样，保证实验时获得至少5块试样点燃和5块试样未点燃的结果。

测试时沿着试样的长度方向进行实验，试样的外表面朝着点火源，如果预备实验表明试样的纵向和横向燃烧性能不同，则应分别实验。如果试样的两面燃烧性能不同，且预备实验表明两面的燃烧性能不同，那么在表面点火实验时应两面分别实验。因需要进行重复实验，试样的确切数量无法确定，每个方向至少准备10块试样。对于表面和底边点火实验都要做的，则需要更多试样。

试样上针位的标记：将模板放在试样上，并用模板上的小孔对固定针须穿过的位置作出标记。若织物是网眼结构（如稀松窗帘布、纱罗织物等），则需在固定针标记处贴一块胶布，并将针位也标记在胶布上。

（二）试样调湿及实验环境

试样预先放置在规定的标准大气条件下进行调湿，调湿之后如果不立刻进行实验，应将调湿后试样放置在密闭容器或者干燥器中，每一块试样从调湿大气或者密闭容器中取出后，应在2min内开始实验。

在温度为10~30℃，相对湿度为15%~80%的大气环境中进行实验。试样开始实验时，点火处的空气流速应小于0.2m/s，可以用气流防护罩保持测试火焰的稳定。

三、实验仪器简介

本实验所用仪器为意大利MESDAN-LAB公司ISO FLAM MABILITY LAB 339E燃烧试验机。主要由支撑架、气体燃烧器、试样框架、气体点火器、模板、计时装置、气源等部件构成，其材料不受烟雾侵蚀影响。如图4-6-1所示。

1. 支撑架 如图4-6-1所示，支撑点火器和试样框架，使得点火器和试样框架之间保持规定的相对位置。对于火焰蔓延性能实验，仪器上可装三条标记线，在每个标记线的位置安装一个圆环，每个圆环处都安装一个计时装置。

2. 气体燃烧器 气体燃烧器的结构如图4-6-2 (a) 所示，图中1是喷气嘴，2是燃烧管，3是火焰稳定器，4是阻塞管，5是凹口。气体燃烧器能提供适当尺寸的火焰，火焰高度可以在10~60mm

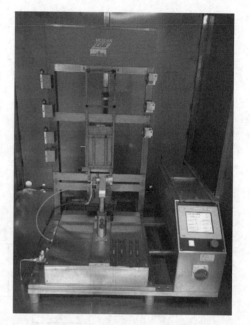

图4-6-1　FLAM MABILITY
LAB 339E 燃烧试验机

间进行调节，由气体喷嘴、火焰稳定器、点火器管（燃烧管）三部分组成。气体喷嘴如图4-6-2 (b) 所示，喷嘴口径为 (0.19±0.02)mm。火焰稳定器如图4-6-2 (c) 所示。点火器管如图4-6-2 (d) 所示，由空气室8、气体混合区6、扩散区7、气体出口9四部分组成，孔腔的内径为1.7mm，出口内径为3.0mm。

3. 试样框架 火焰蔓延性能测实验：试样框架如图4-6-3 (a) 所示，由一个矩形的金属框架组成，沿着矩形框架的长边安装有12个试样固定针，试样固定针距离框架底边的距离分别为5mm、10mm、190mm、370mm、550mm和555mm，固定针的长度至少为26mm。对于多层或者较厚的试样则需要加长固定针。为了使试样平面框架至少20mm，在每个固定针的附近要安装直径为2mm、长度大于20mm的定位圆柱。

试样易点燃性实验：试样框架如图4-6-3 (b) 所示，图中1是第三条标记线，2是第二条标记线，3是织物实验样品，4是第一条标记线，5是固定针，6是燃烧器（定向表面点火）。试样框架由190mm×70mm的矩形金属框架构成，四个角上都有支撑试样的固定针，固定针的最大直径为2mm，长度至少26mm。对于多层或者较厚的试样则需要加长固定针。为了使试样平面框架至少20mm，在每个固定针的附近要安装直径为2mm、长度大于20mm的定位圆柱。

4. 模板 刚性平型模板由适当的材料构成，其大小与试样尺寸相适应，在模板上钻有12个直径为4mm的小孔，其位置应使孔心距与框架上固定针之间的距离一致（图4-6-3）。这些小孔位于模板的垂直中心线的等距离处。

5. 计时装置 火焰蔓延性能实验：计时装置用来控制和测量火焰施加时间和火焰蔓延时间，精度至少为0.2s。测量火焰蔓延时间需要三个精度至少0.2s的计时装置，开始点火的同

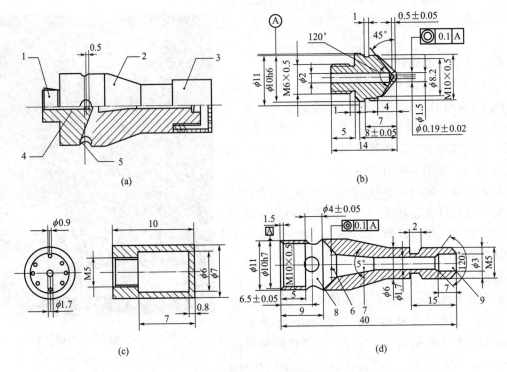

图 4-6-2　气体燃烧器

时启动设备，当每个标记线被烧断时自动停止。其中，标记线为白色丝光棉线，线密度为45~50tex。

试样易点燃性实验：计时装置用来控制火焰施加时间，可以设定为1s，并能以1s的间隔调节，精度至少0.2s。

6. 气源　燃烧测试中火焰的精准控制非常重要，首先要确定燃气的种类，甲烷、丙烷、丁烷、液化石油气或煤气的热值是不一样的。根据规定要求，点火所用气体为工业用丙烷或者丙烷/丁烷混合气体。

四、实验操作步骤

（一）仪器设置

气体燃烧器（点火器）可以从预备位置移动到水平位置或者倾斜位置上，如图4-6-4所示，图中1是织物样品，2是火焰点火点，3是固定针，4是安装框，5是火焰，6是燃烧器。在预备位置时，点火器顶端距离试样至少75mm。

1. 表面点火

（1）安装试样。将纺织品试样放置在试样框架的固定针上，使得固定针穿过试样上通过模板所作的标记点，并使试样的背面距离框架至少20mm，然后将试样框架装在支承架上，使试样呈垂直状态。

（2）点火器的位置。将点火器垂直于试样表面放置，使点火器轴心线在下端固定针标记线的上方20mm处，并与试样的垂直中心线在一个平面内。确保点火器的顶端距离试样表面

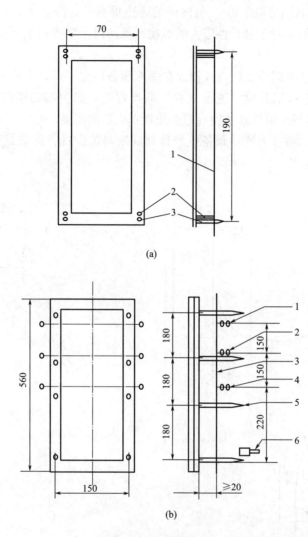

图 4-6-3 试样框架

为（17±1）mm。如图 4-6-4（a）所示。

（3）水平火焰高度的调节。将点火器放置于垂直预备位置上，点燃点火器并预热 2min，然后将点火器移动至水平预备位置，在黑色背景下调节水平火焰高度，使点火器顶端至黄色火焰尖端的水平距离为（25±2）mm。如图 4-6-4（d）所示。每组试样在实验前都必须检查火焰的高度。如果实验仪器没有水平预备位置，则在进行火焰调节之前应将试样移开。

（4）火焰的位置。将点火器从预备位置移动到水平实验位置，确定火焰在正确的位置接触试样。如图 4-6-4（a）所示。

2. 底边点火

（1）安装试样。将试样放置在试样框架的固定针上，使得固定针穿过试样上通过模板所作的标记点，并使试样的背面框架至少 20mm，然后将试样框架装在支撑架上，使试样呈垂直状态。

（2）点火器的位置。点火器放在试样前下方，位于通过试样的垂直中心线和试样表面垂直的平面中，其纵向与垂直线成 30°，与试样的底边垂直。确保点火器的顶端到试样底边的距离为（20±1）mm。但是对于悬垂性较大的织物，保持以上要求可能比较困难，这种织物适用于表面点火。

（3）垂直火焰高度的调节。将点火器放在垂直预备位置，点燃点火器并预热 2min 以上，在黑色背景下调节垂直火焰高度，使点火器顶端到黄色火焰尖端的距离为（40±2）mm。如图 4-6-4（c）所示。每组试样在实验前都必须检查火焰的高度。

（4）火焰的位置。将点火器从预备位置移动到倾斜的位置，保证试样的底边对分火焰，如图 4-6-4（b）所示。

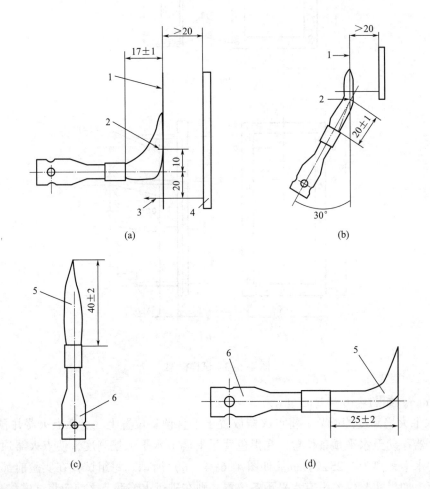

图 4-6-4　火焰位置及高度调节

（二）测试前准备

接通电源，按下仪器背面的电源开关，仪器前面的电源指示灯亮（即 LINE），此时显示屏会显示 MESDAN ISO FLAMMABILITY LAB 和相关实验标准程序的字样。

按屏幕右下方的 "MANUALS" 键，在此菜单里设置点火时间（此点火时间为实验人员用来调节火焰高度的时间，可根据需要来设定）和显示的预言；然后打开仪器左侧的进气开关 "GAS IN"，再点击屏幕上的 "GASVALVE" 键，解锁仪器内部的进气阀门，点击 "INI-

ECTION"点火键点火，可通过仪器左侧微调旋钮"GAS ADJ"调节火口高度，设置时间结束，火焰自动熄灭。

（三）开始测试

1. 织物垂直方向火焰蔓延性能测试，即 GB/T 5456—2009（EN ISO 6941—2003）

（1）将试样放到试样框架上，并使标记线在一定张力下与试样保持相对位置，记录样品的纵向还是横向是垂直的，以及样品的哪一面朝向测试火焰。

（2）在屏幕上点击"EN ISO 6941"，屏幕会显示选择气体类型，里面有三种可选气体，即：BUTANE（丁烷）、PROPANE（丙烷）、PROPAN/BUTANE（丙烷/丁烷混合气体），选择结束后，点击"NEXT"进入下个界面。

（3）在此界面下，实验人员可点击"Sample reference"编辑样品的名称，点击"Comment"编辑样品注释，点击"SPECIMEN SIDE"选择样品的点火朝向（背面或者正面点火），点击"SPECIMEN DIR"来选择样品经纬向，点击"Temp"和"RH"来编辑样品的温湿度，点击"TEST PROCEDURE"来选择点火方式（正面点火或者底部点火），通过旋动火口旁边的旋钮，来调节火口的点火角度，选择结束后，按"NEXT"进入下一个界面。

（4）在此界面下可以调节火口与样品之间的距离，点击"MOVE TO TEST POSITION"火口会移动到将要点火的位置，此时实验人员需要用测量尺测量火口与样品之间的距离是否准确，如果准确，点击"ENTER"保存此位置，如果不准确，点击屏幕上"-"或者"+"来控制火口的后退或者前进，点击"CHANGE"可以调节每次前进后退的距离，有四种距离可选，即：0.5mm、1mm、1.5mm、2mm，当调到准确的位置后再点击"ENTER"保存，设置结束后，点击"OK"进入测试界面。

（5）先用测试用棉线将机器上端的三个计时用摆锤固定，固定好后将样品架放置机器上，打开进气阀，再点击"IGNITION"点火，点火成功后点击"START"键，火口会自动前进至点火位置（此时的点火时间已经在程序里设置好，不是之前设置的用来调节火口高度的时间），点火后机器会自动计时，面料燃烧到第一根纱线时，摆锤会自动回复，此时屏幕上会记录第一段的燃烧时间，第二、三根纱线也如此，这时操作人员需记录下这三个阶段的燃烧时间。重复测试剩余的试样，所有试样都以相同的表面朝向火焰。

2. 织物垂直方向试样易点燃性测试，即 GB/T 8746—2009（EN ISO 6940—2004）

（1）将试样放到试样框架上，并使标记线在一定张力下与试样保持相对位置，记录样品的纵向还是横向是垂直的，以及样品的哪一面朝向测试火焰。对试样点火，点火时间要接近引起点燃的最小时间（需要预备实验来确定点火时间）。

（2）在屏幕上点击"EN ISO 6941"，屏幕会显示选择气体类型，里面有三种可选气体，即：BUTANE（丁烷）、PROPANE（丙烷）、PROPAN/BUTANE（丙烷/丁烷混合气体），选择结束后，点击"NEXT"进入下一个界面。

（3）在此界面下，实验人员可点击"Sample reference"编辑样品的名称，点击"Comment"编辑样品注释，点击"SPECIMEN SIDE"选择样品的点火朝向（背面或者正面点火），点击"SPECIMEN DIR"来选择样品经纬向，点击"Temp"和"RH"来编辑样品的温湿度，点击"TEST PROCEDURE"来选择点火方式（正面点火或者底部点火），通过旋动火口旁边的旋钮，来调节火口的点火角度，设置结束后，按"NEXT"进入下一个界面。

（4）在此界面下可以调节火口与样品之间的距离，点击"MOVE TO TEST POSITION"火口会移动到将要点火的位置，此时实验人员需要用测量尺测量火口与样品之间的距离是否准确，如果准确，点击"ENTER"保存此位置，如果不准确，点击屏幕上"-"或者"+"来控制火口的后退或者前进，点击"CHANGE"可以调节每次前进后退的距离，有四种距离可选，即：0.5mm、1mm、1.5mm、2mm，当调到准确的位置后再点击"ENTER"保存，设置结束后，点击"OK"进入测试界面。

（5）固定好样品，打开进气阀，再点击"IGNITION"点火，点火成功后点击"START"键，火口会自动前进至点火位置（此时的点火时间已经在程序里设置好，不是之前设置的用来调节火口高度的时间），点火后机器会自动计时，记录点火时间和试样是否被点燃，继续下一块试样的测试。如果上一块试样已经被点燃，则点火时间减少1s；如果上一块试样未点燃，则点火时间增加1s。如果一块试样用1s点火时间就被点燃，则将未点燃试样的点火时间记为"0"，并另取一块试样用1s点火时间重试。如果一个试样用20s的点火时间未点燃，则另取一块试样用20s重试。

继续实验，直到至少有5块试样点燃和5块试样未点燃。对于用1s点火时间就被点燃的试样，要继续用1s实验，直到有5块实验点燃为止。对于用20s点火时间未点燃的试样，要继续用20s实验，直到有5块试样未点燃为止。最大点火时间为20s，对于在这个点火时间未被点燃的试样，一般不再用更大的点火时间实验，如果需要大于20s的实验，则应在实验报告中说明。

（四）结果计算

织物垂直方向火焰蔓延性能测试：用规定点火器产生的火焰，对垂直方向的试样表面或者底边点火，记录火焰在试样上蔓延至第一根、第二根、第三根纱线分别所用的燃烧时间。

织物垂直方向试样易点燃性测试：取点燃和未点燃试样中发生次数少的计算点火时间的平均值。如果采用"未点燃"的次数，平均值需加0.5s，如果采用"点燃"的次数，平均值要减少0.5s，最后修约到整数，所得数值为此方向的最小点燃时间。

（五）关机

实验结束后须将气体钢瓶的阀门关闭，然后通过点燃火口将输气管内的残气燃烧完。再关闭机器左侧的进气口"GAS IN"，最后关掉机器后部的电源。

（六）精密度

织物垂直方向火焰蔓延性能测试：该方法的精密度主要由所测材料的类型决定，火焰的蔓延速率不是常量，在样品的最短点火时间没有火焰的延伸，点燃之后，在一段时期内火焰会出现强度增加和加速的现象。如果火焰蔓延至样品的整个宽度，火焰蔓延速率就稳定。对于一些热塑性材料，火焰的蔓延速率可能会减慢或者停止。计算所得的蔓延速率重现性不是很好，建议将上面的标记线的烧断时间作为比较的基础。

另外，针织物的重现性也相对较差。在试样安装夹持过程中，由于针织物容易下垂，使得控制燃烧器到试样的距离很难精确，可以在安装时在织物上施加轻微的张力将织物拉平。燃烧时容易收缩的材料其重现性也不是很好，因此在试样安装时不应被张紧，防止由于收缩而导致试样远离点火火焰，致使点火失败。

织物垂直方向试样易点燃性测试：该方法适用于易燃材料，试样被点燃时持续燃烧。对于此类型材料，该方法精确到最接近的秒，但是由于平均点燃时间是点燃和未点燃的临界情况，所以当火焰施加时间为平均点燃时间时，两种燃烧类型都可能观察到。

此方法不适用于仅产生有限燃烧而非持续燃烧的阻燃材料。还有一些中间状态的材料也会出现不确定的结果。

五、实例分析

剪取样品：以试样易点燃性测试为例，按照要求远离布边选取具有代表性的棉织物试样，每块试样的尺寸为 $[(200±2)\,mm]×[(80±2)\,mm]$，保证实验时获得至少 5 块试样点燃和 5 块试样未点燃的结果。

安装试样：将试样放到试样框架上，并使标记线在一定张力下与试样保持相对位置，记录样品的纵向还是横向是垂直的，以及样品的哪一面朝向测试火焰。

开始测试：固定好样品，打开进气阀，再点击 IGNITION 点火，点火成功后点击 START 键，火口会自动前进至点火位置。点火后机器会自动计时，记录点火时间和试样是否被点燃，继续下一块试样的测试。如果上一块试样已经被点燃，则点火时间减少 1s；如果上一块试样未被点燃，则点火时间增加 1s。如果一块试样用 1s 点火时间就被点燃，则将未点燃试样的点火时间记为 "0"，并另取一块试样用 1s 点火时间重试。如果一个试样用 20s 的点火时间未点燃，则另取一块试样用 20s 重试。继续实验，直到至少有 5 块试样点燃和 5 块试样未点燃。对于用 1s 点火时间就被点燃的试样，要继续用 1s 实验，直到有 5 块实验点燃为止。实验结果如表 4-6-1 所示。

表 4-6-1　棉织物易点燃性实验结果

试样编号	点火时间（s）	实验结果	试样编号	点火时间（s）	实验结果
1	6	×	7	4	○
2	5	×	8	5	×
3	4	×	9	4	×
4	3	○	10	3	○
5	4	○	11	4	×
6	5	×	12	3	○

注　其中 "×" 表示点燃，"○" 表示未点燃。

根据实验结果，将每个点火时间的点燃或者未点燃数统计在表 4-6-2 中。

表 4-6-2　实验结果统计

点火时间（s）	点燃次数	未点燃次数	点火时间（s）	点燃次数	未点燃次数
6	1	0	4	3	2
5	3	0	3	0	3

从表 4-6-2 可以看出，未点燃的总次数较少，因此，以未点燃的次数计算点火时间的加权平均值为 3.4s。

平均点火时间为：3.4+0.5＝3.9s，修约到整数位，平均点火时间为4s。如果点燃的总次数少，则以点燃的次数计算平均点火时间的平均值，但是应将计算所得数值减去0.5，再精确到整数位。

实验七　使用微型量热仪测试纺织品燃烧热释放性能

一、实验原理

微型量热仪（MCC）是一种全新、快速的测试仪器，采用热分析手段来检测物质燃烧时所释放出的相关化学热数值，并排除与燃烧实验结果无关的物理因素，如膨胀、滴落和遮拦等。该方法基于氧消耗原理，即样品在分解炉内因加热而分解的产物通过氮气带出，再与氧气混合喷射进燃烧室中使其被完全氧化的过程。最终，根据样品耗氧量来测定材料燃烧的热释放速率。所谓氧消耗原理就是材料燃烧时消耗每一单位质量的氧气所释放的热量基本上是相同的，所以只要能测试出燃烧过程消耗的氧气的质量，运用氧消耗原理就可以得到材料燃烧的热释放速率，并可获得热释放总量（THR）及热释放能力（HRC）等参数，从而来评价和预测材料的燃烧危险性。

二、样品准备

选取具有代表性的织物，将样品制成均匀的细小粉末状。由于测试时所用的织物大多为阻燃整理后织物，而织物进行处理时并不能完全均匀，为保证测试数据的准确性，建议均采用混合均匀的粉末状样品进行相关测试。由于该仪器基于氧消耗原理，为使样品充分氧化，样品的质量受到制约，测试过程中材料受热发泡，样品质量过多可能会溢出样品池，堵塞燃烧室，所以，从实验结果的精确性和对仪器的保护考虑，通常纺织材料的测试，样品质量以5~10mg为宜。

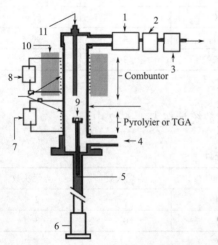

图 4-7-1　FTT0001 型微型量热仪原理示意图

三、实验仪器简介

本实验所用仪器为英国 FTT 科技有限公司的 FTT0001 型微型量热仪（图4-7-1），该仪器是 FTT 与联邦航空局合作研发，并已获得专利的微型量热仪器。微型量热仪是一种全新快速的测试仪器，相比传统锥形量热仪，所需的样品量少，更方便快捷。

在有氧环境中高温分解，设备测试速度快，检测方便，具有高精度的 MFC（质量流量控制器对 O_2 和 N_2 气流控制：O_2 控制范围 $0~50cm^3/min$；N_2 控制范围 $0~100cm^3/min$）；还具有高灵敏度氧传感器；加热速率 $6~300℃/min$；试样规格：$0.5~50mg$；温度范围：热解：室温 ~1000℃；燃烧：室温 ~1000℃。样品杯为 $40\mu L$ 的氧化铝坩埚，样品杯下面配有温度传感器，可自动将样品杯移动到燃烧炉中，特殊设计保证软接触。

燃烧炉程序式控制燃烧炉的温度加热到指定温度，温度恒定，温漂不超过 5K/h。配备过温保护装置，保护测试过程中设备及人员的安全性。温度范围：室温~1000℃，进口电热丝，过温保护，高性能铬铝钴耐热钢加热原件，使用寿命更长。多重散热装置，便于仪器散热。可以校准设备和存储校准数据结果，采集测试过程中的数据。

四、实验操作步骤

（一）开机

打开计算机和仪器背面总开关（仪器背面有一旋钮，使旋钮指向左方），保证电源 230V/50~60Hz，氮气、氧气瓶装减压器。

（二）检查仪器

分别打开氮气和氧气瓶的总阀和分阀，并任意选择混合气体浓度；再关闭气阀，并记录氮气和氧气的压力及流量；再观察各压力计及流量计的数值，与之前记录值比较，如无变动，则说明装置没有漏气。调节氮气、氧气减压阀，使氮气的压力在 0.2MPa 左右，氧气压力在 0.25MPa，不能超过 0.35MPa。检查干燥剂，如有必要则及时更换。

（三）参数设置

打开桌面 MCC 软件，如图 4-7-2 所示，程序会自动检测电缸的位置，如不在下位则将电缸降至下方位置。在弹出的对话框选择文件名为 Coeff SN1205180 标准程序，点 Load 后使机器预热至少 30min，再进行下列操作。

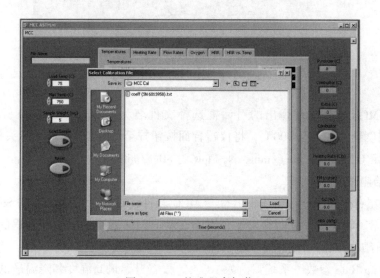

图 4-7-2　校准程序加载

打开软件 Mcc Calibration，设置 Load temp 为 150℃，Combustor temp 为 900℃，N_2 浓度为 0，O_2 浓度为 50%。点击 Piston 处使其为 UP，使试样台上升，然后点击 Combustor 启动加热按钮，等待温度升至设定温度 900℃。当温度到达设定温度后，将 GAS 处点为 ON，等待氧气浓度稳定（5min 内变化幅度在 ±0.015% 内），记下 O_2 浓度待用，关闭软件。校正 O_2、N_2 气缸处于上升状态，确保燃烧室处于密封状态。

O₂ Sensor 校准：打开软件 Measurement&Automation Exploren，点击左侧"换算"，点击"NI-DAQmax"，点击"O₂ Sensor"，读取斜率。根据下式计算新斜率：

$$新斜率 = \frac{钢瓶中氧气浓度}{读出的氧气浓度} \times 斜率$$

例如：

$$\frac{99.5\%}{99.36\%} \times 2131.6 = 2134.6$$

式中：钢瓶中氧气浓度为 99.5%。将新斜率填入 slope 对应单元格中，点击保存，关闭软件，如图 4-7-3 所示。

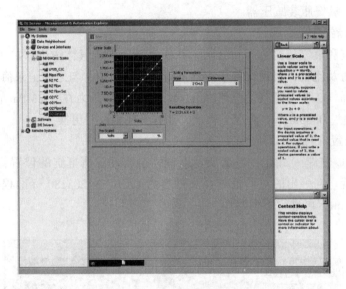

图 4-7-3 氧气浓度斜率换算

重新打开 MCC 软件，在弹出的对话框选择文件名为 Coeff SN1205180 标准程序。点击 Combustor 使温度继续加热至 900℃，将仪器背面按钮拧至 UPPER 位置（箭头指向右边），下拉对话框，确定 O₂ Flow 为 20cc/min，N₂ Flow 为 80cc/min。

（四）开始测试

称取 5mg 左右样品放置在坩埚中，打开 MCC 软件，在显示的屏幕中的 Sample Weight 框中输入样品重量。将装有样品的坩埚放在坩埚底座上，尽量确保样品在坩埚的正中间，放置坩埚时要小心轻放，以防坩埚底座下端的刚玉管因外力过大而断掉。

设置 Heating Rate 参数，系统默认为 1℃/s。设置升温最高温度和降温最低温度（一般设置为 750℃ 和 75℃），点击 Combustor 启动加热，使温度达到预设温度（一般设为 900℃），确认温度稳定后点击 Load Sample 按钮，工作台自动上升。

在弹出的对话框中根据需要命名文件和选择文件保存路径。观察 HRR 曲线或 OXYGEN 曲线图，待曲线稳定 3~5min 后，点击 Reset，使 HRR 为 0。

点击 Start Test 按钮开始测试，当温度达到最高时，实验完成后风扇自动开启，以降低分解室的温度。分解室的温度降到 70℃ 以下后，仪器会自动冷却，升降台会自动下来。

测试结束后，用镊子取下坩埚称取样品测试后重量，即残重。然后按此方法接着对下一个试样测试。

（五）数据分析

打开软件 Curve Fit 17，确保 Baseline Correction 按钮出现在屏幕上。点击 Recall Data，调节红线、绿线到有效区域。点击"Crop Data"选择绿线（左侧）和红线（右侧）区间内的数据，记录屏幕下方的数据，如图 4-7-4 所示。

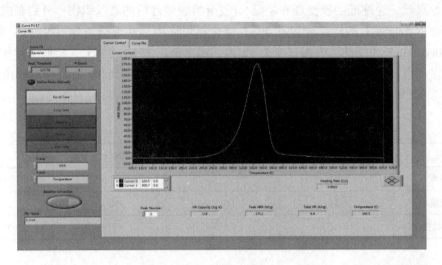

图 4-7-4　实验数据调取及分析

对于单一的峰，将绿线移至距离最高峰值大约 100℃ 的位置。如果有多个放热峰，则将绿线移至大约比第一个峰最高值低 100℃ 的位置，如果热释放的第一个峰值在起始温度 100℃ 以内，则将绿线移至比起始温度高出大约 25℃ 的位置，以确保试样燃烧产生的有效热释放数据不被截取。将红线移至距离热峰值大约 100℃ 的位置。如果有多个热释放峰，则移动红线至距离第一个峰最高值大约 100℃ 的位置，如果热释放的最后峰值在最高温度 100℃ 以内，则设置红线小于最高温度约 25℃ 的位置，确保不改变热释放数据。

如果热量释放在最高温度没有回到零，则增加最高温度，取样并重复实验，以确保完全燃烧。如果已经设置到了仪器所达到的最高温度，但是热释放量还是没有回归到零，则将红线移动至最高温度且关闭基线校正。

将绿色线和红色线分别移动至基线稳定区域的左右两侧，且 y 轴的值为最大负值，保证绿色线置于第一个放热峰的左边，红色线置于最后一个放热峰的右边。确保试样没有由于氧气消耗产生的热释放量被截取。

再点击"Crop Data"，删除绿色和红色线以外的任何数据，将绿色和红色线条移动到裁剪曲线的末端，测试结果显示在曲线下方的方框内，即热释放能力（HRC）、热释放速率（HRR）、总热释放量（THR）、最高裂解温度（T）。

如果检测到一个以上的峰值，可以通过选择 Curve Fits（曲线拟合）查看每个峰值的结果，然后使用 Peak number 旁边的上下箭头进行选择。

（六）实验结束

打开软件 Mcc calibration，点击 Piston 处为"UP"，单击"Load Sample"，然后点击

Choose or enter path of file 窗口的取消按钮，确保样品放置台一直在裂解炉中，而不会在微型量热仪不使用时被损坏。

关掉燃烧室，通过点击 "MCC" 退出或按 "Ctrl+Q" 关闭 MCC 软件。将仪器背面的旋钮拧至左方，依次关好氧气和氮气的气阀，关闭仪器开关及计算机。

五、实例分析

选取原真丝、经纯硅溶胶整理和经硼/硅复合溶胶整理后的真丝织物，分别制成均匀粉末状样品。称取 5mg 左右的样品放置在 40μL 氧化铝坩埚中，在混合流氛（N_2 Flow 80cc/min，O_2 Flow 20cc/min）中受热，升温速率为 1℃/s，温度范围为 75~750℃。按照上述实验步骤分别对 3 种试样进行测试，所得测试结果如表 4-7-1 所示。随时间变化的热释放速率曲线如图 4-7-5 所示。

表 4-7-1　真丝织物燃烧热释放性能

样品	HRC [J/(g·K)]	HRR(W/g)	THR(kJ/g)	T_{max}（℃）
未整理	107	92.5	9.5	289.8
硅溶胶整理	134	119.3	10.0	310.4
硼/硅溶胶整理	86	76.3	6.5	312.6

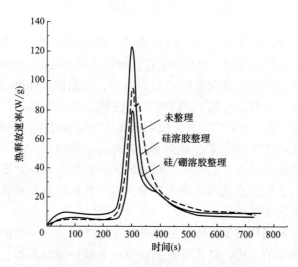

图 4-7-5　真丝织物燃烧热释放速率曲线

由图 4-7-5 可知，与未经整理的真丝织物相比，纯硅溶胶整理体系的热释放速率峰值变高，且峰型分布变窄，这表明纯硅体系使真丝织物在燃烧过程中放热加快，放热量增加。纯硅体系会增强真丝织物燃烧热效应的原因可能是真丝织物热分解的产物中有与阻燃剂发生作用而释放热能的物质。硼/硅溶胶整理织物在燃烧过程中曲线峰值显著降低，峰型也明显变宽，热释放速率下降了 16.2W/g，热释放总量减少了 3kJ/g，这能够有效地减少燃烧反馈给真丝织物表面的热量，降低真丝织物的热分解速度和挥发性可燃物的生成。说明了硼/硅复合体系相对于纯硅体系阻燃效果更优。

实验八　使用烟密度箱测试纺织品燃烧产生烟性能

一、实验原理

NBS 烟密度箱实验方法的理论为比尔–朗伯定律（Beer-Lambert law），又称比尔定律、朗伯–比尔定律、布格–朗伯–比尔定律（Bouguer-Lambert-Beer law），是光吸收的基本定律：一束单色光照射于一吸收介质，在通过一定厚度的介质后，由于介质吸收了一部分光线，透射光的强度就要减弱，吸收介质的浓度越大，则光强度的减弱越显著。

根据 Bouguer 光衰减定律，使用最大比密度作为测量烟密度的单位，即：

$$T = T_0 e^{-\sigma L}$$

式中：T——透光率；

T_0——初始的透过光（100）；

σ——衰减系数；

L——光路长度，m；

e——自然对数的底。

对于单分散性的悬浮颗粒，衰减系数 σ 与粒子大小和粒子数量成正比，如果定义 lg（100/T）为光密度 D，则：

$$D = \lg\left(\frac{100}{T}\right)$$

燃烧产生的烟通常不具有单分散悬浮颗粒的全部特征，但是一般光密度可粗略的认为与生成的烟粒子成比例，因此可通过一个系数来计算比光密度 D_s。

$$D_s = \left(\frac{V}{AL}\right) D$$

因此

$$D_s = \left(\frac{V}{AL}\right) \lg\left(\frac{100}{T}\right)$$

式中：V——燃烧室的体积，m^3；

A——试样的暴露面积，m^2；

L——光路长度，m。

对于 GB/T 8323.2—2008 中的单燃烧室，$V/AL = 132$。

由光密度概念可知，烟雾的发展情况与试样的面积、烟箱的体积和光度计的光路有关。比光密度是无量纲的，其值与试样厚度有关，因此当引用比光密度时，应指明试样的厚度。

烟密度箱法是通过光学系统测定纺织品、塑料等固体材料燃烧时所产生的烟雾光密度。可测试辐照度为 $25kW/m^2$ 或 $50kW/m^2$，有焰或无焰四种试样暴露方式，以最大光密度为实验结果，仅用于评判在规定条件下材料的发烟性能，不能评判实际使用时发烟的危害。

二、样品准备

（一）试样数

如果选择 4 个模式，则至少需要 12 个试样；6 个试样在 $25kW/m^2$ 条件下测试（3 个试样使用引燃火焰，3 个试样不使用引燃火焰）；6 个试样在 $50kW/m^2$ 条件下测试（3 个试样使用引燃火焰，3 个试样不使用引燃火焰）。若测试采用的模式少于 4 个，则对于每个模式至少需要 3 个试样。

对于膨胀性材料，应先在锥形加热器距离样品 50mm 处进行预测试，需多准备至少 2 个试样。

（二）试样尺寸

边长为 $(75\pm1)mm$ 的正方形。当材料的公称厚度不大于 25mm，应在整个厚度上进行评估，若做对比实验，则材料厚度应在 $(1.0\pm0.1)mm$。材料在测试箱体内燃烧时，会消耗氧，并且一些材料（特别是快速燃烧或者厚样品）烟的产生会受到测试箱中氧气浓度降低的影响，测试试样应尽可能采用最终厚度来进行测试。材料厚度大于 25mm 时，应将试样厚度加工至 $(25\pm1)mm$，然后对原始表面（未加工面）进行评估。

（三）试样制备

试样应具有代表性，从材质均匀的样品区域切取，并保留厚度记录。如有需要，也应保留其质量记录。

用一张完整的铝箔（厚度为 0.04mm）包裹住试样的整个背面，并沿着边缘包裹试样正面的外围，仅留出 65mm×65mm 大小的中心测试区域，铝箔的较暗面与试样接触。在操作时，应小心避免刺穿铝箔或使铝箔有过多的褶皱。铝箔的折叠应使得在试样盒底部熔融损失量少。试样放置入试样盒之后，应将沿着前边缘的多余铝箔修剪掉。薄型不透气试样可在薄膜上剪开 2~3 个 20~40mm 长的开口作为排气口。

包裹好试样衬垫要求：

（1）包裹后，试样厚度不大于 12.5mm，则用公称厚度为 12.5mm 及烘干密度为 $(850\pm100)kg/m^3$ 的不燃隔热板和低密度耐火纤维毡（公称密度为 $65kg/m^3$）一起作为衬垫，耐火纤维毡在隔热板下面。

（2）包裹后，试样厚度大于 12.5mm，小于 25mm，则用低密度耐火纤维毡（公称密度为 $65kg/m^3$）作为衬垫。

（3）包裹后，试样厚度 25mm，则不使用任何衬垫。

三、实验仪器简介

本实验所用的 NBS 烟密度箱是由英国 FTT 科技有限公司生产的，其实验方法来源于美国国家标准与技术研究院，目前已在各个领域广泛应用，主要用于测定材料燃烧所产生的烟雾以及有焰和无焰燃烧下的光学密度，其光学传感器使用了更加精密的光电倍增管，可以用于捕捉箱体内细微的烟气含量的变化，也可后期扩充 FTIR 傅立叶红外分析仪进行烟气含量的定性及定量分析，如有毒气体 HCN、HF、HCl、SO_2 等检测。辐射强度在 $10\sim50kW/m^2$ 之间可调节，由密闭实验箱、光度计测量系统、辐射锥、燃烧系统、点火器、实验盒、支架、测温仪表以及烟密度测试软件组成。整机核心部分均采用进口元器件，如流量计、热流计、光电倍增管等。如图4-8-1所示。

图4-8-1 NBS烟密度箱

四、实验操作步骤

（一）开机

连接电源，打开烟箱后面的两个开关（先开气阀开关再开电源），注意无烟燃烧时无需打开丙烷气。按烟箱前面的"Power"后确保"Power"按键上灯亮，再按"Light Source"后确保其键亮。

打开烟密度测定仪的操作主界面，打开计算机上的测试软件，点击"Status""Filter Mode"，听到计算机与仪器连接的声音，观察箱体上是否切换到"Filter"，如果确定则代表联机成功，点击"OK"进入下一步。选择标准，如ISO5659进行测试。如图4-8-2所示。

（二）箱体密闭性测试

每次使用时都需关闭箱门、排气口和尾气样品管，对实验箱进行气密性测试。关闭烟密度箱箱门，但不需要密闭拧紧，然后依次点击软件界面上的"Zero Pressure"→"Zero"→"OK"（观察Pressure为0），将传感器归零；依次点击"Leak Test"→"OK"，确保上、下密封口是关闭的，然后将箱门上的旋钮全部拧紧，保证其内部密闭不透气。将箱门上的"Upper Vent"和"Lower Vent"按亮；打开"Flow"控制气流，送气旋钮（Radiometer Air）由off慢慢往上旋转，观察计算机软件界面上压力表记录的压力读数，超过0.76kPa后关闭供气，然后点击"Start"，保证5min之内压力值不低于0.5kPa时才可以点击"OK"确定。

关闭按钮"Upper Vent"，打开箱门，依次点击烟箱下面的按键"Power"→"Load Cell"→

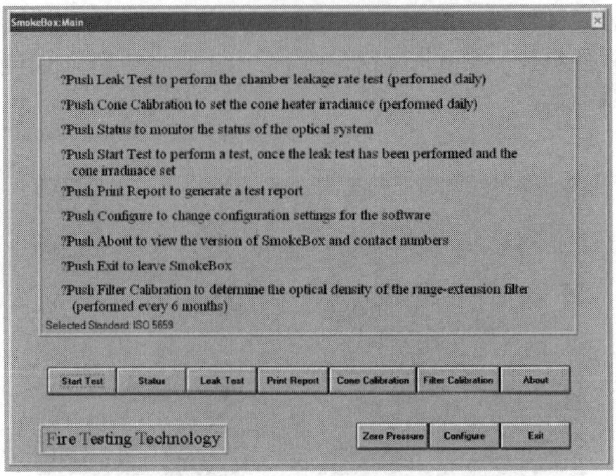

图 4-8-2　测试页面

"Cone"。此时，炉子在升温过程中，当温度达到设定温度值（$25kW/m^2$，约 $555℃$）以后才可以进行以下操作。一般每 3~6 个月校正一次。

（三）点火装置校准

将气体燃烧器放在正确位置，打开燃气和空气，并点燃燃烧器，检查气体流速，调节气体流速大小（约 $50cm^3/min$ 的丙烷和 $300cm^3/min$ 的空气）以确保得到（$30±5$）mm 的火焰。

（四）辐射锥校准

清理上次实验残留在设备内的任何残余物，在测试完成不久后进行辐射锥校准，用空气冲刷测试箱（打开箱门、排气口和进气口）2min。将热流计安装在试样的位置上，与辐射锥保持一定的距离，并连接电气和供水设备。对于膨胀性材料，热流计安装的位置为辐射锥加热底部到热流计表面的距离为 50mm 处，并在辐射锥加热器中心位置。

（五）参数设置

再次打开烟密度测定仪的操作主界面，选择点击"Start Test"，在出现的界面上找到 File（填写存储路径），在 thickness 右边的框内设置样品的厚度值，最大测试时间 max test duration 可以根据试样的要求设置，也可以在测试过程中根据需要增加或者减少，最后点"OK"确定。如图 4-8-3 所示。

（六）光学系统调试

点击"Zero Condition"，将 Filter Mode 模式切换到 Dark 模式，选择 Range Selector 为 0.1，旋转箱体设置面板上的第一个黑色旋钮如果顺时针调到底还不为 0，则用螺丝刀微调边上的针阀按钮，直到 PM Unit 为 0.000，待"Zero"键被激活数秒，点击"Zero"确定。点击"Span Condition"，待仪器切换到 Filter 模式时选择 Range Selector 为 100，此时将箱体上第二个黑色旋钮至 PM Unit 为 5V，然后点击"Span"确定。如图 4-8-4 所示，图中 4-8-5（a）为"Zero"，图 4-8-5（b）为"Span"。

（七）开始测试

1. 样品放置　将试样平放在试样支架的钢丝网上，其位置应处于测试状态时燃烧火焰能对准试样下表面的中心位置。试样表面应向下放置，如试样在实验中出现移位，可用金

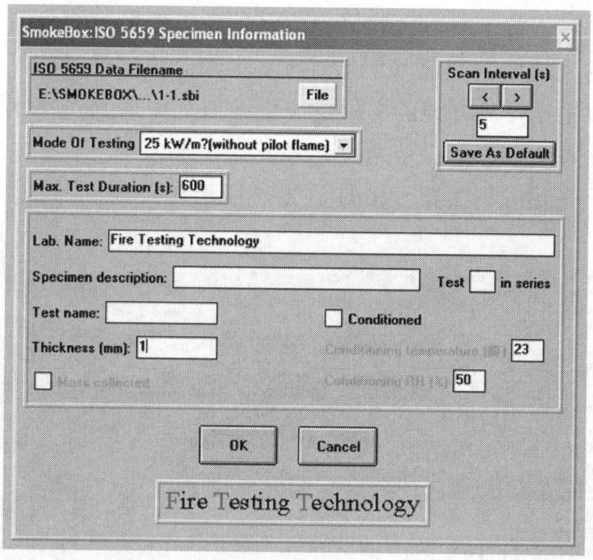

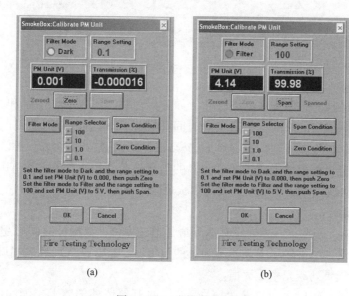

图 4-8-3 参数设置

图 4-8-4 光学系统调试

属网卡住试样。放置样品前应称量空的试样架，点"Tare"去皮，然后再放置样品。从辐射锥下面移除屏蔽罩，同时开启数据记录系统。在实验开始后，应立即关闭测试箱门和进气口，点击确定的同时点击计算机上的"Start"与烟密度箱箱体表面的按键"Lgnition"，接着迅速点击"Upper Vent"即测试开始，测试过程中可以打开外层隔板观察样品燃烧情况。

若预测试表明在移除屏蔽罩前引燃火焰就熄灭了，则应立即重新点燃引燃火焰，同时移除屏蔽罩。

2. 透光率记录 从实验开始时（即移除屏蔽罩时）便可以记录连续的透过百分比和时间，为避免读数小于满量程的 10%，可将光电探测器放大器系统的范围再放大 10 倍。显示窗显示测试时间和此时对应的烟密度值（吸收率），软件自动记录时间、烟密度值和烟密度的曲线，测试过程中可以根据样品燃烧的实际情况更改时间。若透过率很低（即烟密度变得很高），应报告烟密度 D_s 在 792 以上；若透过率降低到 0.0001% 以下，遮住测试箱门上的视窗，并从光路中撤回放大滤光片。测试界面如图 4-8-5 所示。

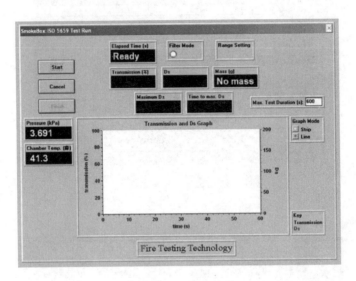

图 4-8-5　测试页面

3. 观察 记录样品的任何特殊燃烧特征，如分层、膨胀、收缩、熔融和塌陷，并记录从实验开始后发生特殊行为的时间，包括点火时间和燃烧持续时间；烟的特征，如颜色、沉积颗粒的性质。某些材料生成的烟会根据在无焰模式或者有焰模式是否发生燃烧而不同，因此，在每次实验期间，记录关于燃烧模式尽可能多的信息。若点燃火焰在测试期间被气态排出物熄灭并在 10s 没有再次点燃，则应立即关闭引火燃烧的供给气源。

（八）提取数据

测试持续 10min，若在 10min 内没有达到最低透过率值，该测试时间可超过 10min。从辐射锥下部移除屏蔽罩。当水柱压力表显示为小的负值时，打开排气扇和进气口，并持续排气，直到在合适量程内记录到透光率最大值。

测试结束后，关闭辐射，即按键"Lgnition"，打开箱体外部墙上左侧的白色开关启动外排风机排除烟箱内的烟雾，打开按键"Extration"（此时观察到箱体表面的 Lower Vent 变暗），待 Extration 值稳定（一般不低于 95%）后点击"Record"确定，接着打开烟箱门，关闭按键"Extration"和机身后面墙上的白色开关。点击"PrintReport"和"Graph"即可查看所获得的图，点击图框上面的"More"以获取数据，最后一行数据为想要的数据，最后点击"Close"关闭程序。每个试样测试结束后都必须用试镜纸擦除箱内的两个玻璃圆窗，保证透射率结果准确。

（九）结果计算

对于每个样品，建立透过率—时间曲线图，并测得最小透过百分比，使用下式计算最大

光密度 D_{smax}，保留 2 位有效数字：

$$D_{smax} = 132lg\left(\frac{100}{T_{min}}\right)$$

式中：132——测试箱的表达式 V/AL 算出的因子；

       V——测试箱容积；

       A——试样的暴露面积；

       L——光路的长度。

若有要求，用在 10min 时的透过率 T_{10} 代入上式，用 T_{10} 代替 T_{min}，可得到 D_s 在 10min 时的值（D_{s10}）。

（十）测试结束

关闭箱体面板下方按键"Load Cell""Cone"及"Power"，关闭上方按键"Light Source"和"Power"，取下样品台，放上隔热板。

五、实例分析

采用烟密度箱按照 ISO 5659.2—2012 对阻燃整理后的真丝织物进行测试。选取辐照度为 25kW/m² 无焰模式，剪取边长为（75±1）mm 的正方形真丝试样，因真丝织物相对较薄，所以选择 4~6 层进行测试。用铝箔包裹住试样的整个背面，并沿着边缘包裹试样正面的外围，仅留出 65mm×65mm 大小的中心测试区域，辐射锥的下表面与试样表面的间隔为 25mm，按照上述实验步骤进行烟密度测试，测试结果如图 4-8-6~图 4-8-8 所示。图 4-8-6（a）是测试前的试样，图 4-8-6（b）是测试后的试样。

由图 4-8-6 可见，该试样燃烧过程中出现了膨胀、收缩的燃烧特征，从实验开始后 8s 即出现了此燃烧特征，燃烧过程中产生的烟为黑色，燃烧后箱体内有沉积颗粒。由图 4-8-7 可见，该试样燃烧产生的烟密度 D_s 值为 35.54。图 4-8-8 所示为测试时间内透射率达到稳定的最低值。

(a)   (b)

图 4-8-6 测试前后真丝织物的形态

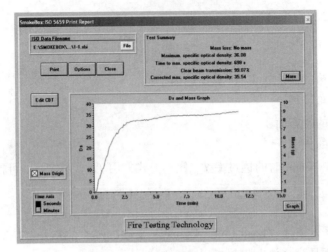

图 4-8-7　真丝燃烧的 D_s 值

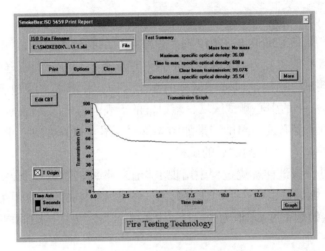

图 4-8-8　透射率曲线

第五章　纺织材料生态性定量分析实验

实验一　使用分光光度计检测纺织品甲醛含量

一、实验原理

当紫外光照射样品分子时，分子吸收光子能量后受激发从一个能级跃迁到另一个能级。由于分子的能量是量子化的，只能吸收能量为两个能级差值的光子。紫外光能引起电子的跃迁，内层电子的能级很低，一般不易被激发，故电子能级的跃迁主要是指价电子的跃迁。紫外吸收光谱是由于分子吸收光能后，价电子由基态能级受激跃迁到能量更高的激发态而产生的，故紫外光谱也称为电子光谱。由于紫外光的能量较高，在引起价电子跃迁的同时也会引起只需要低能量的分子的振动和转动，因此紫外吸收光谱不是一条条谱线，而是较宽的谱带。

朗伯-比耳定律是紫外光谱定量分析的基础。吸光度 A 是入射光强度与透射光强度比值的对数，见下式。

$$A = \lg \frac{I_0}{I} = \varepsilon l c$$

式中：I_0、I——入射光和透射光强度，cd；

　　　　ε——摩尔消光（吸光）系数，L/(mol·cm)；

　　　　l——样品的光程长，cm；

　　　　c——溶液的浓度，单位 mol/L。

由公式可知，吸光度与摩尔消光系数、光程长以及溶液的浓度有关。

紫外光谱是由于物质吸收紫外光能量，引起分子中电子能级跃迁，因分子组成和结构等的不同，在特定的波长位置上形成的吸收谱带。一般用吸光度 A 或摩尔消光（吸光）系数 ε 随波长的变化谱图描述紫外吸收特征。根据吸收峰的位置、强度和形状，可以了解分子中不同电子结构的信息，从而分析分子的结构特征。

纺织品试样中含有的游离甲醛不能直接检测，需要将试样在 40℃ 的水浴中萃取一定时间，萃取液用乙酰丙酮显色，用分光光度计测定显色液中甲醛的吸光度。根据标准甲醛工作曲线和试样质量，即可计算出样品中游离甲醛的总量。显色原理是甲醛与乙酰丙酮在过量醋酸铵的作用下发生反应，生成浅黄色的2,6-二甲基-3,5-二乙酰基吡啶，该物质在 412nm 处有很强的吸收峰，根据该波长处吸光度的高低可判别和测定该物质的含量，进一步计算出纺织样品中游离甲醛的含量。

二、样品准备
（一）溶液配制

1. 乙酰丙酮试剂（纳氏试剂）　在 1000mL 容量瓶中加入 150g 乙酸铵，用 800mL 水溶解，然后加入 3mL 冰乙酸和 2mL 乙酰丙酮，用水稀释至刻度线，储存在棕色瓶中。值得注意的是，该溶液储存开始的 12h 内颜色逐渐变深，使用前必须储存 12h，使用有效时长为 6 周。经长期储存后其灵敏度会稍有变化，故每星期应作一次校正曲线来与标准曲线校对为妥。

2. 双甲酮的乙醇溶液　1g 双甲酮（二甲基-二羟基-间苯二酚或 5,5-二甲基环己烷-1,3-二酮）用乙醇溶解并稀释至 100mL，现配现用。

3. 甲醛标准溶液和标准曲线的制备

（1）约 1500μg/mL 甲醛原液的制备。甲醛溶液浓度约 37%（质量浓度），用水稀释 3.8mL 甲醛溶液至 1L，用标准方法测定甲醛原液浓度，记录该标准原液的精确浓度用以制备标准稀释液（S1），有效期为四周。

（2）稀释。相当于 1g 样品中加入 100mL 水，样品中甲醛的含量等于标准曲线上对应的甲醛浓度的 100 倍。标准溶液（S2）的制备：吸取 10mL 甲醛溶液（S1）放入容量瓶中，用水稀释至 200mL，此溶液含甲醛 75mg/L。

（3）校正溶液的制备。根据标准溶液（S2）制备校正溶液，在 500mL 容量瓶中用水稀释下列所示溶液中至少 5 种浓度：

1mL S2 稀释至 500mL，含 0.15μg 甲醛/mL=15mg 甲醛/kg 织物；

2mL S2 稀释至 500mL，含 0.30μg 甲醛/mL=30mg 甲醛/kg 织物；

5mL S2 稀释至 500mL，含 0.75μg 甲醛/mL=75mg 甲醛/kg 织物；

10mL S2 稀释至 500mL，含 1.50μg 甲醛/mL=150mg 甲醛/kg 织物；

15mL S2 稀释至 500mL，含 2.25μg 甲醛/mL=225mg 甲醛/kg 织物；

20mL S2 稀释至 500mL，含 3.00μg 甲醛/mL=300mg 甲醛/kg 织物；

30mL S2 稀释至 500mL，含 4.50μg 甲醛/mL=450mg 甲醛/kg 织物；

40mL S2 稀释至 500mL，含 6.00μg 甲醛/mL=600mg 甲醛/kg 织物。

计算工作曲线 $y=a+bx$，此曲线用于所有测量数值。如果试样中甲醛含量高于 500mg/kg 织物，则应稀释样品溶液。

注意：若要使校正溶液中的甲醛浓度和织物实验溶液中的浓度相同，必须进行双重稀释。如果每千克织物中含有 20mg 甲醛，用 100mL 水萃取 1.00g 样品溶液中含有 20μg 甲醛，以此类推，则 1mL 实验溶液中的甲醛含量为 0.2μg。

此外，标准溶液也可直接购买 BW3450 甲醛/水溶液（14001），购买的甲醛标准溶液浓度为 10.4mg/mL，可按倍数稀释成 5 种浓度的溶液后测定紫外吸光度值，建立标准曲线。

（二）试样准备

样品不进行调湿，预调湿可能影响样品中的甲醛含量。测试前将样品保存在聚乙烯密封袋中，外包铝箔密封，可防止甲醛通过包装袋的气孔散发，也避免直接接触待测样品。

取有代表性样品，剪碎至 5mm×5mm 以下，混匀，称取 1g（精确至 0.01g）试样三份，分别放入 250mL 的具塞三角烧瓶中，加 100mL 水，盖紧盖子，放入（40±2）℃水浴中振荡（60±5）min，用过滤器取滤液至另一碘量瓶或三角烧瓶中，供检测分析用。如果待测样品中甲醛含量太低，可增加试样量至 2.5g，以获得满意的精度。

三、实验仪器简介

本实验使用的仪器为日本岛津公司的 UV2550 型分光光度计（图 5-1-1），广泛应用于定性定量分析，选择性好，准确度高，适用浓度范围广，分析成本低，操作简便快速。由于光源发出的光经过单色器时有可能从单色器舱内及其他光学元件表面发生反射，从光学元件表面以及大气中的灰尘也可能发生散射，这些都会产生杂散光，杂散光的存在会对比尔定律产生偏移。岛津设计的 1600 线/mm 闪耀全息摄影光栅能提供高能量的光束和最低的杂散光。

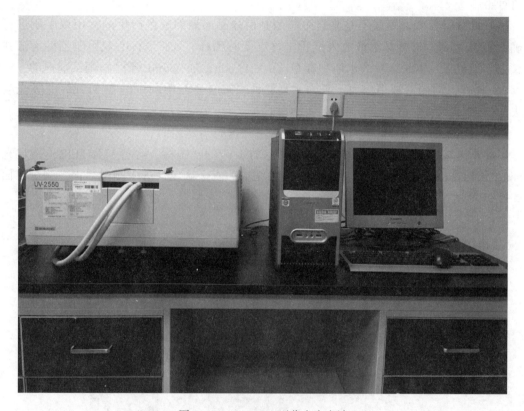

图 5-1-1　UV2550 型分光光度计

本仪器测定波长范围：190~900nm；谱带宽度：0.1~5nm；分辨率：0.1nm；波重现性：±0.1nm；杂散光：0.0003%以下；测光方式：双光束方式；测光范围：吸光度-4~5Abs，透射率、反射率：0~999.9%；记录范围：吸光度-9.999~9.999Abs，透射率、反射率：-999.9~9.999；基线平坦度：±0.001Abs 以内（除去干扰，狭缝 2nm，波长扫描）；检测器：光电倍增管。

四、实验操作步骤

（一）待测溶液准备

（1）将甲醛标准溶液用水逐级稀释到适当浓度的系列工作溶液。

（2）用单标移液管吸取样品滤液、甲醛标准溶液和水各 5mL 放入不同的试管中，分别加 5mL 预先配好的乙酰丙酮溶液，摇动。

（3）先将试管放入（40±2）℃ 的水浴中显色（30±5）min，然后取出，常温下避光冷却（30±5）min，用 5mL 蒸馏水加等体积的乙酰丙酮作空白对照。

（4）如果预期从织物上萃取的甲醛含量超过 500mg/kg，或实验采用 5∶5 比例，计算结果超过 500mg/kg 时，稀释萃取液，使之吸光度在工作曲线的范围内（在计算结果时要考虑稀释因素）。

（5）如果样品的溶液颜色偏深，则取 5mL 样品溶液放入另一试管，加 5mL 水，用水作空白对照。

（6）如果怀疑吸光度值不是来自甲醛而是由样品溶液的颜色产生的，用双甲酮进行一次确认实验。取 5mL 样品溶液放入试管中（必要时稀释），加入 1mL 双甲酮乙醇溶液并摇动，把溶液放入（40±2）℃的水浴中显色（10±1）min，加入 5mL 乙酰丙酮试剂摇动，继续按（2）操作。对照溶液用水而不是样品萃取液，来自样品中的甲醛在 412nm 的吸光度将消失。

（二）样品测试

1. 打开仪器及计算机电源　双击桌面上的 UVProbe 图标，等待仪器自检，稳定光源 30min，仪器自检过程如图 5-1-2 所示，自检完成后点击确定，进入测试界面，测试界面如图 5-1-3 所示。

图 5-1-2　UVProbe 软件自检界面

选择编辑→方法（或直接点击菜单栏方法图标）→设置参数→自动调零（把参比溶液都置于样品池与参比池中，点击"自动调零"，完成后光度计状态栏的吸收值读数应为零），自动调零是对光度计单元在指定波长进行调零和校正细微变化的，如因热效应引起的偏差，此操作可对吸收值调零，但当选择透射或反射时则吸收值被设置为 100%，多用于光度分析。

2. 基线校准　在窗口菜单中选择光谱模块，在开始基线校正之前，确认样品或参比光束无任何障碍物，并且样品室中没有样品。基线校正设定当前选择的波长范围内的背景为零，在此范围内后续的读数受其影响。基线校正确保在采集数据时有较好的参照点。仪器空载下

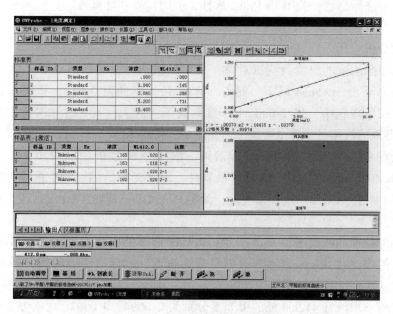

图 5-1-3 UVProbe 软件测试界面

点击"基线",弹出对话框后在开始波长和结束波长中分别输入 700 和 300,点击"确定",注意在基线校正过程中光度计状态窗口的读数变化。当完成扫描后,点击输出窗口的仪器履历标签,查看列出的基线校正信息。

3. 建立标准曲线 在窗口菜单中选择光度测定模块,输入标准曲线各个浓度,鼠标指向相应浓度,把对应浓度的吸收液倒入比色皿中并置于样品池,参比溶液对应放在参比池,读取数据。最后生成标准曲线报告并保存。图 5-1-4 中为测定的甲醛溶液标准曲线,一般要求标准曲线的相关系数大于 0.999。

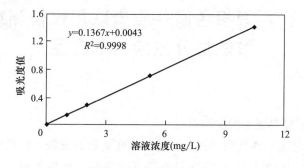

图 5-1-4 标准曲线图

4. 测定未知样品 在窗口菜单中选择光度测定模块,新建测定方法。设置波长,此窗口设置所需测定的波长和波长范围。此处设置的波长或波长范围作为表中的列,测定的值将显示在各波长列或波长范围列中。取待测样品溶液倒入比色皿中并置于样品池,参比溶液对应放在参比池。在波长类型框中选择点,插入波长点 412nm,检测未知样品在该波长处的吸光度,对照标准工作曲线后计算其甲醛含量。

5. 关机 清洗样品池，关闭 UVProbe 软件，关闭仪器和计算机。

五、实例分析

以某未知甲醛浓度的织物为测试对象，预期从该织物上萃取的甲醛含量不超过 500mg/kg。将织物剪碎至 5mm×5mm 以下，混匀。称取 1g（精确至 0.01g）试样三份，分别放入 250mL 的具塞三角烧瓶中，加 100mL 水，盖紧盖子，放入（40±2）℃水浴中振荡（60±5）min，用过滤器取滤液至另一碘量瓶或三角烧瓶中，待测。

测试当天配制 5 种浓度的甲醛标准溶液，浓度分别为 0mg/L、1.04mg/L、2.08mg/L、5.20mg/L、10.40mg/L。打开仪器和计算机软件，稳定光源后测定标准溶液的吸光度，生成标准溶液曲线。取待测未知浓度样品溶液，测定其在 412nm 出的吸光度，计算得到样品中所含的甲醛浓度。

测定得到的标准曲线如图 5-1-4 所示，该标准曲线的方程式为 $y = 0.1367x + 0.0043$，其中 y 表示溶液的吸光度值，x 表示溶液中甲醛的浓度。该标准曲线的相关系数 R 的平方为 0.9998，可以认为标准曲线的相关性很好。

测定的三组萃取液在 412nm 处的吸光度分别为 0.0094、0.0092、0.0095，根据标准曲线可以读出三组萃取液的甲醛浓度分别为 0.0373mg/L、0.0358mg/L、0.0380mg/L。

未知样品中萃取的甲醛量用下式计算：

$$F = c \times 100 / m$$

式中：F——从织物中萃取的甲醛含量，mg/kg；

c——读自标准工作曲线上的萃取液的甲醛浓度，mg/L；

m——试样的质量，kg。

试样的质量 m 为 0.01kg，计算得到三组样品中甲醛量分别为 373mg/kg、358mg/kg、380mg/kg，三组数据的平均值为 370mg/kg，因此该织物中的甲醛含量为 370mg/kg。

实验二　使用液相色谱—质谱联用仪检测纺织品中致敏性分散染料的含量

一、实验原理

（一）致敏性分散染料测定的实验原理

致敏性分散染料是指某些直接接触会引起人体或动物的皮肤、黏膜或呼吸道过敏的染料。禁用染料包括两大类：一类是在某些特定条件下会裂解，产生致癌芳香胺的偶氮染料，如 GB/T 17952《纺织品禁用偶氮染料的测定》中规定，凡是经还原裂解能够产生禁用芳香胺的染料，都被限制使用；另一类就是未经还原或其他反应，直接与人体长时间接触会引起癌变的染料，相关的国家标准有 GB/T 20382《纺织品致癌染料的测定》、GB/T 20383《纺织品致敏性分散染料的测定》和 GB/T 23345《纺织品分散黄 23 和分散橙 149 染料的测定》等。

本实验的原理是，利用甲醇溶剂超声萃取纺织样品上可能存在的致敏性分散染料，然后用液相色谱质谱联用仪（LC-MS）对萃取液进行定性、定量测定。

（二）色谱分离法的基本原理

色谱法最早是由俄国植物学家茨维特（Tswett）在 1906 年研究用碳酸钙分离植物色素时提出的一种分离复杂化学组分的理论。在研究植物叶片的色素成分时，他将植物叶片的石油醚萃取液倒入填满碳酸钙的直立玻璃管中，然后倒入石油醚淋洗，利用重力使石油醚流出来，结果植物叶片中的各个组分相互分离形成各种颜色的谱带，包括叶绿素（绿色）、叶黄素（黄色）、胡萝卜素（橙色）等。茨维特命名这种方法为色谱法。随着现代仪器的技术发展与进步，色谱仪器早已脱胎换骨，待测样品也已经与颜色没有任何关联，但是这个名称还是得以延续使用。后来在此基础上发展出纸色谱法、薄层色谱法、气相色谱法、液相色谱法等分离方法。

高效液相色谱法（HPLC）的基本原理是：溶于流动相中的多个组分流经固定相时，由于与固定相发生的作用力（吸附、分配、离子吸引、排阻、亲和）大小、强弱不同，导致各组分在固定相中的滞留时间不同，先后从色谱柱末端依次流出后进入检测器检测，从而达到多组分分离检测的目的，并得到相应的色谱图。

色谱图的定义是：色谱柱流出物通过检测器时，所产生的响应信号对时间的曲线图。其纵坐标为响应信号强度大小，横坐标为时间，一般单位为分钟（min）。

多组分的分离示意参见图 5-2-1，其中图 5-2-1-A：3 种组分同时进入色谱柱，在柱前段集聚，若此刻即检测，将得到一个完全不分离的色谱峰；图 5-2-1-B：3 种组分在流动相带动下进入色谱柱，与固定相发生大小、强弱不同的作用力，在色谱柱中初步开始分离，若此刻即检测，将得到一个带有三个尖顶的色谱峰；图 5-2-1-C：随着流动相的持续冲洗，与固定相作用力弱的组分走在前列，3 种组分在色谱柱中达到基本分离，若此刻即检测，将得到三个峰宽基本分离的色谱峰；图 5-2-1-D：3 种组分在色谱柱中完全分离，最后流出色谱柱进入检测器，得到三个完全分离的色谱峰。

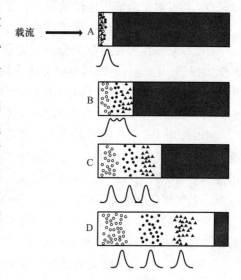

图 5-2-1　三组分混合物在色谱柱内分离示意图

（三）质谱仪的基本工作原理

将气化的样品分子在高真空的离子源内转化为带电离子，进入质量分析器后，在磁场或者电场的作用下，按时间先后进行质荷比（质量和电荷的比值，m/z）分离，最后经检测器检测，计算机软件处理后形成色谱/质谱图。其主要特点是能够给出化合物的碎片离子信息、分子式及结构信息，质谱的方法灵敏，定性和定量分析能力强，其缺点是要求样品必须是单一组分，无法进行复杂物质的分离分析。

有机质谱仪的工作过程可以用四个英文字母描述：G（generate 产生）、M（move 移动）、S（select 选择）、D（detect 检测）。其中 ESI 源质谱仪的工作流程见图 5-2-2。

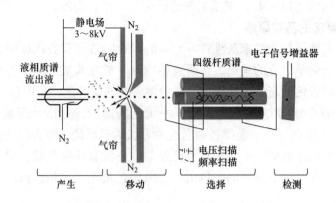

图 5-2-2　ESI 源质谱仪工作流程示意图

G：在电离源中使目标化合物成为带电离子。

M：通过离子传输管将其运输导入高真空的离子选择器中。

S：带电离子自身有重力，在电场中会受到库仑力，在磁场中会受到洛仑兹力。由于力的作用，带电离子会具有加速度，以及与加速度对应的运动轨迹。离子的质量不同，会导致加速度以及运动轨迹不同，从而达到筛选离子的目的。

D：通过对带电离子运动情况的检测，可以对目标化合物进行定性、定量分析。

（四）高效液相色谱—质谱联用仪（LC-MS）的工作原理

HPLC 对多组分化合物的分离能力很强，但是检测器的定性能力差；质谱仪的定性和定量能力很强，但是只能针对单组分化合物检测分析。LC-MS 结合了两者的优势，它将高效液相色谱对复杂样品的分离能力和质谱具有的高灵敏度、高选择性结合起来，它是以高效液相色谱为分离系统，以质谱为检测器的现代高科技分析仪器。

HPLC 和 MS 结合使用的难点和关键点在于两者的接口电离源技术。早在 1942 年就有了第一台商用质谱仪，HPLC 的雏形是 1958 年出现的氨基酸分析仪，1968~1971 年由 Waters 公司推出了第一台 HPLC 商用系统机。而 LC-MS 的联用技术直到 20 世纪 90 年代由于电喷雾电离源、大气压化学电离源的发明，才开创了质谱技术研究的新领域。2002 年由于发明了用于生物大分子的电喷雾离子化和基质辅助激光解吸离子化质谱分析法，美国科学家约翰·芬恩与日本科学家田中耕一共享了该年度诺贝尔化学奖。

HPLC 与 MS 的接口与电离源技术至今大致有 27 种，实际应用较为成熟的有大气压化学电离（APCI）和电喷雾电离（ESI）。电喷雾电离是在 HPLC 转入 MS 的接口毛细管出口端加 3kV 的高压电，辅助以高温氮气，将流动相液体变成极小的带电小液滴，液滴内的带电离子受到两种力，一种是将带电离子束缚在液滴内的表面张力，另一种是带电离子之间同性相斥的静电场力。小液滴在高温氮气作用下不断挥发导致液滴不断变小，表面张力也不断变小，当液滴表面电荷密度增加到一定程度后，发生"库仑爆炸"——静电场的排斥力大于表面张力，带电离子脱离液体表面张力的束缚，逃逸出来进入空气形成准分子离子，进入质谱。其原理示意见图 5-2-3。

（五）四极杆质谱的分离原理

四极杆质谱的质量分析器是由四根杆状电极组成的，分为上下和左右两对，参见图 5-2-4。

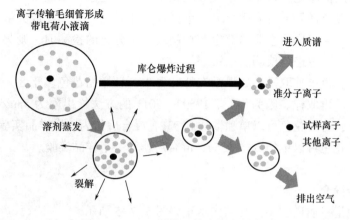

图 5-2-3　ESI 源接口技术原理示意图

两对电极之间施加高频的交流电和直流电，从而在四极杆的内部空间形成一个电极磁场，带电离子在高真空的电磁场内受到重力和磁场作用力，同时在四极杆末端施加一个吸引力，于是带电离子就开始以螺旋方式旋转前进，离子需要在空间的 x 轴和 y 轴方向上都稳定，才能通过四极杆。四极杆的目的就是让符合特定条件的离子能够稳定通过四极杆，最终被仪器末端的检测器检测到。例如 SIM 模式下，若需要检测 $m/z = 123$ 的离子，那么在电磁场内施加特定强度的电磁场，使得只有符合 $m/z = 123$ 的离子才能稳定地通过四极杆内部空间，到达检测器。同理，在 Full Scan 模式下，若需要检测 m/z 为 100~200 的离子，MS 的检测过程是阶梯式变化，SIM = 100，SIM = 101，……，SIM = 200，再循环往复，从而让 m/z 为 100~200 的离子顺利通过四极杆从而被检测器检测到。

图 5-2-4　四极杆实体图

二、样品准备

1. 样品尺寸与数量　取有代表性的试样，剪成约 5mm×5mm 的小片混合均匀，从混合样中称取 1.0g，精确至 0.01g。样品由于取样方法不同，有可能导致定量实验的结果不同，造成漏检或误判，因此有必要明确具体的取样方法。

2. 取样要求

（1）对于单一颜色的产品、均匀混色或类似效果的产品，实验的取样无特别要求。

（2）对于由不同种类或不同颜色的多组分纤维组成的纺织产品，则单独对每一个组件分别检测。

（3）对于有花型图案（包括印花和色织）的产品，原则上不将其中的某个色块作为独立的组件进行检测，一般按下列方法取样。

①对于有规律的小花型，取至少一个循环图案或数个循环图案，剪碎后混合。

②对于循环较大或无规则的花型，尽可能按主体色相的比例取样，剪碎后混合。

③对于白地的局部印花、独立印花及分散花型，取样应包括该图案中的主体色相，当图案很小时，不宜从多个样品上剪取后合为一个试样。如果这些局部花或分散花色相不同，则宜分别取样检测。如果仅作为企业内部生产控制或质量分析的检测时，则另当别论，可以单独取一个图案或一种颜色进行检测。

④原则上每个花色单独取样，如果没有特殊要求，且样品花色多于 3 个的时候，可以选取适量的样品混合后再取样。因为 GB/T 17592—2011 的方法检出限为 5mg/kg，所以假设花色为 3 个的情况下，每个花色可以单独取样 0.33g，混合后作为一个样品实验。假设花色为 2 个的情况下，每个花色可以单独取样 0.5g，混合后作为一个样品实验。

三、实验仪器简介

四极杆液相色谱—质谱联用仪其结构示意如图 5-2-5 所示。

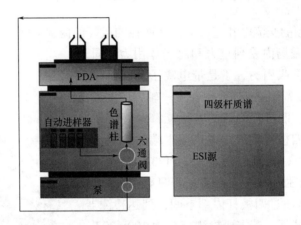

图 5-2-5　液相色谱—质谱联用仪结构示意图

本实验用仪器是美国赛默飞世尔（Thermo Fisher）公司的 TSQ Quantum Access MAX 三重四极杆质谱仪，见图 5-2-6。左侧从上往下依次为流动相储存瓶、PDA 检测器、自动进样器、色谱柱盒、流动相泵和在线脱气机。右侧是 MS，扫描质量数 m/z 范围是 10~1000。该三重四极杆系统具有两个可快速切换的 ESI 和 APCI 源，两个四极杆质量分析器（Q1 和 Q3）、一个四极杆碰撞池（Q2），能够进行全扫描模式（Full Scan）和选择离子（SIM）/反应监测模式（SRM），还能实现 QED-MS/MS 和反向碰撞能量阶梯等高级扫描功能，在食品、环境监测、药物分析、生物检测等领域具有广泛应用前景。

四、实验操作步骤

（一）LC-MS 仪器开机准备

检查载气钢瓶的气体余量、色谱柱的型号是否合适，检查仪器真空度、高压泵的管路压力是否正常（过大有堵塞、过小有漏液）。正式进样前要用初始流动相冲洗色谱柱 30min。

由于各实验室的仪器品牌和型号各有不同，具体操作请参考厂方提供的指导文件。本实验具体操作规程如下：

图 5-2-6 TSQ Quantum Access MAX 三重四极杆质谱仪

1. MS 开机前的检查工作

（1）检查氮气和氩气的量，压力分别为 0.5~0.6MPa 和 0.1~0.2MPa。

（2）检查洗针溶液的量和流动相的量。

（3）流动相须现配并超声，缓冲盐溶液过 0.22μm 微孔滤膜（或者使用色谱纯的盐溶液和酸溶液）。

2. LC-MS 开机

（1）打开质谱主电源开关；打开前级真空泵开关开始抽真空；用密封垫堵住离子传输毛细管，以提高抽真空效率和降低真空泵负载；抽真空持续约 12h 后，才能打开电子开关。

（2）打开计算机、自动进样器和液相泵的电源，正确安装好色谱柱。双击质谱软件图标，进入质谱界面，查看质谱状态，确认前泵压（Fore Pump Pressure）为 0.13~0.20Pa（1.0~1.5mTorr），离子规压力（Ion Gauge Pressure）小于 $6e^{-6}$Torr。

（二）针对目标化合物进行质谱调谐参数的优化

打开质谱调谐（Quantum Tune Master）界面。在质谱调谐界面上，选择菜单工作界面（Workspace），选择化合物优化工作界面（Compound Optimization Workspace），开始优化调谐参数的方法（tune method）。

（1）选择优化模式（Optimization Modes）中的 MS Only 按钮；在优化离子（Optimization Mass）列表中输入目标化合物的母离子质量数；在优化参数列表中，选择以下待优化的参数（Spray Voltage，Sheath gas pressure，Aux gas pressure，Tube lens offset，Skimmer offset）；单击 Start 按钮，开始优化参数，优化结束后，选择 Accept 按钮。若只进行单离子模式（SIM），则优化调谐参数到此结束。

（2）若需进一步选择反应监测（SRM）模式优化参数，选择优化模式（Optimization Modes）中的 MS+MS/MS 按钮；在优化离子（Optimization Mass）列表的子离子数量（Num product）一列中，输入子离子个数（1~8）；在优化参数列表中，选择以下待优化的参数

（Collision energy）；单击 Start 按钮，开始优化；优化结束后，选择 Accept 按钮。将调谐方法另存为 tune method。

（3）优化完成，保存质谱方法：选择另存 tune 文件（Save tune as）按钮，选择保存位置，输入文件名称，保存质谱方法。至此完成了 SRM 模式下的目标化合物优化参数。

（4）若有多个目标化合物，重复以上的（1）~（3）步骤，完成多个化合物参数优化。

（三）新建立化合物的 LC/MS/MS 进样方法

双击桌面上 LCquan 快捷图标，进入 LCquan 主界面。点击仪器方法建立（Instrument Setup）按钮，准备建立 LC/MS/MS 方法。

1. 设置 LC 参数

（1）设置自动进样器参数。点击自动进样器图标，输入自动进样针的内壁冲洗体积参数（Wash Volume）、外壁冲洗体积参数（Flush Volume）和进样量（Injection Volume），设定进样盘温度（Tray Temperature，视样品性质而定）和色谱柱温度（Column Oven Control，视样品性质而定）。

（2）设置液相泵的参数。点击液相泵（pump）图标；输入 A/B/C/D 流动相名称；设置流动相条件（流动相比例、流速等）；点击流动相梯度（Gradient Program），设定流动相梯度，可以使用等度洗脱或梯度洗脱。

2. 设置质谱部分参数

（1）调用已经优化的 Tune Method。即调用在 Quantum Tune 软件下优化的目标化合物的质谱条件；设定扫描模式（SIM/SRM）：对于定量经常使用的 SRM（选择反应监测）模式，需要设定母离子和子离子，扫描时间和各子离子的碰撞能量。

（2）设定以下参数。扫描宽度（Scan Witdth）；扫描时间（Scan time）；峰宽（Peak Width）；正负电离模式（Polarity）；数据类型（Data type）。

完成以上参数设定后，保存 LC/MS/MS 进样方法。

（3）设定进样方法所用流动相的起始比例及对应流速，平衡色谱柱 30min 至泵压稳定。

3. 进样实测，优化 LC-MS 方法　　试错（Try and Error）优化：运行某一个中等浓度的标准品，运行结束后，使用定性浏览器打开原始文件，得到色谱/质谱图，检查所有组分是否出峰完全，检查各组分的响应值是否在合理范围，检查峰型是否对称，各组分的保留时间是否有干扰。若有以上问题，则需调整优化 LC 的流动相和梯度洗脱方法及 MS 仪器参数。优化完毕后再次进样，不断试错直至解决以上问题，至此完成了一个 LC-MS 的方法开发。

（四）致敏性分散染料的方法参数

由于设定参数取决于所用仪器，因此不可能给出普遍适用的参数，以下所示使用 TSQ Quantum Access MAX 进行致敏性分散染料实验的参数，已被证明是合适的。具体参数如下。

1. HPLC 梯度洗脱方法参数　　色谱柱规格名称：Thermo Hypersile Gold C18（50mm×2.1mm，5μm）。流动相 A：0.1%甲酸水溶液；流动相 B：乙腈。LC 梯度洗脱方法参数见表 5-2-1。

2. MS/MS 质谱参数　　电离模式：ESI（+）和 ESI（-）切换；电离电压 4kV，鞘气压力 35arb，辅助气压力 5arb，传输毛细管温度 350℃，碰撞气压力 200Pa（1.5Torr）。分散染料各离子对的 SRM 参数见表 5-2-2。

表 5-2-1 LC 梯度洗脱方法参数

时间（min）	流动相 A（%）	流动相 B（%）	流速（mL/min）
0	90	10	0.25
15	10	90	0.25

表 5-2-2 分散染料离子对的 SRM 参数

序号	染料名称	RT（min）	Ionization	母离子	子离子	碰撞能量
1	分散蓝 1	4.57	ESI（+）	269	107	38
2	分散蓝 7	4.76	ESI（+）	359	283	37
3	分散蓝 3	4.69	ESI（+）	297	252	18
4	分散红 11	4.57	ESI（+）	269	254	21
5	分散蓝 102	5.74	ESI（+）	366	208	20
6	分散黄 1	4.61	ESI（−）	274	244	19
7	分散黄 9	4.03	ESI（−）	273	226	16
8	分散红 17	6.64	ESI（+）	345	164	24
9	分散蓝 106	6.93	ESI（+）	336	178	15
10	分散橙 3	7.01	ESI（+）	243	122	18
11	分散黄 3	7.40	ESI（+）	270	107	28
12	分散棕 1	7.45	ESI（+）	433	197	31
13	分散黄 39	7.52	ESI（+）	291	130	25
14	分散红 1	8.44	ESI（+）	315	134	23
15	分散蓝 35	8.80	ESI（+）	285	270	19
16	分散黄 49	8.09	ESI（+）	375	238	15
17	分散蓝 124	8.85	ESI（+）	378	220	17
18	分散蓝 26	11.10	ESI（+）	299	284	20
19	分散橙 37/76	9.81	ESI（+）	392	351	25
20	分散橙 1	11.08	ESI（+）	319	169	23

注 RT 指保留时间，Ionization 指离子化模式。

（五）试样及标准工作曲线溶液的准备

按实验前处理的要求，准备好标准工作曲线、QC 工作液、基质样品溶液和待测试样。

试样前处理：取代表性的样品剪成 5mm×5mm 的碎片，混匀。称取 1.00g 试样，精确至 0.01g，置于带密封盖的玻璃管中。往玻璃管中准确加入 10mL 甲醇，旋紧盖子，将玻璃管置于 70℃的超声波水浴中萃取 30min，冷却至室温后，将萃取液用 0.45μm 的滤头过滤，待仪器分析用。

标准工作曲线溶液和 QC 溶液：从 5 个标准曲线浓度点和 QC 溶液中，分别准确移取 1.0mL 溶液至玻璃管中，加入 1.00g 无色棉贴衬织物，再准确加入 10mL 甲醇，将玻璃管置于 70℃超声波浴中萃取 30min，冷却至室温后，将萃取液用 0.45μm 的滤头过滤，待仪器分析用。

基质空白溶液：在玻璃提取器中，准确加入 1.0g 无色棉贴衬织物，再准确加入 10mL 甲醇，将提取器置于 70℃ 超声波浴中萃取 30min，冷却至室温后，将萃取液用 0.45μm 的滤头过滤，待仪器分析用。

（六）建立 LC-MS 的进样序列并运行

将处理后的样品按序放置在自动进样器中，在进样序列中分别设定样品类型为标准曲线/QC 点/未知样品三类，将样品瓶的位置和进样序列中的位置一一对应。保存进样序列并运行。LC-MS 进样程序设定如下。

（1）进样前流动相冲洗。在每天开机后，正式运行样品之前，让流动相以初始比例冲洗色谱柱至少 30min，以达到色谱柱平衡状态。

（2）设定进样序列并运行。设定顺序是，第一针样品运行基质空白，第二针运行中等浓度标准溶液点，第三针溶剂空白，第四针开始按照浓度从低到高顺序运行标准曲线样品，然后是试样，最后 QC 穿插在试样序列前中后部分运行。

（3）结束后运行色谱柱清洗程序。

（七）建立 LC-MS 的数据处理方法

选取中等浓度的标准曲线点原始文件，设定标准工作曲线的浓度水平和保留时间等参数。

用定量浏览器打开进样序列，运行计算并获得定量结果。如有个别样品定量结果超出工作曲线范围，则需要重新做如下处理。

（1）高于工作曲线上限，则考虑重新用流动相稀释样品或减小进样量；低于工作曲线下限，则考虑判定结果为"未检出"，或者重新定义工作曲线范围、增加进样量以得到准确结果。

（2）根据第一次进样结果再次微调、优化 LC-MS 各参数。

（八）定量数据处理方法建立

点击 LC Quan 界面下的方法处理软件，设置定量方法。

（1）定义定量方法（内标法或外标法）。单击 Option 菜单，单击"Calibration by"，选择定量方法（内标法 Internal Standard 或者外标法 External Standard），点击"OK"。

（2）打开某中等浓度标准曲线浓度点的数据原始文件（open rawfiles），设置定量方法（内标法或外标法）参数。内标物的识别（Identification）参数设定：在 component 菜单栏内选择 add，直接输入内标物名称，扫描方法筛选（Filter），点击"OK"，输入内标物保留时间（Retention time），点击"OK"。点击界面右上角组分（Components）列表栏内内标物的名称，定义其为内标物；在组分类型（Component type）栏内选择 ISTD，点击"OK"。内标物积分参数设定（Peak Detection Algorithm）：积分方法，选择 ICIS 或者 Genesis，输入内标物各积分参数，点击"OK"。

定量组分的识别（Identification）参数设定：设定定量组分的名称，扫描方法筛选（Filter），输入保留时间（Retention time），点击"OK"。如果是多组分定量，则点击组分（component），并在菜单栏内选择添加 add，输入第二个组分名称，其他参数设定相同。点击界面右上角组分（Components）列表栏内定量组分的名称，在 Target compounds 栏内，ISTD 的下拉菜单中选中内标物，点击"OK"。定量组分的积分参数设定（Peak Detection Algorithm）：积分方法，选择 ICIS 或者 Genesis，输入内标物各积分参数，点击"OK"。

（3）校正曲线 Calibration 参数设定。标准溶液浓度（Levels）设定：单击 Level 缺省菜单，在左侧浓度列表内，Cal Level 列内从上到下依次输入每个浓度的代号（如 1，2，3，…），数值（Amount）列内从上到下依次输入各标准溶液浓度值，单击"OK"，内标的定量方法完成。

（4）LC/MS 方法保存。保存方法，以后每次进行相同样品时，可以在此基础上调用和修改。

（九）定量数据处理及定量结果浏览

（1）点击定量列表设置图标，点击"next"，选择 Create new sequence，从项目文件夹下的 Raw files 中，把 Standards 文件导入右侧 Standards 一栏中，把样品文件导入右侧 Unknowns 一栏中。点击"Edit"，出现需做定量计算的样品序列表。

（2）点击 Survey 图标，查看 Standards 和 QCs 计算结果。

（3）点击 Review All 图标查看全部样品计算结果。

（4）点击 Report 图标，选择相应的报告模板，生成定量结果文件，保存并供打印使用。

（十）结束分析

分析完成后，运行洗柱和保护柱的程序，洗柱完成后，将流速设置为0。

关机操作步骤如下：

（1）将质谱设置为待机 Standby 状态。

（2）关闭电子开关（Electronics Switch）。

（3）关闭真空开关（Vacuum Switch）。

（4）2min 后关闭质谱主电源开关（Main Power Switch）至 Off 位置。

（5）关闭液相部分开关。

（6）关计算机。

（7）关闭 UPS 开关。

五、实例分析

（一）标准物质称量实例分析

某有证标准物质，状态为固体粉末，标称重量为 10mg，证书标明具体含量为 83.7%。举例说明，若精密称量的重量为 0.00123g，即 1.23mg，定容至 2mL，则实际溶液含量计算公式如下：

$$标准液浓度（mg/L）= \frac{称量值（mg）×含量（\%）}{体积（mL）} × 1000$$

结果应为：

$$\frac{1.23mg × 83.7\%}{2mL} = 0.514755mg/mL ≈ 514.8mg/L$$

（二）LC-MS 的色谱图和质谱图

理想状态的色谱图峰型应该是正态分布的。色谱图是由多个数据点组成的，最终由计算机软件拟合而成峰型轮廓。色谱图类似于短视频，而质谱图就是构成短视频的单幅照片。图 5-2-7 为色谱图的轮廓图，图 5-2-8 为构成色谱图的各个数据点，计算机根据这些数据点模拟出轮廓图。图 5-2-9 为某个数据点的质谱图。

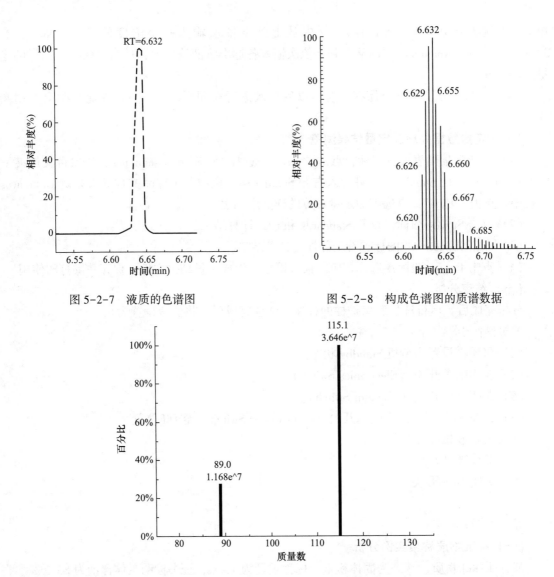

图 5-2-7　液质的色谱图

图 5-2-8　构成色谱图的质谱数据

图 5-2-9　LC-MS/MS 某数据点的质谱图

（三）MS 扫描时间的确定

扫描时间（scan time）的设定必须考虑两个因素，一是受仪器硬件的限制，不同扫描模式及相同时间内扫描任务的量；二是样品色谱峰的时间宽度。

必须根据扫描模式确定扫描时间。若 SIM/SRM 模式，则每个离子对的扫描时间不得少于 0.07s；相同时间段内若进行 10 个离子对扫描，则扫描时间不得小于 0.7s。

在 Full scan 模式，根据下式计算出扫描时间。

$$\frac{扫描范围}{扫描总时间} \leqslant 2500$$

其中数值 2500 是经验值，它是在保证单位质量扫描分辨率的情况下，此型号仪器能达到的扫描速率最大值。扫描范围是 Full scan 的起点质量数和终点质量数的差值。同时注意，全扫描模式终点和起点质量数的比值不应大于 20（数字 20 为经验值），否则长期使用会造成电路板负荷过大而烧毁。

　　计算举例：从 50amu 到 350amu，全扫描，经过计算扫描时间应 ≥ (350-50)/2500 = 0.126s。长期运行 10~200amu 的全扫描方法，将会导致仪器电路板烧毁。

　　在以上扫描时间设定的基础上，进样运行得到质谱图。检查谱图中最窄的色谱峰，一个定量色谱峰的数据点个数应该适中，应在 8~12 个之间。形成色谱轮廓图的数据点过少，则必然导致峰型重复性差、定量不准；数据点过多，会浪费仪器性能。在相同时间内进行多任务扫描时，将会降低单位质量扫描分辨率。

　　数据点个数由色谱峰的峰宽和质谱的扫描时间所决定。

$$\frac{色谱峰的峰宽}{质谱扫描总时间} = 扫描点数$$

（四）工作曲线的范围确定

　　选择合适的标准工作曲线的浓度范围，首先是要明确标准的检测要求，曲线的下限值必须低于前处理方法的测定低限值，其次是曲线的上限必须能够包含试样的结果。理论上仪器信号应该与试样浓度同步上升，趋势如同图 5-2-10 中所示的直线 A，但是由于电子元器件的硬件限制，电子信号不可能无限响应放大，到了某一定浓度后，信号不再上升而是趋于饱和，如图 5-2-10 中所示的抛物线 B。只有在特定浓度范围，即图 5-2-10 的 X~Y 范围内，化学浓度和响应信号才呈线性对应关系。

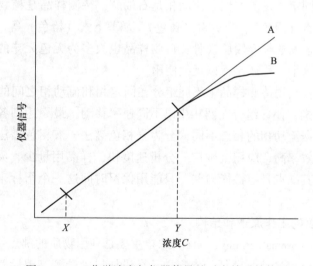

图 5-2-10　化学浓度与仪器信号的对应关系趋势图

实验三　使用气相色谱质谱联用仪检测纺织品偶氮染料含量

一、实验原理

（一）禁用偶氮染料的由来和检测原理

偶氮染料是指分子结构中含有偶氮基，且与其连接部分至少含有一个芳香族结构的染料。

该类型染料色谱齐全、色光良好、色牢度较好，能用于处理大部分种类纤维。经多年研究表明，大多数偶氮染料本身没有直接的致癌作用，但是小部分偶氮染料由于在一定条件下，尤其是色牢度不好的时候，染料会从织物上转移到皮肤，并在人体分泌物的作用下，发生还原分解反应，分解出的某些芳香胺具有致癌性。这些致癌芳香胺化合物被皮肤吸收后，在体内经过一系列复杂反应，使人体细胞的 DNA 发生结构与功能性变化，成为诱发癌症的潜在因素之一。1994 年德国政府就颁布法令，禁止使用能够产生 20 种芳香胺的 118 种偶氮染料。2002 年欧盟明确要求：凡是在还原条件下分解出致癌芳香胺的偶氮染料都被禁用。2006 年我国发布了第一个国家推荐标准 GB/T 17592—《纺织品　禁用偶氮染料的测定》。

禁用偶氮染料的检测现已成为纺织品的必检项目，其基本原理是：将纺织样品浸泡在一定温度的柠檬酸盐缓冲溶液中，使用保险粉还原分解纺织品上的染料，以产生可能存在的致癌芳香胺，然后提取浓缩芳香胺，用气相色谱–质谱联用仪（GC-MS）进行定性、定量分析。

（二）色谱法的基本原理

禁用偶氮染料检测实验要使用气相色谱仪。气相色谱法是色谱法的一个分支。色谱法是俄国植物学家茨维特于 1906 年首先系统化提出的。在研究植物叶片的色素成分时，他将植物叶片的石油醚萃取液倒入填满碳酸钙的直立玻璃管中，然后倒入石油醚淋洗，利用重力使石油醚流出来，结果植物叶片中的各个组分相互分离形成各种颜色的色谱带，其中就有叶绿素（绿色）、叶黄素（黄色）、胡萝卜素（橙色）等，茨维特将这种方法命名为"色谱法"。在这个经典的实验中，固定相是碳酸钙，流动相是石油醚，待测样品是植物叶片的石油醚萃取液，各组分就是叶绿素（绿色）、叶黄素（黄色）、胡萝卜素（橙色）等。随着现代科学仪器的技术发展与进步，色谱法早已脱胎换骨，待测样品也大多为无色无味的液体，与颜色已经没有任何关联，但是这个名称还是得以延续使用。

色谱法的原理是：利用待测样品中不同组分在固定相和流动相之间的作用力（分配、吸附、离子交换）的差别，使各组分在两相中以不同速率移动，最终达到各组分之间完全分离的一种分离方法。根据流动相的相态不同，分为气相色谱法、液相色谱法和超临界流体色谱法。色谱法具有分离效率高、应用范围广、分析速度快、样品用量少、灵敏度高、分离和测定一次完成等特点，其缺点是定性能力差，只能用保留时间这一个指标来分辨组分，难以判断复杂样品的组分。

（三）气相色谱仪的工作原理和结构

气相色谱仪（gas chromatography，简称 GC）主要是利用物质的沸点、极性及吸附性质的差异来实现混合物的分离。其原理是，待测样品在进样口中受到高温后气化，作为流动相的载气（通常为氢气、氮气或者氦气）推动气化后的样品进入色谱柱，利用样品组分与固定相（色谱柱内层上的涂层）分配系数的差异，进行多次的吸附—解吸—再吸附–再解吸的分配，每种组分都倾向于在流动相和固定相之间形成吸附平衡。但由于载气是流动的，这种平衡实际上很难建立起来。也正是由于载气的流动，使样品组分在运动中进行反复多次的分配或吸附/解附，最终的结果就是分配系数小的组分在固定相上吸附能力小，在柱子内移动速度快，最先流出色谱柱的一般都是样品的溶剂，而在固定相中分配系数大的组分移动速度慢，经过一段时间后，各组分在柱内形成差速移行，最终流出色谱柱后立即进入检测器。

气相色谱柱内多组分的分配、吸附、分离的过程，参考第五章实验二。

检测器能够将样品组分的化学信号转变为电信号，而电信号的大小与被测组分的量或浓度成比例，当将这些信号放大并记录下来时，就形成了色谱峰。当没有组分流出时，色谱图记录的是检测器的本底信号，即色谱图的基线。

GC 的检测器有多种，如热导检测器（TCD）、火焰离子化检测器（FID）、火焰光度检测器（FPD）、氮磷检测器（NPD）、电子俘获检测器（ECD）和质谱检测器（MSD）等。GC-MS 就是以 MS 为检测器的 GC。

（四）质谱的分类、工作原理和结构

参考第五章实验二。

（五）气相色谱—质谱联用仪的基本原理

气相色谱—质谱联用仪（Gas chromatography mass spectrometry，简称 GC-MS），是将气相色谱仪与质谱仪通过"接口"组件连接起来，以 GC 作为试样复杂组分的分离手段，以 MS 作为 GC 的在线实时检测器，进行试样的定性、定量分析的仪器。它将色谱的分离能力和质谱的定性、定量能力完美结合，从而实现了对复杂样品的多组分混合物进行定性和定量分析，同时简化了样品的前处理过程，使得分析时间更短，检出限更低，定性、定量结果更精确。GC-MS 主要用于分析可挥发、热稳定、沸点不超过 300℃ 的小分子量化合物（相对分子质量<1000），在 70eV 电子轰击方式（EI）模式下获得的质谱图，可与 NIST 标准数据谱库对比，获得定性参考结果。

本实验要求的仪器基本配置是单四极杆质谱，若使用三重四极杆气质联用仪（GC-MS-MS），则能获得更多的鉴定点数、更高的信噪比、更强的定性能力和抗干扰能力。

二、样品准备

（一）取样方法

参考第五章实验二。

（二）标准适用的纺织品类型

标准中规定："本标准适用于经印染加工的纺织产品"。经印染加工的纺织产品是指：采用各种着色剂，包括染料（dyes）、涂料或颜料（pigments）染色或印花的纺织产品，包含天然纤维、黏胶纤维和合成纤维等制成的纺织品。没有经过印染加工的纺织品，如天然麻、丝织物等，原则上无需检测禁用芳香胺。由于纺织产品种类众多，不同类型的织物可能要求采用不同的前处理方法，GB/T 17592—2011 标准中也规范了涤纶试样的剥色预处理方法。

1. 未经着色加工的产品　一般经着色加工的产品才会涉及禁用偶氮染料的检测，标准也是针对此类有色产品进行控制的。但在未着色的白色或本色产品中也有可能检测出可分解芳香胺，这种情况大多是由于整理剂、黏合剂等其他化学品造成的。因此，对未着色产品一般不做禁用偶氮染料项目的检测，即使检测出可分解芳香胺，也应分析是否是染料或颜料造成的。如果该产品未经过染色或印花工艺，则可判定该产品未使用禁用的偶氮染料。

2. 聚酯纤维　聚酯纤维的染色通常采用高温高压染色或载体染色工艺，因此还原前需经剥色处理。纯涤纶样品，按 GB/T 17592—2011 附录 B 进行剥色法处理，如果样品含量涤纶较少，且只有一个花色，这时可以采用萃取法处理样品，如果样品含量涤纶大于 50%，且只有一个花色，可以适当增加取样量以满足定性的需要，如要定量则两种方法都必须做，最后定

量结果取平均值，花色多的含涤样品按取样原则处理。

3. 含氨纶产品 含氨纶的产品有时会检出可分解芳香胺，对此结果要进行分析，明确是氨纶本身的原因导致，还是确实含有禁用偶氮染料。一般含有氨纶的产品检出超标时，可将氨纶材料单独拆除后，再检测不含氨纶的部分，如果不含氨纶的产品未检出芳香胺，则可判断该产品不含禁用偶氮染料，并将此情况在检测报告中注明。

三、实验仪器简介

本实验采用布鲁克的 450GC-320MS 型三重四极杆气相色谱—质谱联用仪，参见图 5-3-1。该仪器选配了 CombiPAL 多功能自动进样器，能够完成液体进样、顶空进样和固相微萃取（SPME）三种模式的进样任务。

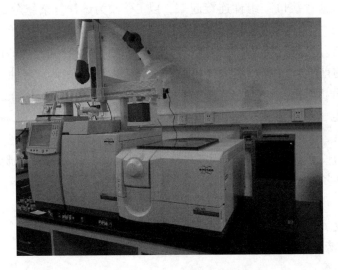

图 5-3-1　GC-MS/MS 仪器图

该气相色谱仪升温模块有 7 个加热区，控温更精准；升温上限可达 450℃；柱箱降温迅速，可接受多任务操作系统；可精准控制载气流速，标配三进样口，适用于快速色谱柱。

质谱仪标配电子轰击电离源（EI）和正/负化学反应电离源（CI）。可以完成全扫描（扫描范围 10～3000amu）、选择离子监测扫描、母离子子离子扫描、中性丢失等多种扫描模式；离子化能量可选择 20eV、70eV 和 150eV。具有真空锁定功能，无需卸载真空即可完成 EI 源和 CI 源的快速切换。

四、实验操作步骤

（一）GC-MS 开机准备

检查载气钢瓶的气体余量、色谱柱的型号，进一针纯甲醇样品以检查仪器状态（系统污染程度、基线响应情况及是否出现未知色谱峰等，判断进样衬管和进样隔垫是否需要更换、离子源是否需要清洗等）。

由于各实验室所用仪器的品牌和型号不同，仪器的具体操作需参考厂方指导文件。本实验参考使用布鲁克公司的 450GC-320MS 型 GC-MS/MS，具体操作步骤如下：

（1）将 He 和 Ar 气体钢瓶开启，调节压力表数值到 80psi。依次开启 GC 电源、MS 电源和计算机，点选系统控制（system control），待仪器与计算机完成联机后，开启前级真空泵电源（pumps down）。待涡轮速度（turbo speed）达 90% 以上，即完成 GC-MS 的初步开机准备工作。在开启真空泵后至少 12h 后，方可进行 MS 操作。

（2）MS 的调谐（tune）。每隔一段时间（3 个月及以上）或对仪器质量轴数值有疑问情况下才需要进行调谐操作。点自动调谐（Autotune）图标，点调谐校正（Tune and Calibrate）开始仪器自动调谐，调谐完成后，检查调谐报告是否有错误发生。

（二）旋转蒸发仪操作程序

打开低温冷却液循环泵的电源开关，按制冷键 SET 设置所需制冷温度，按循环键开启循环水。

在恒温锅内放入适量的去离子水，一般以深度 2/3 为宜。打开水浴锅开关，设置温度，到达设定温度后还需再等待 10min，待其温度稳定。

在旋转蒸馏瓶中放入试样，用标准口卡子固定好后再打开真空泵，待有一定的真空度后再松开手，旋转进样口确保密封。

打开调速按钮开关，调整速度至所需，确认旋转瓶转动匀速。

用上下微调按钮调节蒸馏瓶高度，确认旋转瓶底部浸入水面后，打开真空度控制开关，设置所需的真空度数值，开始旋转蒸发。

蒸发结束时，首先停止蒸馏瓶旋转，然后要先打开加料管旋塞通大气，解除内部压力，同时托住蒸馏瓶以免倒吸和脱落，最后关真空泵和循环水，打开旋转瓶卡槽，卸下旋转瓶。

关闭所有的开关，清洗蒸发瓶和旋转瓶，拔下所有电源插头。

（三）新建仪器方法

1. 设定初步方法　以下针对 450GC-320MS 的程序已被证明是合适的，具体操作如下：

在 MS 方法设定界面，设定数据类型（data type）为棒状图（centroid）。

电离模式选择 EI，离子化电压选择 70eV。

扫描时间（scan time）的计算方法参考第五章实验二。

溶剂延迟时间设置应根据样品而定，一般设为 3min。

设定 GC 的条件：按照标准参数设置进样口温度、分流比、柱温箱升温程序等，注意进样口衬管的类型是否正确。

完成以上条件设定后，按"Save"键保存。

2. 优化方法　第一针在 Full Scan 模式下，进溶剂空白样品，检查背景干扰。

第二针在 Full Scan 模式下，进 10mg/L 左右的标准混合溶液，获得各组分的保留时间和特征母离子。根据各组分的色谱图和质谱图，在计算机的化合物列表界面上，将各组分与保留时间、特征离子一一对应，并保存。

第三次进样前，要修改方法，GC 参数不变，将 MS 的 Full Scan 改为 SIM 模式。根据各组分的特征母离子，设定 SIM 扫描参数。一般一个组分设定 3 个特征离子，一个主离子为定量离子，两个副离子为定性离子。在 SIM 离子数较多情况下，则需要设定分组（segments）和分段扫描事件（events）。

若要进行 SRM 模式，则要不断进样，不断微调碰撞压力，进行试错（try and errors）实验，以找到最优化的参数。

3. 制订标准工作曲线 将 5 个不同浓度点的标准工作溶液，按照 GB/T 17592—2011 的前处理方法处理后，从低到高浓度依次进样。在仪器方法的 calibration 参数设定中，设定 Level 水平和对应数值、内标/外标法以及权重等条件。

查看标准曲线拟合度。点击方法运算（process）按钮，检查各组分的拟合度和线性关系。一般线性应高于 99.9%，个别禁用芳香胺组分由于性质不稳定，线性会较差。

（四）试样的前处理

（1）配制浓度为 0.06mol/L，pH = 6.0 的柠檬酸盐缓冲液。在国标中注明用量是 12.526g 柠檬酸和 6.320g 氢氧化钠溶于 1000mL 水中，而市购的柠檬酸试剂大多是一水合物，注意需要换算成柠檬酸的实际量。使用前应测定 pH，用氢氧化钠溶液校正，注意不能回调。

事先将柠檬酸盐缓冲溶液置于（70±2）℃的水浴中加热。

（2）取代表性的试样，剪成 5mm×5mm 的小片，准确称取 1.00g 样品。代表性样品的取样方法参考第五章实验二。

（3）将试样置于具塞玻璃管（反应器）中，加入 16mL 已经预热到（70±2）℃的柠檬酸盐缓冲溶液，塞子密闭，用力振荡使所有试样充分浸润后，将玻璃管置于（70±2）℃的水浴中保温 30min。中途可短暂取出振荡，使试样充分浸润。

反应器最好是螺旋盖，内有硅胶垫圈密封。

（4）在保温至 28min 时，开始配制 0.2g/mL 浓度的连二亚硫酸钠水溶液。配制时可以用超声波发生器辅助溶解。注意浓度要准确，现配现用。

在反应过程中，连二亚硫酸钠作为还原剂作用非常重要。由于它的水溶液性质特别不稳定，溶于水后即开始剧烈放热并氧化变质，故要新鲜制备，现配现用。平常应密闭避光保存在干燥器中，正常的试剂是白色或者淡黄色粉末状，使用前应检查外观是否有结块。必要时，采用保险粉浓度指示试纸进行含量测试。

（5）30min 时，准时打开反应器塞子，加入 3.0mL 连二亚硫酸钠水溶液，立即将反应器密闭并用力振荡，混匀后继续于（70±2）℃水浴中保温 30min。

（6）30min 保温准时结束时，必须立即将反应器从水浴中取出，并快速（2min 内）冷却到室温以终止反应。冷却方法推荐用冰水或自来水冲洗玻璃管外壁。

（7）准备好硅藻土提取柱，将其固定直立放置。用玻璃棒挤压反应器中样品，将反应液全部渗入提取柱上端空间内，从反应液全部渗入硅藻土后开始计时，任其吸附 15min。有些反应液杂质较多，会堵塞硅藻土的孔隙导致渗入较慢，此时可以用玻璃棒适当搅拌，帮助液体渗入。

提取柱质量是芳香胺回收率的关键因素之一。国家标准虽然描述了自制硅藻土柱方法，但是该方法对硅藻土原料的纯度、色泽、颗粒形状、粒径大小、填充松紧度等都没有进一步说明，这些因素都会影响到芳香胺的回收率。建议购买商品化的专用提取柱，使用前应抽检做回收率实验，检验该批次商品的质量。

（8）用 4×20mL 乙醚分 4 次洗提反应器中的试样，每次需用力振荡混合乙醚和试样，然后将乙醚洗液渗入提取柱中，控制流速，收集乙醚提取液于圆底烧瓶中。

国家标准规定使用乙醚，在欧盟标准中规定使用甲基叔丁基醚代替乙醚，分4次（10mL+10mL+20mL+40mL）洗提试样。甲基叔丁基醚实验效果好于乙醚。

（9）洗脱流速控制。建议使用聚四氟乙烯材质的考克阀，加装在提取柱出口端，控制流速在2~3mL/min为宜。流速太快或太慢都将导致芳香胺的回收率下降。

将圆底烧瓶放置在真空旋转蒸发器上，于35℃的低真空下浓缩至1mL，再用缓氮气流去除乙醚溶液，使其浓缩至近干。在旋转蒸发至3~5mL时就要及时关闭旋蒸，用缓慢氮气流吹扫圆底烧瓶。

值得注意的是，旋转蒸发操作一定不能蒸干，因为很多种芳香胺易挥发，直接蒸干将导致回收率降低甚至假阴性结果。同理，在氮吹时气体流量也要控制，防止组分的流失。

由于旋蒸的速率较快，操作人员必须在现场密切观察，严禁蒸干。试样量较大时，应配置多管氮吹仪，该仪器使用工业氮气，无需加热装置，能够控制氮气流量即可满足要求。

（10）选择外标法时，操作如下：准确加入1mL甲醇于圆底烧瓶中，混匀静置。过滤后溶液注入GC-MS，外标法定量。

（11）选择内标法时，操作如下：准确加入1mL甲醇于圆底烧瓶中，再加入10μL 1000mg/L的三种内标混合溶液，混匀静置。过滤后溶液注入GC-MS，内标法定量。

（12）外标法或内标法的选择比较

外标法定量结果受进样量的影响较大。氮吹结束后，有瓶底残留的"近干"溶液的影响，而"近干"的量无法控制，也是标准曲线偏差和平行试样结果重复性差的原因。

内标法定量是仪器通过比较待测组分与内标物响应的比值来定量，故"近干"对最终定量结果影响较小，故内标法优于外标法。

（13）将标准工作曲线溶液和试样溶液，依次注入GC-MS进样，获得定性和定量结果。打印实验报告。

五、实例分析

（一）标准物质的称量和含量的计算

实例参照第五章实验二。

（二）GC-MS的色谱图和质谱图

色谱图是由多个数据点组成的、由计算机软件系统拟合成的峰型轮廓图。完美的色谱图应呈正态分布，如图5-3-2所示。色谱图类似于短视频，而质谱图就是构成短视频的单幅照片，如图5-3-3所示。

（三）禁用芳香胺的TIC（总离子流量图）

图5-3-4中，每个峰代表一种芳香胺。图中各芳香胺的浓度是相同的，但是由于各组分的响应强度不同，所以峰高和峰面积不同。

以二甲基苯胺为例，其标准工作曲线参见图5-3-5，线性关系为0.9989，表明线性良好。横坐标是浓度，纵坐标是仪器信号响应强度。选择合适的工作曲线浓度范围，首先是要根据标准的要求，曲线的下限值必须低于前处理方法的测定低限，其次是曲线的上限必须能够包含试样的结果。由于仪器硬件限制，信号响应不可能无限大，而且也只是在一定范围内，浓度和响应信号才呈线性对应关系。

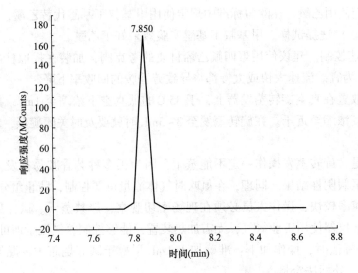

图 5-3-2　GC-MS 色谱图

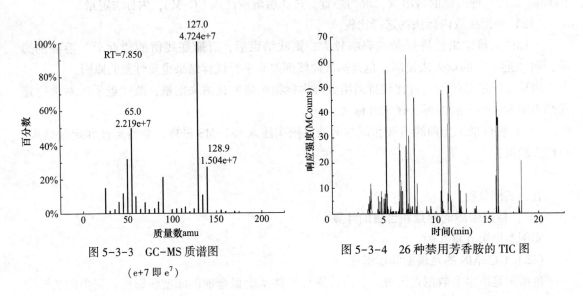

图 5-3-3　GC-MS 质谱图

（e+7 即 e^7）

图 5-3-4　26 种禁用芳香胺的 TIC 图

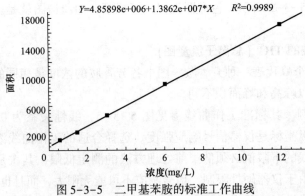

$Y=4.85898e+006+1.3862e+007*X$　　$R^2=0.9989$

图 5-3-5　二甲基苯胺的标准工作曲线

（e+006 即 e^6，e+007 即 e^7）

实验四　使用振荡法测量纺织品抗菌性能

一、实验原理

（一）微生物简介

微生物很小，所以人们一直无法靠肉眼识别它们的存在。直到 17 世纪晚期，荷兰人列文虎克发明了世界上第一台显微镜，人类才开始了解此前从未看到过的微生物。微生物又很强大，14 世纪肆掠欧洲的黑死病夺走了 2500 万人的生命，不明病因的人们以为猫是罪魁祸首，于是杀掉了所有的猫，导致携带鼠疫杆菌的老鼠更加疯狂传播疾病。微生物又很有益处，它们可用于制作各种发酵食品，为人类提供抗生素治疗某些疾病，人类的生产生活都离不开微生物。

微生物种类繁多，大致可分为四大类：细菌、放线菌、酵母菌和霉菌，其中已经被命名的细菌将近 5000 种，按其外形可分为球菌、杆菌和螺旋菌三类。

（二）抗菌测试基本原理

纺织品抗菌是一个宽泛的概念，包括灭菌、杀菌、抑菌等都可称为抗菌。相关的国家标准有三个，分别是 GB/T 20944.1—2007《纺织品　抗菌性能的评价　第 1 部分：琼脂平皿扩散法》、GB/T 20944.2—2007《纺织品　抗菌性能的评价　第 2 部分：吸收法》和 GB/T 20944.3—2008《纺织品　抗菌性能的评价　第 3 部分：振荡法》。纺织品抗菌实验常用的细菌有两种，分别是革兰氏阳性菌的代表——金黄色葡萄球菌（ATCC 6538）和革兰氏阴性菌的代表——大肠杆菌（ATCC 8739）。

抗菌测试方法中的振荡法，其基本原理是将试样分成对照样和测试样两类，对照样可以是标准棉贴衬织物，也可以是未经抗菌处理的织物原型，测试样是经过抗菌处理的织物。向这两类样品中同时加入特定浓度的细菌溶液，一定温度下混合振荡、接触培养至规定时间，取两者的菌液用营养琼脂平板培养 24~36h 后，进行两者的菌落计数，对照两者的差值，计算抗菌性能，以此评价试样的抗菌效果。菌落计数时可用肉眼观察，必要时用放大镜或菌落计数器，记录稀释倍数及相应的菌落数量。菌落计数以菌落形成单位（CFU：colony-forming unit）表示。

二、样品准备

抗菌实验操作所涉及的物品，如无特殊说明，都需要采用合适的灭菌方法灭菌后使用。

（一）实验中的样品分类

1. 试样　经过抗菌处理的，考察其抗菌性能的织物样品。

2. 试样对照样　没有经过抗菌处理的试样织物。

3. 对照组样品　分为两种，一种是标准对照样，是指利用未经任何处理的、100% 棉织物，随试样一起走完实验流程，用于考察实验对照样是否具有抗菌性能的样品；另一种是空白对照样，是指不加任何织物样品，也不添加任何菌种，仅按实验流程操作，用于考察实验流程是否受杂菌污染。

以上样品都需要剪切成规定大小，单独分装在三角烧瓶中，高压蒸汽法灭菌后使用。

4. 空气检测平板样 每次实验都要准备一个营养琼脂平板，在洁净工作台面上敞口放置15min，然后转移至恒温培养箱内倒置培养24~36h。若表面菌落数超15个CFU，则本次实验作废，待洁净工作台清洗更换过滤棉后再次补充实验。

5. 灭菌及培养效果检测平板样 除无需在洁净工作台面上敞口放置外，其他操作与空气对照样操作相同，目的是考察灭菌锅的灭菌效果和恒温培养箱是否造成培养基污染。

(二) 菌种及试剂准备

将市购的冻干菌在无菌操作条件下激活，利用甘油保存法，少量多次转移到多个冻存管中，在-20℃下保存。取少量菌接种于斜面试管培养24h后，4℃可保存一个月，每个月应转种一次，转种次数不得超过10代。

菌种有致病性，不能直接对着口、鼻嗅闻。营养斜面上的大肠杆菌和金黄葡萄球菌在室温下有效期为一个月。大肠杆菌和金黄葡萄球菌都是需氧型兼厌氧型细菌，即在有氧条件下繁殖较快，无氧条件下也能生长。具体表现为，琼脂表面的菌落较大，琼脂内部生长的细菌较小。

营养琼脂或营养肉汤在灭菌后，如无需立即使用，可将其放入37℃恒温箱培养24h，经检查无杂菌生长后转移至冰箱冷藏待用，冷藏时注意瓶口的清洁和密封良好。注意琼脂和肉汤不可反复多次灭菌，这会导致营养成分破坏。在保存良好、无杂菌污染的情况下，再次使用时采用水浴或电子微波炉温和加热溶解琼脂，即可使用。

三、实验仪器简介

本实验要涉及的仪器有高压灭菌锅、洁净工作台、恒温培养箱、恒温振荡器、烘箱等。

(一) 高压灭菌锅的使用方法

锅内加入适量的水，注意必须使用去离子水。若长期使用自来水，大量的水垢将导致加热管损坏。

装入待灭菌物品时，待灭菌物品不能直接接触空气，必须用容器或纱布、牛皮纸等物品做好封口措施。锅内物品不能装太满，物品之间必须予以充分间隔，以免妨碍蒸汽流通影响灭菌效果。三角烧瓶与试管口端均不能接触桶壁，以免冷凝水淋湿包口的纸。

加热初始阶段要打开排气阀，利用水蒸气排出锅内的冷空气。待冷空气完全排尽后，关上排气阀，让锅内温度和压力逐渐上升。通过观察法判断冷空气是否排尽，一般认为当排气阀极速喷射出强烈蒸汽气流并吱吱作响时，认定空气已经排尽。

设定灭菌压力为1.05kg/cm²，灭菌温度121℃，灭菌时间20min。

灭菌完成后，切断电源、打开排气阀，让锅内温度自然下降，当压力表的压力显示至0，同时温度显示在90℃以下，方可打开锅盖取出灭菌物品。如果压力未降到0而强行打开锅盖，锅内水蒸气会冲出来，导致人员烫伤。取出物料时，由于锅内残存蒸汽，灭菌物品的表面温度较高，须做好人员防护措施，如戴隔热手套。

(二) 洁净工作台原理及使用方法

洁净台由三相电机作鼓风动力，将空气通过特制的过滤层过滤后吹送至操作台面，形成连续不断的无尘无菌的空气流。它能够除去尘埃、真菌和细菌孢子等杂质。操作人员在洁净台前操作时，玻璃门高度保证双手出入即可，以保证操作过程中不受杂菌污染。

在使用前，必须打开风机排风，用消毒酒精擦拭台面，然后用紫外线照射内部 20~30min 后方可使用。

有条件的实验室应配备二级生物安全柜。

（三）恒温培养箱

培养箱要定期消毒，防止交叉污染。培养箱底部应放置一个三角烧瓶，装满硫酸铜饱和溶液，以提供适当的湿度和除菌效果。放置在内的物品必须用标签或者记号笔写明物品名称、操作人员、日期等信息。

（四）恒温振荡器

温控精度为（24±1）℃和（18±1）℃，震荡频率为 150 转/min。可选用水浴或者空气振荡器。

（六）烘箱

烘箱底部不能放置物品，内部不能装太满，否则影响热空气流通。当温度在 100℃ 以上时，不得急速开门，防止冷空气进入导致玻璃器皿炸裂。烘干温度设定为 60℃，灭菌温度设定为 160℃，烘箱严禁过夜使用。万一烘箱燃烧，应先关闭电源，任其自然熄灭，不能开门灭火。

四、实验操作步骤

以下所有操作及物品都应事先做好灭菌处理。

（一）第一天：准备肉汤和做菌种划线培养

准备 4 个 50mL 的三角烧瓶（内盛有 10mL 左右的肉汤）和 4 个琼脂平板，灭菌备用。用取菌环从菌种斜面上取少量菌转移至 2 个肉汤内，37℃振荡培养 24h。剩余的 2 个三角烧瓶和琼脂平板留作第二天和第三天使用。具体操作步骤如下。

1. 操作前准备　将接种环 2 支、酒精灯 2 个、无菌平板 2 包、酒精棉球 2 瓶、镊子 2 个、洁净烧杯 2 个置于超净工作台，打开紫外灯，灭菌 30min。取待纯化的菌种 2 支放入超净工作台。操作者直立坐于操作台前，打开操作台玻璃，高度可供双手顺利出入即可。

2. 擦拭　用镊子取酒精棉球擦拭双手，在超净工作台门口处，并将台面擦出与肩同宽的正方形区域，此区域即为操作区域。将用毕的棉球放入烧杯中。

3. 物品摆放　将酒精灯放于擦拭区域的中心，将接种环放于酒精灯的右侧，将菌种放于酒精灯的左侧，将无菌平板的包装除去，包装置于操作区外，无菌平板置于酒精灯左侧。

4. 点燃酒精灯　打开酒精灯盖，将盖扣于操作区以外的台面上，点燃酒精灯，酒精灯火焰上方周围 3~5cm 之内即为无菌区。操作应在无菌区内进行。

5. 灼烧接种环　右手持接种环，将接种环的金属丝直立于酒精灯外焰处，灼烧至红透，然后略倾斜接种环，灼烧金属杆，注意灼烧时要将金属丝与金属杆的连接部分充分灼烧。

6. 取菌种　左手持斜面的底部，将管口置于火焰的无菌区，右手小指打开试管塞，将接种环的接种丝放于外焰处再次灼烧至红透，然后将其深入试管内部，稍微凉一下，轻轻取一环，勿划破培养基，将接种环从试管中取出，注意取出时勿碰触试管壁。将试管塞灼烧一圈，塞于试管上。因试管口一直在火焰的外焰处，故其温度较高，塞试管塞时注意勿烫手。

7. 肉汤接种 用右手的小指、无名指夹住肉汤三角烧瓶塞并打开，左手将三角烧瓶适当倾斜一定角度，右手将带菌接种环头部伸入液面下，在烧瓶内壁轻轻刮蹭以使菌种落入瓶内。操作完毕后塞子密闭，并用牛皮纸包扎好瓶口。

8. 恒温震荡培养 将带菌烧瓶放入（24±1）℃恒温振荡器中培养 18~24h。新鲜菌液应及时使用。

9. 恒温培养 将剩余的两个三角烧瓶肉汤和琼脂平板放入恒温箱内培养 24h，观察无菌落生长后转移至冰箱冷藏备用。

10. 整理台面 操作完毕后，将实验所需的物品放回原处，并将实验所产生的垃圾清理干净。

（二）第二天：平板划线培养单菌落

平板划线的最终目的是得到生长良好的单个菌落。

1. 接种 取第一天制备的无菌琼脂平板，在酒精灯的无菌区内操作。若平板是冰箱冷藏状态，则应恢复至室温后使用。左手取无菌平板一个，用拇指和食指控制皿盖，其余几指控制皿底，打开皿盖，使开口角小于 30°，将接种环上的菌种按图 5-4-1 进行划线，一区法要求连续划线，且线的边缘应划至培养皿的内缘，线要紧密但不相连。三区或四区法要求每划完一区，都应灼烧接种环，后一区要求与前一区首尾相连，但不得与其他区域搭在一起。

2. 培养 将接种完毕的平板放于 28℃恒温培养箱中倒置培养 24h。

3. 结果观察 24h 后观察平板，应无杂菌污染，若菌种不在划线上则为杂菌；线应为直的，且每一线都接近平板边缘，平行的线和线之间要紧密，但不能搭在一起；要有较多的单菌落，至少应有 10 个以上的单菌落方为合格。划线分区实例图解见图 5-4-1。

图 5-4-1 划线分区实例图解

（三）第三天

用取菌环取成长良好的单菌落，接种到第一天制备的肉汤中培养 24h，肉汤应确保无杂菌污染，室温状态下接种。

（四）第四天：将试样和菌种混合接触培养

按实验需求准备好试样、试样对照样、标准对照样、空白对照样 4 种试样。按照标准规定，每种类型样品需要准备 3 个平行样，可根据自身实验需要选择平行样个数和样品种类。将样品裁剪成规定的 5mm×5mm 尺寸，称取 0.75g，放入三角烧瓶中灭菌待用。

新鲜菌液的浓度需保证活菌数在 $1×10^9$ ~ $5×10^9$ CFU/mL。采用分光光度计法进行测定，具体操作如下：

1. 接种至营养肉汤培养基 将金黄色葡萄球菌的新鲜培养物接种至营养肉汤培养基中，在 30~35℃恒温培养箱中培养 18~24h。

2. 稀释 7 种不同浓度的原始菌悬液 按无菌操作将培养后的金黄色葡萄球菌用 0.9% 无菌氯化钠溶液稀释成不同浓度的菌悬液，即分别吸取营养肉汤培养液 0.1mL、0.2mL、0.3mL、

0.4mL、0.5mL、0.6mL、0.7mL 到 10mL 0.9% 无菌氯化钠溶液中，稀释成 7 种不同浓度的原始菌悬液。序号分别为 1~7 号。

3. 平板菌落计数法测活菌浓度　取 14 个营养琼脂培养基平板，分别从每个原始菌液中取 0.2mL 的菌悬液，用平板涂布法涂于平板中，标明序号，每个稀释度涂 2 块平板。37℃培养箱培养 72h 后，可见菌落形成，选取菌落数在 30~300 间的平板进行计数，每组稀释度相同的平板取平均值作为菌落数。计算出原菌液细菌浓度，作为细菌菌液的标准浓度。

4. 分光光度法测菌悬液吸收值　同时将以上 5 种原始菌液在波长为 600nm 下测定吸光度，用 0.9% 无菌氯化钠溶液作为空白对照，记录各原始菌液的吸光度值。

5. 结果计算　对同一菌液同时测吸光度值与进行平板菌落计数，将平板菌落计数所得菌液浓度作为细菌标准浓度 c，根据所测吸光度以及相对应的标准浓度 c 值，作出标准曲线。将待测浓度的菌液在分光光度计上测得吸光度，根据标准曲线计算出浓度值。

将菌液稀释到规定浓度。菌液稀释操作步骤如下：

使用无菌试管吸取适量的新鲜菌液（金黄色葡萄球菌取 3mL，大肠杆菌取 2mL，具体数值根据菌液浓度调整）加入 9mL 的营养肉汤中，充分振荡混匀（活菌数在 $1\times10^8 \sim 5\times10^8$ CFU/mL），吸取此稀释菌液 1mL 加入另一个 9mL 的营养肉汤中，充分振荡混匀（活菌数在 $1\times10^7 \sim 5\times10^7$ CFU/mL），吸取此稀释菌液 1mL 加入另一个 9mL PBS 缓冲液中，充分振荡混匀（活菌数在 $1\times10^6 \sim 5\times10^6$ CFU/mL）。最后吸取此稀释菌液 5mL 加入另一个含有 45mL PBS 缓冲液的 250mL 三角烧瓶中（此处 5mL+45mL 的数值，需要根据样品数量灵活调整），充分振荡混匀（活菌数在 $1\times10^5 \sim 5\times10^5$ CFU/mL），完成接种菌液的制作。菌液稀释流程如图 5-4-2 所示。

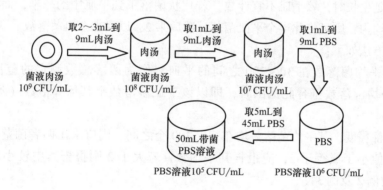

图 5-4-2　菌液稀释流程图

将菌液和 4 种织物样品混合，振荡培养。在含有样品的三角烧瓶中加入已灭菌并冷却至室温的 PBS 溶液 75mL，用移液器加入 5mL 接种菌液（活菌数在 $1\times10^5 \sim 5\times10^5$ CFU/mL），充分振荡混匀。将这些烧瓶放置在恒温振荡器上，在（24±1）℃、150r/min 条件下振荡培养 18h。

制作"0"时间接触平板：将含菌液的标准绵对照烧瓶充分振荡均匀，吸取（1.0±0.1）mL 的试液，移入（9.0±0.1）mL 的 PBS 缓冲液中，照此操作稀释 3 个梯度，从每个梯度中取 1.0mL 溶液加入琼脂平板中，立刻倾注 20mL 营养琼脂（以能均匀铺满平面皿底部为宜），盖上盖子振荡均匀，在室温下重叠放置，待凝固后倒置在恒温箱内培养24h，第二天做计数用。

（五）第五天

根据"0"时间接触样品的菌落生长情况，选择菌落数在30~300 CFU的平板稀释倍数为基准稀释倍数，前后各增加一个稀释梯度。从每个三角烧瓶中吸取（1±0.1）mL的菌液，移入（9±0.1）mL的PBS缓冲液中，充分混匀后按10倍稀释法再次稀释至合适的梯度，从每个稀释梯度的试管中吸2次，每次取（1±0.1）mL，加入平面皿中，倾注20mL营养琼脂，制作两个平板的平行样品。室温凝固后倒置放入恒温培养箱中，（37±1）℃培养24~48h。

（六）第六天或第七天：菌落计数

待菌落长成合适大小后，进行菌落计数，计算结果并出具报告。

根据对照样品和抗菌试样的平板上菌落数，计算抗菌率，选择菌落数在30~300CFU的平板进行计数。两个平行平板的菌落数相差应在15%以内，否则此数据无效，应重做实验。

五、实例分析

将纺织品试样剪碎成5mm×5mm大小，称取0.75g试样三份装入三个250mL三角烧瓶中，取对照样（标准贴衬织物或未做抗菌处理试样）三份。以上为一个菌种所需样品量，若检测两个菌种，需将测试量翻倍，两个菌种独立测试。按照实验操作步骤（四）操作后，得到试样和对照样的菌落平板，选取单个平板菌落数在30~300CFU进行平板计数。

（一）菌落计数实例分析

先用肉眼观察、点数菌落数，然后再用放大5~10倍的放大镜检查，以防遗漏。记下各平皿的菌落数后，求出同一稀释度各平皿生长的平均菌落数。若平皿中有连成片状的菌落或花点样菌落蔓延生长时，该平皿不宜计数。若片状菌落不到平皿中的一半，而其余一半中菌落数分布又很均匀，则可将此半个平皿菌落计数后乘2，以代表全皿菌落数。

菌落计数方法如下：

首先选取平均菌落数在30~300之间的平皿，作为菌落总数测定的范围。当只有一个稀释度的平均菌落数符合此范围时，即以该平皿菌落数乘其稀释倍数（见表5-4-1中的例1）。

若有两个稀释度，其平均菌落数均在30~300个之间，则应求出两者菌落总数之比值来决定。若其比值小于或等于2，应报告其平均数，若大于2则报告其中较小的菌落数（见表5-4-1中的例2及例3）。

若所有稀释度的平均菌落数均大于300个，则应按稀释度最高的平均菌落数乘以稀释倍数报告之（见表5-4-1中的例4）。

若所有稀释度的平均菌落数均少于30个，则应按稀释度最低的平均菌落数乘以稀释倍数报告之（见表5-4-1中的例5）。

若所有稀释度的平均菌落数均不在30~300个之间，其中一个稀释度大于300个，而相邻的另一稀释度小于30个时，则以接近30或300的平均菌落数乘以稀释倍数报告之（见表5-4-1中的例6）。

若对照样品所有的稀释度均无菌生长，则说明实验失败，需重新查找原因后重复实验（见表5-4-1中的例7）。

表 5-4-1　平皿菌落数乘其稀释倍数的图例说明

例次	不同稀释度的平均菌落数			两稀释度菌落数之比	菌落总数	报告方式
	10^{-1}	10^{-2}	10^{-3}			
1	1365	164	20	—	16400	16000 或 1.6×10^4
2	2760	295	46	1.6	38000	38000 或 3.8×10^4
3	2890	271	60	2.2	27100	27000 或 2.7×10^4
4	不可计	4650	513	—	513000	51000 或 5.1×10^5
5	27	11	5	—	270	270 或 2.7×10^2
6	不可计	305	12	—	30500	31000 或 3.1×10^4
7	0	0	0	—	<10	<10

（二）抑菌率计算方法实例

设定标准对照样（标准绵贴衬织物）的菌落数为 A，试样对照样为 B，试样为 C，空白对照样为 D，则抑菌率 X 的计算参见式（1）或式（2）：

$$X = \frac{A-C}{A} \times 100\% \tag{1}$$

$$X = \frac{B-C}{B} \times 100\% \tag{2}$$

假设 A 的菌落数平均值为 100，B 的菌落数平均值为 90，C 的菌落数平均值为 10，D 的菌落数平均值为 0。

则代入式（1）得到结果为：$\frac{100-10}{100} \times 100\% = 90\%$

或者代入式（2）得到结果为 $\frac{90-10}{90} \times 100\% = 89\%$。

计算结果保留两位有效数字，对于大肠杆菌和金黄色葡萄球菌，抑菌率 ≥70% 则说明样品具有抗菌效果，抑菌率 <70% 则没有抗菌效果。

实验五　使用电感耦合等离子体发射光谱仪测试纺织品重金属含量

一、实验原理

（一）电感耦合等离子体的基本原理

对于处于基态的原子，也就是处于最低能量状态的原子，通过吸收特定的能量得到激发，由基态向高能级状态转化，而处于激发状态的电子也失去了最初状态的稳定性能，当其返回基态或其他较低能态时，在电子跃迁时会将所吸收的能量以光的形式进行能量的释放。对于不同的元素，在能量释放过程中会相应的发出具有一定波长的特征谱线，电感耦合等离子体发射光谱仪就是依据所发出的光谱线和光强度来完成对被测元素量的测定。

等离子体是一种原子或分子大部分电离后呈现电中性的气体，是电的良导体。在电感耦

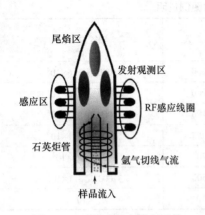

图 5-5-1　电感耦合等离子体发射光谱仪工作示意图

合等离子体发射光谱仪运行时，利用高频射频发生器对耦合线圈产生的作用，使设置在该线圈内部的石英炬管产生高频电磁场，然后用高压电火花点燃氩气使其电离，电子和离子被电场加速使更多气体电离，最终形成一个火炬状并且稳定的等离子焰炬，如图 5-5-1 所示。等离子焰炬分为感应区、发射观测区以及尾焰区。其中，发射观测区为光谱分析的取光区，位于感应区的上方位置，温度为 6000～8000K，而尾焰区则处于观测区的上方部位。仪器形成稳定的等离子体焰炬后，进样系统中的雾化器将液体样品雾化成气溶胶，继而被载气携带注入等离子体焰中心，经过原子化、激发与电离，这时液体样品会发射出对应元素的特征谱线，通过分光系统对其进行分析，可根据待测元素发射谱线的特征对样品进行定性分析，而根据待测元素发射谱线的强度，可进行元素的定量测定。

（二）ICP-AES 的基本原理

电感耦合等离子体原子发射光谱法（ICP-AES：Inductively Coupled Plasma Atomic Emission Spectrometer）是等离子光源（ICP）与原子发射光谱（AES）的联用技术，它是由原子发射光谱法衍生出来的、以电感耦合等离子焰炬为激发光源的一类光谱分析方法。利用等离子体形成的高温使待测元素产生原子发射光谱，不同元素的原子在激发或电离时可发射出特征光谱，通过对光谱强度的检测，可以确定待测试样中是否含有所测元素（定性），及其含量多少（定量），它可以同时测定样品中多种元素的含量。

二、样品准备

（一）酸性汗液配制

酸性汗液的配制参见表 5-5-1，试剂均为化学纯，二级水配制，现配现用。

表 5-5-1　酸性汗液配制表

名称	每升所含质量（g）
L-组氨酸盐酸盐一水合物（$C_6H_9O_2N_3 \cdot HCl \cdot H_2O$）	0.5
氯化钠（NaCl）	5.0
磷酸二氢钠二水合物（$NaH_2PO_4 \cdot 2H_2O$）	2.2
用 0.1mol/L 的氢氧化钠溶液调整试液 pH 至 5.5±0.2	

（二）试样的准备

取有代表性样品，剪碎至 5mm×5mm，混匀，称取 4.00g 试样两份供平行实验，精确至 0.01g。代表性样品选取方法请参考第五章实验二。

三、实验仪器简介

ICP-AES 主要可划分为五大组成系统，分别是：进样系统模块、ICP 模块、光学系统模块和检测模块（CID）、控制系统模块。其工作原理是在高纯氩气的工作环境下，通过高频电流在高频感应线圈内产生电磁场，通过电磁感应在被电离的气体中产生感应电流，加热气体结合电能转为气体分子、电子、离子，再利用电火花点火，形成等离子体，即雾化→分离→蒸发→升华→原子化→离子化。完成上述过程后，即完成了点火工作，也就形成了光源。光源形成后，进入光学系统，利用光学系统中的凹面镜、棱镜、光栅等光学元件，将 ICP 光源改变传输方向，并按不同的波长进行分光处理，满足入射方向、光强要求的不同波长的诸多光束进入检测器后，将不同波长的光转化为不同强度的电信号进行检测。仪器结构示意见图 5-5-2。

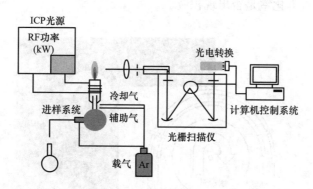

图 5-5-2　ICP-AES 结构示意图

本实验室使用赛默飞世尔公司 iCAP 6300 型 ICP-AES，主要用于纺织材料及其产品的生态安全检测与研究工作，符合 GB/T 17593.2—2007《纺织品重金属的测定》的仪器要求，主要用于纺织样品中重金属元素的定性、定量分析，可以检测大部分的金属元素和部分非金属元素。仪器见图 5-5-3。

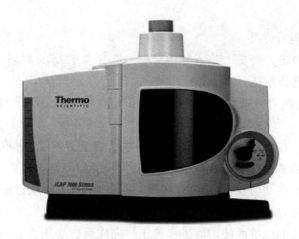

图 5-5-3　iCAP 6300 型 ICP-AES

四、实验操作步骤

（1）开机准备。打开稳压电源开关和 ICP 总电源，打开抽风机。确认高纯氩（纯度 ≥

99.999%）气体总量足够，打开钢瓶总阀，调节出口分压至0.6~0.7MPa，进行雾化室吹扫工作。吹扫至少2h后，才可以进行下一步打开冷却水的操作，否则将对仪器造成严重损坏。

（2）氩气吹扫至少2h后，打开冷却水阀门，打开计算机的控制ICP软件。检查相机温度［Camera Temp：应在-(46±2)℃］和光学温度［Optics Temp：应在（38±0.5)℃］，达到温度后方可点燃等离子体。

（3）点燃等离子体。点燃后将进样管插入纯净水中吸喷至少30min，以使仪器达到稳定状态。

（4）检查废液管和进样管的安装方向，参见图5-5-4设定合适的蠕动管的压力。检查废液排出是否正常，检查雾化室是否出现积液。

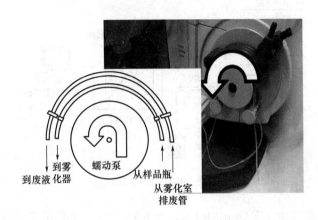

图5-5-4　废液管和进样管的安装方向

（5）配制工作曲线标准工作溶液。根据估算的样品含量，设定合适的标准工作曲线范围。采取适当措施，如稀释、扩大标准曲线范围等方法，确保样品含量在标准工作曲线范围内。

（6）建立方法和运行样品。

①新创建方法。单击"分析"进入分析模块，单击"方法"，然后"新建"，选择所需的元素及其谱线，一般选择默认谱线。

单击"方法"，选择"分析参数"，设定重复测定次数、样品清洗时间及其他参数，然后对方法进行保存。

②执行自动寻峰。在"仪器"菜单下选择"执行自动寻峰"，吸取高浓度样品，一般浓度在1~10mg/kg，确保样品进入雾化室后再点击"自动寻峰"。

③校正标准曲线。在"方法"下的"标准"一栏中，根据测定元素的种类和各自的浓度，可设定标准曲线各点的数值。在"运行"菜单下选择"校正"后，手动将进样吸管插入待测试液中，对各个点的标准曲线溶液进样校正。完成后，必须查看该曲线的线性关系和相关系数，以确定该标准曲线是否可用。

④分析未知样品。点击样品进样图标，手动将进样吸管插入待分析样品中。进样完成后，使用软件自动计算样品含量。

（7）结束关机步骤。分析结束后，需要用纯净水冲洗10min管路。点击"等离子体"图标，点击关闭 ICP。松开蠕动泵管线，关闭冷却水，通过点击"仪器状态"查看相机（Camera）温度，待其回复到室温再关闭氩气。

五、实例分析

以检测纺织品中 Cd 元素（镉）为例，讲解本实验的操作流程。若需同时检测多种元素，仅需配置多元素混合标准溶液即可。多元素混合标准溶液的配制方法参见第五章实验二。

1. 准备清洁的玻璃器皿 重金属检测实验所用的玻璃器皿必须专物专用。使用前应浸泡在 10% 硝酸中 12h，浸泡完成后自来水冲洗三次，去离子水冲洗三次，烘干后使用。

2. 配制 Cd 标准工作曲线 参考表 5-5-1 中 Cd 的测定低限是 0.01mg/kg，表 5-5-2 中纺织品含量限量是 0.1mg/kg，由于 ICP 仪器的线性范围较大，所以将标准曲线浓度点设定为 0.01mg/kg、0.2mg/kg 和 2mg/kg 3 个点即可满足要求。

（1）准备 Cd（镉）的标准储备液（含量为 1000mg/kg），摇匀后准确吸取 0.25mL 稀释至 25mL 容量瓶，定容至刻度，混匀后得到 10mg/kg 的母液。

（2）采用等比例稀释法，用酸性汗液将 10mg/kg 的母液稀释至 0.01mg/kg、0.2mg/kg 和 2mg/kg 3 个浓度，从而获得 3 个标准曲线点的样品试液。等比例稀释法的具体操作如下：准确移取 1 个体积单位的 10mg/kg 母液加入到 4 个体积酸性汗液中，得到 2mg/L 浓度的混合溶液。照此操作，采用 1+1、1+3、1+9、1+19 的稀释比例，将混合液稀释至所需浓度点。根据实验任务的需求，灵活确定该体积单位，可以是 0.1mL、0.2mL 或者 1mL。

（3）将酸性汗液单独取 10mL 进仪器分析，获得基质背景空白。

3. 试样前处理 取有代表性的试样，剪成约 5mm×5mm 的小片混合均匀，从混合样中称取 4.0g，精确至 0.01g。代表性试样取样方法参见第五章实验二。称量两份 4.00g 的试样置于 250mL 具塞三角烧杯中，加入 80mL 酸性汗液，将纤维充分浸润。设定温度 37℃，振荡频率 60 次/min，振荡 60min 后取出，静置冷却至室温，用 0.45μm 水系滤头过滤后，试液进 ICP 分析。

4. 运行 ICP 进样操作 点击仪器分析界面上的"样品"栏，选择首先运行基质空白样品，运行结束后按照浓度从低到高运行 3 个标准曲线样品。结束后进入"分析"界面的"元素"栏，检查元素的标准工作曲线参见图 5-5-5。该图的线性关系为 0.9995，线性良好，可以继续检测样品。

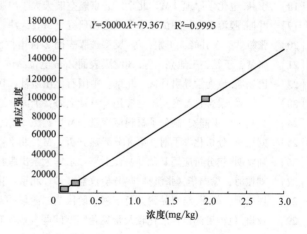

图 5-5-5 ICP-AES 标准工作曲线

最后运行试样溶液进样。仪器软件将自动实时计算结果，显示在计算机界面中。

参考文献

[1] 潘志娟.纤维材料近代测试技术［M］.北京：中国纺织出版社，2005.

[2] 张大同.扫描电镜与能谱仪分析技术［M］.广州：华南理工大学出版社，2009.

[3] Instruction Manual for Model S-4800 Field Emission Scanning Electron Microscope［Z］.HITACHI High-Technologies Corporation，2003.

[4] SwiftED3000 Operator Manual［Z］.Oxford Instruments，2010.

[5] 朱琳.扫描电子显微镜及其在材料科学中的应用［J］.吉林化工学院学报.2007（2）：81-84.

[6] 马非非，徐业民.扫描电镜的原理及其在纤维物证鉴定方面的应用［J］.中国纤检，2008（5）：30-31.

[7] 高一川.扫描电子显微镜在纺织品检测中的应用［J］.中国纤检，2006（9）：20-21.

[8] 鹿璐，杨建忠.扫描电镜的发展特点及在纺织材料研究中的应用［J］.江苏纺织.2007（2）：53-55.

[9] 祁宁，瞿静.纺织材料 SEM 制样与拍摄技术探讨［J］.现代丝绸科学与技术，2014，29（2）：47-49+81.

[10] 张岑岑.溶液体系下丝蛋白纳米结构组装调控机制的研究［D］.苏州：苏州大学，2014.

[11] 刘雨，张英.氨基酸分析技术在纺织品检测中的应用［J］.丝绸，2017，54（3）：20-27.

[12] 董振礼，郑宝海，轷桂芬，等.测色与计算机配色［M］.3 版.北京：中国纺织出版社，2007.

[13] 王华清，文水平.计算机测色配色应用技术［M］.上海：东华大学出版社，2012.

[14] 杨晓红.测色配色应用技术［M］.北京：中国纺织出版社，2010.

[15] 于伟东.纺织材料学［M］.2 版.北京：中国纺织出版社，2018.

[16] 阎克路.染整工艺学教程（第一分册）［M］.北京：中国纺织出版社，2005.

[17] 徐婕，朱宏，陈国强，等.微型量热仪在纺织品燃烧性能测试中的应用［J］.印染，2013，（18）：38-40.

[18] 李荻.电化学原理［M］.北京：北京航空航天大学出版社，2001.

[19] 叶楠.膜流动电位测试技术及其应用研究［M］.天津：天津大学出版社，2002.

[20] 张新妙，李井峰，王娟，等.反渗透膜表面 Zeta 电位研究［J］.现代仪器，2010（3）：42-44.

[21] 张梦，于慧，王旭亮，等.超滤膜表面 Zeta 电位测试方法研究［J］.盐科学与化工，2017（1）：9-11.

[22] 巴勒斯.流变学导引［M］.北京：中国石化出版社，1992.

[23] 周持兴.聚合物流变实验与应用.［M］.上海：上海交通大学出版社，2003.

[24] 吴其晔，巫静安.高分子材料流变学［M］.2 版.北京：高等教育出版社，2014.

[25] 刘振海.分析化学手册：第 8 分册热分析［M］.北京：化学工业出版社，2000.

[26] 陆立明.热分析应用基础［M］.上海：东华大学出版社，2011.

[27] 刘振海，徐国华，张洪林.热分析仪器［M］.北京：化学工业出版社，2006.

[28] 罗凌云，胡崛.纺织品耐光色牢度一阶段与二阶段的对比［J］.中国纤检，2014（6）：71-73.

[29] 黄琳.色牢度测试标准比较及常见色牢度问题分析［J］.印染，2010，36（7）：36-40.

[30] 郭家良，陆肖莉，唐建国，等.不同仪器耐光色牢度试验差异探讨［J］.中国纤检，2013（20）：72-73.

[31] 杨志敏，董晶泊.纺织品耐人造光色牢度测试方法［J］.印染，2010，10：38-40.

[32] 周理杰，章韵女，冯文.浅议耐光色牢度实验参数的控制与选择［J］.中国纤检，2012，3：59-61.

[33] 喻忠军，吴洪武，刘军红.纺织品耐光色牢度评定方法的探讨［J］.中国纤检，2011（22）：52-53.

[34] Yao M，Lü M Z，Jiang S C. A study on evaluation of fabric lustre［J］. Journal of Northwest Institute of Textile Science & Technology，2001.

［35］ 李汝勤，宋钧才.纤维和纺织品测试技术［M］，上海：东华大学出版社，2005.

［36］ 姚穆，潘雄琦，吕明哲.织物光泽客观测试的研究［J］，西北纺织工学院学报，2001，15（2）：66-69.

［37］ 石风俊，严灏景.织物变角光度曲线的研究［J］.郑州纺织工学院.1997，8（1）：15-20.

［38］ 石风俊，徐照升.织物镜面反射光分布曲线的模拟计算［J］.纺织高校基础科学学报，2001，14（1）：18-22.

［39］ 朱航艳.纺织品光学性能的表征与评价［D］.上海：东华大学，2004.

［40］ 褚益清，王广济，姚金波，等.毛织物光泽的研究［J］.纺织学报，1992（12）：14-16.

［41］ 徐士欣.织物光泽及织物光泽仪的研究［J］.纺织学报，1988，9（5）：4-7.

［42］ 张晓红，周婷，史凯宁.纺织品抗紫外线性能不同标准方法应用研究［J］.印染助剂，2017，34（01）：56-60.

［43］ 吉元晏.防紫外线纺织品［J］.广西纺织科技，2010，39（2）：51-53.

［44］ 吴军玲，崔淑玲.防紫外纺织品的性能检测［J］.印染，2005（5）：41-43.

［45］ 张晓红，周婷，史凯宁.纺织品抗紫外线性能不同标准方法应用研究［J］.印染助剂，2017，34（1）：56-60.

［46］ 袁彬兰，李皖霞，李红英.纺织品防紫外线性能标准和测试结果差异［J］.中国纤检，2012（8）：52-54.

［47］ 孙杏蕾，张恒，何玲君，等.户外纺织品耐候老化测试研究［J］.纺织标准与质量，2016（2）：30-34.

［48］ 翁毅.纺织品耐老化性能测试方法［J］.上海纺织科技，2013（12）：11-13.

［49］ 吴岚.纺织材料老化与特种工业用纺织品的储存［J］.上海纺织科技，2001，29（3）：60-61.

［50］ 郭新章，丁文瑶.维纶的阻燃整理提高了耐老化性能［J］.合成材料老化与应用，1995（3）：12-18.

［51］ Jiaojiao Zhu, Li Yuan, Qingbao Guan, et al. A novel strategy of fabricating high performance UV-resistant ar-amid fibers with simultaneously improved surface activity, thermal and mechanical properties through building polydopamine and grapheme oxide bi-layer coatings［J］. Chemical Engineering Journal, 2017: 134-147.

［52］ 姚穆.纺织材料学［M］.北京：中国纺织出版社，2015.

［53］ 张红霞.纺织品检测实务［M］.北京：中国纺织出版社，2009.

［54］ 甘志红.纺织纤维与纱线检测［M］.上海：东华大学出版社，2014.

［55］ GB/T 14337—2008，化学纤维短纤维拉伸性能试验方法［S］.

［56］ 张海霞.纺织材料学实验［M］.上海.东华大学出版社，2015.

［57］ 蒋耀兴.纺织品检验学［M］.北京.中国纺织出版社，2008.

［58］ 余序芬.纺织材料实验技术［M］.北京：中国纺织出版社，2004.

［59］ 丁晓峰，等.接触角测量技术的最新进展［J］.理化检验-物理分册.2008.44（2）：85-87.

［60］ 姚穆，王晓东.论织物接触冷暖感［J］.西安工程科技学院学报，2001，15（2）：37-41.

［61］ 杨厚云，等.纤维种类与织物结构对接触冷暖感的影响［J］.棉纺织技术，2015，43（5）：45-48.

［62］ 孙玉钗.织物接触冷感与影响因素分析［J］.棉纺织技术 2009，37（10）：18-21.

［63］ WEEDAL P J, GOLDIE L. The Objective Measurement of the Cool Feeling in Fabrics［J］. Journal of the Textile Institute, 2001, 92（4）：379-386.

［64］ 谌玉红，等.服装热湿性能测试系统——出汗假人［J］.针织工业，2006（10）：51-53.

［65］ 杨勇，范君.浅谈服装的热湿舒适性［J］.黑龙江纺织，2010（3）：14-16.

［66］ 张渭源.服装舒适性与功能［M］.北京：中国纺织出版社，2011.

［67］ Kalev Kuklane, Chuansi Gao, Faming Wang, Ingvar Holmér. Parallel and Serial Methods of Calculating

Thermal Insulation in European Manikin Standards [J]. International Journal of Occupational Safety and Ergonomics (JOSE), 2012, 18 (2): 171-179.

[68] JianHua Huang. Theoretical Analysis of Three Methods for Calculating Thermal Insulation of Clothing from Thermal Manikin [J]. Ann Occup Hyg, 2012, 56 (6): 728-735.